江苏省"十四五"职业教育规划教材
"十三五"江苏省高等学校重点教材（编号：2020-1-024）
"十二五"江苏省高等学校重点教材（编号：2013-1-027）
高等职业教育系列教材

内容结合应用实践 ｜ 案例带动知识学习

现场总线技术及其应用 第4版

主　编 ｜ 郭　琼　姚晓宁
参　编 ｜ 刘志刚　单正娅　过志强

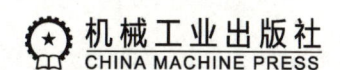

机械工业出版社
CHINA MACHINE PRESS

随着两化融合的深入发展，企业信息化建设需求明显，使得工业控制朝着智能化、网络化和集成化的方向发展。PLC 是设备控制、信息采集和数据通信的主要技术手段，是工业控制系统的核心，PLC 技术的相关课程则是高职自动化类专业的主干课程。

本书以 PLC 通信为基础，详细介绍了 PROFIBUS、CC-Link、Modbus 以及工业以太网的技术特点、技术规范、系统设计、硬件组态及其在控制系统中的构建与应用。还介绍了现场总线系统集成的概念、方法、原则，并通过对实际应用项目的分析阐述了现场总线技术应用的全过程。

本书在内容安排上强调现场总线技术的实际应用，紧密结合控制技术的新发展和新应用，实践教学内容丰富、结构合理，可作为高职高专院校自动化类专业的教材，也可作为从事现场总线系统设计与应用开发的技术人员的培训教材或参考资料。

本书配有微课视频，可扫描二维码观看。另外，本书配有电子课件，需要的教师可登录 www.cmpedu.com 免费注册，审核通过后下载，或联系编辑索取（微信：13261377872，电话：010-88379739）。

图书在版编目（CIP）数据

现场总线技术及其应用/郭琼，姚晓宁主编．—4 版．—北京：机械工业出版社，2023.12（2025.1 重印）
高等职业教育系列教材
ISBN 978-7-111-75028-4

Ⅰ．①现… Ⅱ．①郭… ②姚… Ⅲ．①总线-技术-高等职业教育-教材 Ⅳ．①TP336

中国国家版本馆 CIP 数据核字（2024）第 029072 号

机械工业出版社（北京市百万庄大街 22 号　邮政编码 100037）
策划编辑：和庆娣　　责任编辑：和庆娣
责任校对：梁　静　　责任印制：郜　敏
中煤（北京）印务有限公司印刷

2025 年 1 月第 4 版第 4 次印刷
184mm×260mm·14 印张·345 千字
标准书号：ISBN 978-7-111-75028-4
定价：59.90 元

电话服务　　　　　　　　　　　网络服务
客服电话：010-88361066　　　机　工　官　网：www.cmpbook.com
　　　　　010-88379833　　　机　工　官　博：weibo.com/cmp1952
　　　　　010-68326294　　　金　书　网：www.golden-book.com
封底无防伪标均为盗版　　　　　机工教育服务网：www.cmpedu.com

前　言

现场总线由于满足工业控制系统向网络化、智能化、分散化发展的需求，得到了普遍关注和广泛应用，成为工业自动化技术发展的热点。党的二十大报告指出，"坚持把发展经济的着力点放在实体经济上，推进新型工业化，加快建设制造强国、质量强国、航天强国、交通强国、网络强国、数字中国。实施产业基础再造工程和重大技术装备攻关工程，支持专精特新企业发展，推动制造业高端化、智能化、绿色化发展。"智能制造系统中，底层设备的互联互通是自动化和信息化融合的基础。

目前，企业对现场总线及系统集成技术人才的需求迫切，这就要求高职高专院校积极培养熟悉现场总线及系统集成技术并能熟练使用该类技术的高技能应用型人才，从而满足企业转型升级、新技术新设备使用及生产组织方式和商业模式的创新与变革。现场总线及系统集成技术强调实际应用，在工业现场，其发展与相关的应用层出不穷。选取合适的教学内容和采用恰当的教学方法，是提高教学质量的关键。

本书在内容选取上遵循代表性、普遍性和发展性原则。

1) 西门子、三菱等品牌 PLC 在我国的应用较为普遍，也是高职相关课程中选用最多的 PLC 类型，不失一般性，在本书内容中以这两种主流 PLC 为学习载体，引进其相关的现场总线 PROFIBUS、CC-Link 作为学习内容。

2) Modbus 协议开放、应用广泛，常作为各种智能设备、智能仪表之间的通信标准，因此也将其通信内容作为教学的重点。

3) 以太网作为一项比较成熟的技术正向自动化领域逐步渗透，从企业决策层、生产管理调度层向现场控制层延伸并成为一种新的现场总线标准，将主流的 PROFINET、MC 协议 Modbus TCP 等技术纳入学习内容。

4) 在以上总线技术及载体的基础上，将主流集成技术融入系统开发、系统集成应用案例。

本书在编写时考虑到相关课程所涉及的知识点多、内容广以及高职高专学生的知识结构和定位，结合应用实际，以案例带动知识点开展学习，引导学生熟悉现场总线技术在分布式系统中的应用。

本书内容选择合理、层次分明、结构清楚、图文并茂、面向应用，适合作为高职高专院校电气自动化、工业过程自动化、机电一体化、工业机器人技术等专业的教学用书，也可作为工程人员的培训教材或相关科研人员的参考书。

本书由无锡职业技术学院郭琼、姚晓宁主编，无锡职业技术学院刘志刚、单正娅和无锡信捷电气股份有限公司过志强参编。

本书在编写过程中参考了大量书籍、文献、手册、会议资料及网络资源，在此向相关作者表示感谢。由于作者水平有限，且现场总线技术及其应用一直在不断发展，书中难免有不足之处，敬请读者批评指正。

编　者

二维码资源清单

序号	名 称	页码	序号	名 称	页码
1	2.3-1 数据传输方式及传输介质	17	23	图 6-3	140
2	2.3-2 串行通信接口标准	19	24	6.3-1 PROFINET 通信系统硬件组态	140
3	图 2-9	21	25	6.3-2 PROFINET 通信系统程序编写	144
4	3.3 GSD 文件的安装和应用	46	26	6.3-3 PROFINET 通信系统运行与监控	145
5	3.4-1 S7-300PLC 之间 PROFIBUS-DP 通信系统介绍	47	27	图 6-37	157
6	3.4-2 S7-300PLC 之间 PROFIBUS-DP 通信系统硬件组态与通信参数设置操作	48	28	6.5-1 Modbus TCP 通信系统硬件组态	159
7	3.4-3 S7-300PLC 之间 PROFIBUS-DP 通信系统程序编写与运行	55	29	6.5-2 Modbus TCP 通信系统客户端程序编写	159
8	3.5-1 基于变频器的 PROFIBUS-DP 通信系统硬件组态	59	30	6.5-3 Modbus TCP 通信系统服务器程序编写	163
9	3.5-2 基于变频器的 PROFIBUS-DP 通信系统主站程序编写	62	31	6.5-4 Modbus TCP 通信实现_读取寄存器	165
10	3.5-3 基于变频器的 PROFIBUS-DP 通信系统运行与监控	63	32	6.5-5 Modbus TCP 通信实现_同时读写多个寄存器（2组连接方式）	165
11	4.2-1 CC-Link 通信系统硬件配置与参数设置	86	33	6.5-6 Modbus TCP 通信实现_同时读写多个寄存器（轮询方式）	165
12	4.2-2 系统运行与监控	91	34	6.6-1 Modbus TCP 通信程序_读取输出位	166
13	图 4-35	93	35	6.6-2 Modbus TCP 通信操作演示_读取输出位	166
14	图 4-36	93	36	6.6-3 Modbus TCP 通信程序_写入输出位	166
15	图 4-37	94	37	6.6-4 Modbus TCP 通信操作演示_写入输出位	166
16	5.4-1 Modbus RTU 通信系统硬件配置与参数设置	121	38	7.3-1 通信系统介绍及各站通信配置	171
17	5.4-2 FX3U PLC 通信参数及指令介绍	124	39	7.3-2 主、从站硬件组态与参数设置	171
18	5.4-3 FX3U PLC 程序编写	129	40	7.3-3 S7-1200PLC（主站）程序设计	174
19	5.4-4 系统运行与监控	131	41	7.3-4 FX3U PLC（从站）程序设计	176
20	5.5-1 FX5U PLC 之间 Modbus RTU 通信系统介绍	132	42	7.6 自动生产线系统运行	197
21	5.5-2 FX5U PLC 之间 Modbus RTU 通信程序编写	132			
22	5.5-3 主从站通信参数设置及调试运行	132			

目 录

前言
二维码资源清单
第1章 概述 ·· 1
  1.1 控制系统的发展 ·· 1
  1.2 现场总线及其发展 ··· 4
  1.3 几种有影响力的现场总线 ·· 8
  1.4 以太网与控制网络的结合 ··· 10
  1.5 思考与练习 ··· 10
第2章 现场总线通信基础 ··· 12
  2.1 现场总线的一些概念 ··· 12
    2.1.1 基本术语 ·· 12
    2.1.2 总线操作的基本内容 ·· 13
  2.2 通信系统的组成 ··· 14
  2.3 数据通信基础 ·· 15
    2.3.1 数据通信的基本概念 ·· 15
    2.3.2 数据编码 ·· 16
    2.3.3 数据传输技术 ·· 17
    2.3.4 网络拓扑结构与网络控制方法 ··· 22
    2.3.5 数据交换技术 ·· 24
    2.3.6 差错控制 ·· 25
  2.4 通信模型 ·· 27
    2.4.1 OSI参考模型 ·· 27
    2.4.2 现场总线通信模型 ··· 30
  2.5 网络互联设备 ·· 31
  2.6 现场总线控制网络 ·· 32
    2.6.1 现场总线网络节点 ··· 32
    2.6.2 现场总线控制网络的任务 ·· 33
    2.6.3 控制网络的安全问题 ·· 33
  2.7 思考与练习 ··· 34
第3章 PROFIBUS总线及其应用 ··· 35
  3.1 PROFIBUS总线基础 ·· 35
    3.1.1 PROFIBUS总线及分类 ··· 35
    3.1.2 PROFIBUS的通信协议 ··· 36
  3.2 PROFIBUS的传输技术 ··· 40
    3.2.1 RS-485传输技术 ··· 40
    3.2.2 光纤传输技术 ·· 43

V

3.2.3 IEC 1158-2 传输技术 … 43
3.3 PROFIBUS-DP 控制系统 … 44
3.3.1 PROFIBUS-DP 设备 … 44
3.3.2 PROFIBUS-DP 的 IO 通信 … 45
3.3.3 GSD 文件 … 46
3.4 基于智能从站（PLC）的 PROFIBUS-DP 通信实现 … 47
3.4.1 控制系统硬件配置 … 47
3.4.2 硬件组态 … 48
3.4.3 通信接口参数设置 … 52
3.4.4 程序设计与系统调试 … 55
3.5 基于 DP 从站（变频器）的 PROFIBUS-DP 通信实现 … 57
3.5.1 控制系统硬件介绍 … 57
3.5.2 硬件组态及网络连接 … 59
3.5.3 程序设计与系统调试 … 62
3.6 实训项目 基于 S7-300 PLC 的现场总线系统构建与运行 … 64
3.7 思考与练习 … 65

第4章 CC-Link 总线及其应用 … 66
4.1 CC-Link 技术特点 … 66
4.2 FX$_{3U}$ 系列 CC-Link 总线系统的构建 … 68
4.2.1 系统网络配置 … 68
4.2.2 主站模块 FX$_{3U}$-16CCL-M … 69
4.2.3 接口模块 FX$_{3U}$-64CCL … 78
4.2.4 基于远程 I/O 站的 CC-Link 现场总线应用 … 85
4.3 Q 系列 CC-Link 总线系统的构建 … 94
4.3.1 Q 系列 PLC 介绍 … 94
4.3.2 QJ61BT11 模块 … 94
4.3.3 QJ61BT11 模块的应用 … 97
4.3.4 基于 Q 系列 PLC 的 CC-Link 现场总线应用 … 102
4.4 实训项目 CC-Link 总线控制系统的构建与运行 … 106
4.5 思考与练习 … 107

第5章 Modbus 总线及其应用 … 108
5.1 Modbus 协议 … 108
5.2 Modbus RTU 通信 … 109
5.3 实现 S7-200 PLC 之间的 Modbus RTU 通信 … 111
5.3.1 Modbus 协议的安装 … 111
5.3.2 Modbus 地址 … 112
5.3.3 Modbus 通信的建立 … 113
5.3.4 应用示例 … 117
5.4 实现 FX$_{3U}$ PLC 与智能仪表之间的 Modbus RTU 通信 … 121

5.4.1	控制要求及硬件配置	121
5.4.2	智能仪表介绍	122
5.4.3	FX_{3U}系列PLC通信参数及指令介绍	124
5.4.4	系统通信功能的实现	129
5.5	实训项目 基于PLC Modbus RTU通信系统的构建与运行	132
5.6	思考与练习	132

第6章 工业以太网及其应用 …… 133

6.1	工业以太网基础知识	133
6.2	工业以太网的现状与发展前景	136
6.2.1	工业以太网的现状	136
6.2.2	工业以太网的发展前景	136
6.3	PROFINET技术及其应用	137
6.3.1	PROFINET技术介绍	137
6.3.2	PROFINET与PROFIBUS的比较	138
6.3.3	PROFINET IO系统结构	139
6.3.4	S7-300 PLC与S7-300 PLC之间的PROFINET通信	140
6.4	MC技术及其应用	147
6.4.1	MC技术介绍	147
6.4.2	FX_{3U} PLC与SIMATIC HMI的MC TCP/IP通信	148
6.5	Modbus TCP技术及其应用	157
6.5.1	Modbus TCP技术介绍	157
6.5.2	S7-1200 PLC之间的Modbus TCP通信功能的实现	158
6.6	实训项目 基于Modbus TCP通信系统的构建与运行	166
6.7	思考与练习	166

第7章 系统集成及应用 …… 167

7.1	系统集成内涵	167
7.2	系统集成方法	168
7.3	基于Modbus RTU的多站点互联通信系统	171
7.3.1	系统介绍	171
7.3.2	硬件配置及通信参数设置	171
7.3.3	S7-1200 PLC（主站）程序设计	174
7.3.4	FX_{3U} PLC（从站）程序设计	176
7.3.5	系统调试	177
7.4	基于组态软件的异构网络系统集成	177
7.4.1	WinCC软件介绍	177
7.4.2	S7-200 PLC与S7-300 PLC的系统集成	179
7.4.3	三菱Q系列PLC与S7-300 PLC的系统集成	184
7.5	基于OPC技术的异构网络系统集成	188
7.5.1	KEPware软件介绍	188

7.5.2 控制要求及硬件配置 ······ 189
7.5.3 PLC 与 OPC 服务器的连接 ······ 189
7.5.4 S7-300 PLC 与 FX$_{2N}$ PLC 之间信息交互的实现 ······ 193
7.6 基于工业网络的自动生产线控制系统集成 ······ 196
7.6.1 系统介绍 ······ 196
7.6.2 系统硬件配置及组态 ······ 197
7.6.3 RFID 信息识别功能的实现 ······ 199
7.6.4 MES 与 PLC 系统的集成 ······ 201
7.6.5 项目小结 ······ 202
7.7 思考与练习 ······ 202
附录 ······ 203
附录 A TIA Portal V15 编程软件介绍 ······ 203
A.1 TIA Portal 编程软件特点 ······ 203
A.2 编程软件的安装 ······ 204
A.3 认识编程软件界面 ······ 209
附录 B GX Developer 编程软件介绍 ······ 212
B.1 编程软件及安装 ······ 212
B.2 创建工程 ······ 212
B.3 通信设置 ······ 214
参考文献 ······ 215

第1章 概　　述

现场总线技术是一种用于工业生产现场，在现场设备之间、现场设备与控制装置之间实现双向、互连、串行、多节点的数字通信技术。现场总线控制系统的应用，大大减少了烦琐的布线工作，且将控制功能下放到生产现场，使控制系统更为安全可靠、系统检测及控制单元分布更加合理，可实现工业现场的数据采集、自动控制和信息共享。

随着企业信息化的需求和智能制造建设的推进，以太网作为一项比较成熟的技术正向自动化领域逐步渗透，从企业决策层、生产管理调度层向现场控制层延伸。现场总线和工业以太网成为当前工业控制应用中普遍采用的技术，为企业实现远程监控、远程运维和管控一体化提供了基础。

学习目标

◇ 了解控制系统的发展过程。
◇ 掌握现场总线的概念、技术特点及发展趋势。
◇ 熟悉几种目前市场上有影响的现场总线名称及特点。
◇ 了解现场总线技术及工业以太网技术对未来自动控制系统的影响。

1.1　控制系统的发展

在工业和科学发展进程中，自动控制技术始终起着极为重要的作用，并广泛应用于各种领域，无论是在冶炼、化工、石油、电力，还是在造纸、纺织和食品等传统工业；无论是在航空、铁路等运输行业，还是在宇宙飞船、导弹制导等国防工业，抑或是在洗衣机、电冰箱等家用电器中，自动控制技术都得到了广泛的应用。

随着计算机技术、电子通信技术和控制技术的发展，工业控制领域已由单机控制逐步转变为网络化控制。计算机控制系统的结构从最初的直接式数字控制系统，到第二代的集散控制系统，发展到现在流行的现场总线控制系统。

（1）直接式数字控制系统

由于模拟信号精度低、信号传输的抗干扰能力较差，人们开始寻求用数字信号取代模拟信号，直接式数字控制便应运而生。直接式数字控制（Direct Digital Control，DDC）系统于20世纪七八十年代占主导地位。其采用单片机、微机或PLC作为控制器，控制器采用数字信号进行交换和传输，克服了模拟仪表控制系统中模拟信号精度低的缺陷，显著提高了系统的抗干扰能力。

图1-1为直接式数字控制系统示意图。计算机与生产过程之间的信息传递是通过生产过程的输入/输出设备进行的。过程输入设备包括输入通道（AI通道、DI通道），用于向计算机输入生产过程中的模拟信号、开关量信号或数字信号；过程输出设备包括输出通道

（AO 通道、DO 通道），用于将计算机的运算结果输出并作用于控制对象。计算机通过过程输入通道对生产现场的变量进行巡回检测；然后，根据变量，按照一定的控制规律进行运算；最后，将运算结果通过输出通道输出，并作用于执行器，使被控变量符合系统要求的性能指标。计算机控制系统由机箱、显示器、打印机、键盘及报警装置等设备组成，可以实现对生产过程的自动控制、运行参数监视、打印运行参数数据及声光报警等功能。

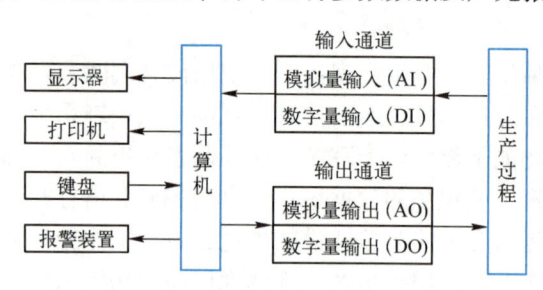

图 1-1　直接式数字控制系统示意图

DDC 系统属于计算机闭环控制系统，它采用程序进行控制运算，是计算机在工业生产中较为普遍的一种控制应用方式。这种控制方式灵活、经济，只要改变控制算法和应用程序就可以实现对不同控制对象的控制甚至更为复杂的对象的控制，系统可以满足较高的实时性和可靠性要求。但由于计算机直接承担 DDC 系统的控制任务，一旦计算机出现故障，就会造成该计算机所控制的所有回路瘫痪，从而使控制系统的故障危险高度集中、运行风险增大。20 世纪 80 年代初，随着计算机性能的提高和体积的缩小，出现了内置 CPU 的数字控制仪表。基于"集中管理、分散控制"的理念，在数字控制仪表以及计算机与网络技术的基础上，人们又开发了集中与分散相结合的集散控制系统。

（2）集散控制系统

1975 年，美国霍尼韦尔（Honeywell）公司首先推出世界上第一台集散控制系统（Distributed Control System，DCS）——TDC2000 集散控制系统，成为最早提出集散控制系统设计思想的开发商。此后，国外的仪表公司纷纷研制出各自的集散控制系统，应用较多的有美国福克斯波罗（Foxboro）公司的 SPECTRUM、美国贝利控制（Bailey Controls）公司的 Network90、英国肯特（Kent）公司的 P4000、德国西门子（SIEMENS）公司的 TELEPERM 以及日本横河（YOKOGAWA）公司的 CENTUM 等系统。我国使用 DCS 始于 20 世纪 80 年代初，由吉化公司化肥厂在合成氨装置中引进了 YOKOGAWA 的产品，运行效果较好；随后引进的 30 套大化肥项目和大型炼油项目都采用了 DCS。同时，坚持自主开发与引进技术相结合，在 DCS 国产化产品开发方面取得了可喜的成绩，比较有代表性的产品有浙江中控技术股份有限公司的 WebField ECS-700、北京和利时系统工程股份有限公司的 MACS 等系统。

集散控制系统于 20 世纪八九十年代占据主导地位，它是一个由过程控制级和过程监控级组成的、以通信网络为纽带的多级计算机控制系统，其核心思想是"集中管理、分散控制"，即管理与控制相分离，上位机用于集中监视管理功能，下位机则分散下放到现场，以实现分布式控制，上/下位机通过控制网络互相连接以实现相互之间的信息传递。因此，这种分布式的控制系统结构能有效地克服集中式数字控制系统中对控制器处理能力和可靠性要求高的缺陷，并广泛应用于大型工业生产领域。

图 1-2 是一个典型集散控制系统的结构示意图，系统包括分散过程控制级、集中操作监控级和综合信息管理级，各级之间通过网络互相连接。分散过程控制级主要由 PLC、智能调节器、现场控制站及其他测控装置组成，是系统控制功能的主要实施部分；分散过程控制级直接面向工业对象，完成生产过程的数据采集、闭环调节控制、顺序控制等功能；并可与上一级的集中操作监控级进行数据通信。通信网络是 DCS 的中枢，它将 DCS 的各部分连接起来构成一个整体，使整个系统协调一致地工作，从而实现数据和信息资源的共享，是实现集中管理、分散控制的关键。集中操作监控级包括：操作员站、工程师站和层间网络连接器等，可实现系统操作、组态、工艺流程图显示以及监视过程对象和控制装置运行情况的功能，并可通过通信网络向过程控制级设备发出控制和干预指令。综合信息管理级由管理计算机构成，主要是指工厂管理信息系统，作为 DCS 更高层次的应用，它可以实现监视企业各部门的运行情况、完成生产管理和经营管理等功能。

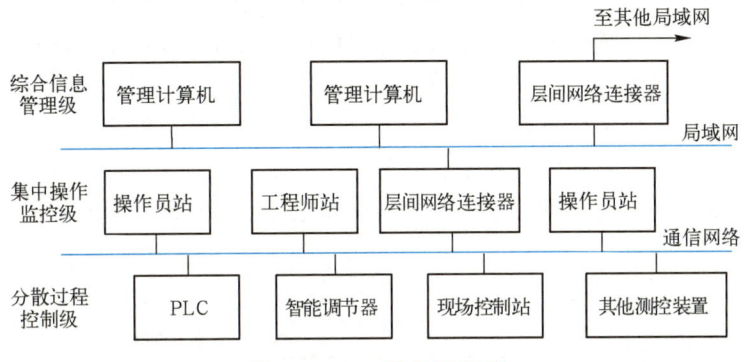

图 1-2　DCS 结构示意图

在集散控制系统中，分布式控制思想的实现正是得益于网络技术的发展和应用。但由于 DCS 系统在形成过程中，受计算机系统早期存在的系统封闭这一缺陷及厂家为达到垄断经营的目的对其控制通信网络采用封闭形式的影响，使得各厂家的产品自成系统，不同厂家的设备不能互连在一起，难以实现设备的互换与互操作，DCS 与上层 Intranet 和 Internet 信息网络之间实现网络互连和信息共享也存在很多困难，因此集散控制系统实质上是一种封闭专用的、不具备互操作性的分布式控制系统，而且系统造价昂贵。在这种情况下，用户对网络控制系统提出了开放性和降低成本的迫切要求。

为了降低系统的成本和复杂性，更为了满足广大用户对系统开放性、互操作性的要求，实现控制系统的网络化，现场总线迅速发展起来。

(3) 现场总线控制系统

现场总线控制系统（Fieldbus Control System，FCS）是一种分布式控制系统，是在 DCS 的基础上发展起来的，它把 DCS 系统中由专用网络组成的封闭系统变成通信协议公开的开放系统，即可以把来自不同厂家而遵守同一协议规范的各种自动化设备，通过现场总线网络连接成系统，从而实现自动化系统的各种功能；同时，还将控制站的部分控制功能下放到生产现场，依靠现场智能设备本身来实现基本控制功能，使控制站可以集中处理更复杂的控制运算，更好地体现"功能分散、危险分散、信息集中"的思想。

现场总线技术产生于 20 世纪 80 年代，用于过程自动化、制造自动化、楼宇自动化等领域的现场智能设备互连通信网络。按照国际电工委员会（International Electrotechnical Commission，IEC）对现场总线（Fieldbus）的定义：现场总线是一种应用于生产现场，在现场设备之间、现场设备与控制装置之间实行双向、串行、多节点数字通信的技术。它综合运用了微处理技术、网络技术、通信技术和自动控制技术，把通用或者专用的微处理器置入传统的测量控制仪表，使之具有数字计算和数字通信的能力；采用诸如双绞线、同轴电缆、光缆、微波、红外线和电力线等传输介质作为通信总线；按照公开、规范的通信协议，在位于现场的多个设备之间以及现场设备与远程监控计算机之间，实现数据传输和信息交换，形成各种适应实际需要的自动化控制系统。

现场总线控制系统的结构示意图如图 1-3 所示。现场总线作为智能设备的纽带，将挂接在总线上、作为网络节点的智能设备相互连接，构成相互沟通信息、共同完成自动控制功能的网络系统与控制系统。生产现场控制设备之间、控制设备与控制管理层网络之间通过这样结构的连接和通信，系统更加灵活和开放，为彻底打破自动化系统的信息孤岛创造了条件，使得设备之间以及系统与外界之间的信息交换得以实现，促进了自动控制系统朝着网络化、智能化的方向发展。它给自动化领域带来的变化，如同计算机网络给计算机的功能、作用带来的变化一样。如果说计算机网络把人类引入到信息时代，那么现场总线则使自控系统与设备加入到信息网络的行列，成为企业信息网络的底层，使企业信息沟通的范围一直延伸到生产现场。因此，可以说现场总线技术的出现标志着一个自动化新时代的开端。

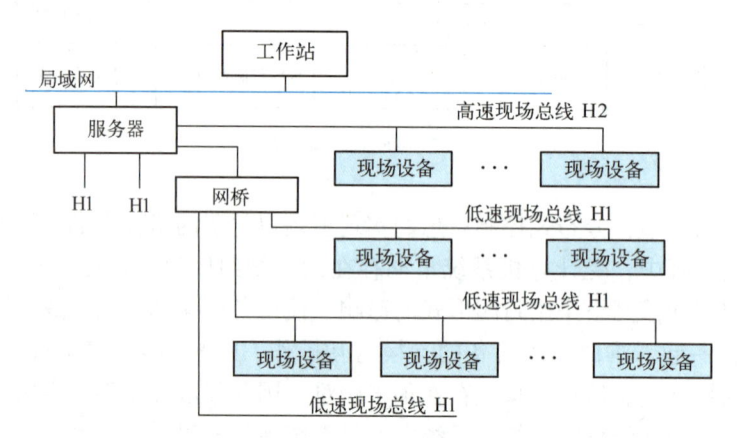

图 1-3 现场总线控制系统的结构示意图

1.2 现场总线及其发展

1. 现场总线的技术特点

根据国际电工委员会标准和现场总线基金会的定义，现场总线的技术特点主要体现在以下几个方面。

（1）现场设备互连

现场设备是指在生产现场安装的自动化仪器仪表，按功能可分为变送器、执行器、服务器和网桥等，这些现场设备通过双绞线、同轴电缆、光缆、红外线、微波等传输介质进行相互连接、相互交换信息。

(2) 现场通信网络

现场总线作为一种数字式通信网络一直延伸到生产现场中的现场设备，使得现场设备之间互连、现场设备与外界网络互连，从而构成企业信息网络，完成生产现场到控制层和管理层之间的信息传递。

(3) 互操作性

现场设备种类繁多，这就要求不同厂家的产品能够实现交互操作与信息互换，避免因选择了某一品牌的产品而被限制选择可使用设备的范围。用户把不同制造商的各种智能设备集成在一起，进行统一组态和管理，构成需要的控制回路。现场设备互连是最基本的要求，但只有实现设备的互操作性，才能使得用户能够根据需求自由集成现场总线控制系统。

(4) 分散功能块

FCS 系统对 DCS 系统的结构进行了调整，摒弃了 DCS 的输入/输出单元和控制站，把 DCS 控制站的功能分散到现场具有智能的芯片或功能块中，使控制功能彻底分散，直接面对对象。如图 1-4 所示，压差变送器用来测量模拟输入量；而处理后的模拟输出量则用来控制调节阀；功能块 AI100 被置入变送器中，功能块 PID100、AO100 被置入调节阀中。由系统对这 3 个标准的功能块及其信号连接关系进行组态，并通过通信调度来执行控制系统的应用功能；将 AI 功能块的输出发送给 PID 功能块，把经过 PID 功能块运算得到的输出发送给 AO 功能块，由 AO 功能块的输出来控制阀门的开度，从而实现对被控流量的控制。

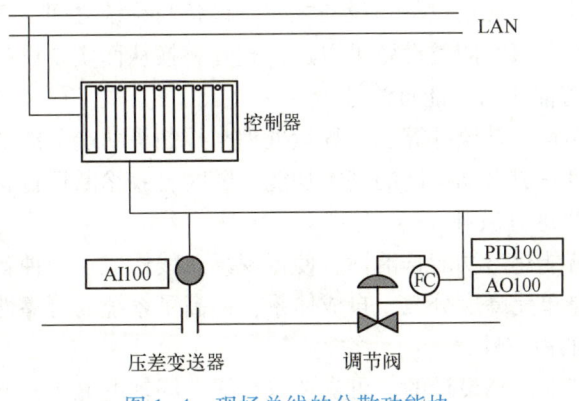

图 1-4 现场总线的分散功能块

由于将控制功能分散到多台现场仪表中，并可统一组态，所以用户可灵活选用各种功能块，构成所需的控制系统，彻底实现系统的分散控制。

(5) 总线供电

总线在传输信息的同时，还可以给现场设备提供工作电源。这种供电方式能用于要求本质安全（简称为本安）环境的低功耗现场仪表，为现场总线控制系统在易燃易爆环境中的应用奠定了基础。

本质安全技术是在易燃易爆工作环境下使用电气设备时确保安全的一种方法。通常许多生产现场都有易燃易爆物质，为了确保设备及人身安全，必须采取安全措施，严格遵守安全防爆标准，以保证易燃易爆等工作场所的安全性。

本安电气设备与可燃性气体的接触将不会产生潜在的环境危险。整个系统的设计使得即使在设备或连接电缆出现故障的情况下,可能出现的电火花或热效应也不足以引起燃烧或爆炸。本安技术仅适用于低电压和低功耗的设备。

(6) 开放式互联网络

现场总线为开放式互联网络,既可与同层网络互联,又可与不同层网络互联。其采用公开化、标准化、规范化的通信协议,只要符合现场总线协议,就可以把不同制造商的现场设备互连成系统,用户不需要在硬件或软件上花费太多精力,就可以实现网络数据库的共享。

通过以上阐述,现场总线控制系统(FCS)的关键要点如下:

1) FCS 的核心是现场总线,即总线标准。
2) FCS 的基础是数字智能现场装置。
3) FCS 的本质是信息处理现场化。

2. 现场总线的优越性

现场总线的优越性体现在以下几个方面。

(1) 开放性

现场总线的开放性主要包含两方面的含义。一方面其通信规约开放,也就是开发的开放性;另一方面能与不同的控制系统相连接,也就是应用的开放性。开放系统把系统集成的权利交给了用户,用户可按自己的需求,把来自不同供应商的产品组成大小随意、功能不同的系统。

(2) 互操作性和互用性

互操作性是指实现生产现场设备与设备之间、设备与系统之间信息的传送与沟通;而互用性则意味着不同生产厂家的同类设备可以进行相互替换从而实现设备的互用。

(3) 现场设备的智能化与功能自治性

现场总线将传感测量、补偿计算、工程量处理与控制等功能下放到现场设备中完成,因此单独的现场设备就可完成自动控制的基本功能,随时自我诊断运行状态。

(4) 系统结构的高度分散性

由于现场设备的智能化与功能自治性,使得现场总线构成了一种新型的全分布式控制系统的体系结构,各控制单元高度分散、自成体系,提高了系统的可靠性。

(5) 对现场环境的适应性

现场总线是专为工业现场设计的,可支持双绞线、同轴电缆、光缆、微波、红外线等传输介质,具有较强的抗干扰能力,可根据现场环境要求进行选择;能采用两线制实现通信与送电,可满足本质安全防爆要求。

由于现场总线本身所具有的技术特点,使得控制系统从设计、安装、投入运行到正常生产运行及检修维护等方面都体现出了极大的优越性。现场总线技术使自动控制设备与系统步入了信息网络的行列,为其应用开拓了更为广阔的领域。

3. 现场总线的标准

现场总线的发展是与微处理器技术、通信技术、网络技术等高新技术的发展及自动控制技术的不断进步分不开的。Honeywell 公司在 1983 年推出了 Smart 智能变送器,在原有模拟仪表的基础上增加了复杂的计算功能,并采用模拟信号与数字信号叠加的方法,使现场与控制室之间的连接由模拟信号过渡到数字信号,为现场总线仪表提出了新的发展方向。其后世界上各大公司相继推出了具有不同特色的智能仪表,如 Rosemount 公司推出了 1151 智能变送器，Foxboro 公司推出了 820、860 智能变送器等，这些智能变送器带有微处理器和存储器，能够进行模拟信号到数字信号的转换处理，还可完成各种信号的滤波和预处理，给自动化仪表的发展带来了新的生机，为现场总线的产生奠定了一定基础。

国际电工委员会（IEC）非常重视现场总线标准的制定，早在 1984 年就成立了 IEC/TC65/SC65C/WG6 工作组起草现场总线技术标准（即 IEC 61158），但由于行业、应用地域的不同及产品推出的时间不同等多种因素，加上各公司和企业集团受自身利益的驱使，致使现场总线标准的制定工作进展十分缓慢，且形成了多种总线并存的局面，使得每种总线在应用与发展中都形成了自己的特点和应用领域。根据相关资料统计，已出现的现场总线有 100 多种，其中宣称为开放型总线的就有 40 多种。

现场总线的多样性使得它在短时间内难以统一，设备的互连、互通与互操作问题就很难解决，而以太网的优势可以使其延伸至过程控制领域，并已逐渐被工业自动化系统接受。为了满足实时性能应用的需要，各大公司和标准组织提出了各种提升工业以太网实时性的技术解决方案，产生了实时以太网（Real Time Ethernet，RTE）。

国际上对现场总线标准在不断地修订和增减，工作非常活跃。2007 年，第四版国际现场总线标准 IEC 61158 发布，具体类型见表 1-1 所示。其中，类型 6（Swift Net 总线）因为市场推广应用不理想等原因被撤销。

表 1-1　IEC 61158（第四版）现场总线类型

类　型	名　　　称	类　型	名　　　称
1	TS 61158 现场总线	11	TC-net 实时以太网
2	CIP 现场总线	12	EtherCAT 实时以太网
3	PROFIBUS 现场总线	13	Ethernet PowerLink 实时以太网
4	P-Net 现场总线	14	EPA 实时以太网
5	FF HSE 高速以太网	15	Modbus-RTPS 实时以太网
6	Swift Net（已撤销）	16	SERCOSI，II 现场总线
7	WorldFIP 现场总线	17	VNET/IP 实时以太网
8	Interbus 现场总线	18	CC-Link 现场总线
9	FF H1 现场总线	19	SERCOSIII 实时以太网
10	PROFINET 实时以太网	20	HART 现场总线

IEC 61158 系列标准的各部分正陆续由全国工业过程测量控制和自动化技术委员会（SAC/TC124）转化为我国国家标准。

IEC 61158 系列标准代表了现场总线技术和实时以太网技术的最新发展。各主要企业在力推自己的总线产品的同时，也都尽力开发接口技术，将自己的总线产品与其他总线相连接。目前，现场总线技术还处于发展和完善阶段，标准的完善和统一在短期内还很难实现；总的来说，现场总线将向着工业以太网以及统一的国际标准方向发展。

4. 对工业控制系统的影响

现场总线为工业控制系统向分散化、网络化、智能化发展提供了解决方法，它的出现使得目前生产的自动化仪表、集散控制系统、可编程序控制器在产品的体系结构、功能结构方面有了较大的变革，自动化设备的制造厂家被迫面临产品更新换代的又一次挑战。使得传统的模拟仪表逐步向智能化数字仪表方向发展，并具有数字通信功能；出现了一批集检测、运算、控制功能于一体的变送控制器；出现了集检测温度、压力、流量于一体的多变量变送器；出现了带控制模块和具有故障诊断信息的执行器；并由此大大改变了现有的设备维护管理方法。因此，现场总线作为工业自动化技术的热点，受到了普遍的关注，且对企业的生产方式、管理模式都将产生深远的影响。

1.3 几种有影响力的现场总线

1. FF

FF 是基金会现场总线（Foundation Fieldbus）的简称，该总线是为了适应自动化系统，特别是过程自动化系统在功能、环境与技术上的需要而专门设计的。它得到了世界上主要的自动化系统集成商的广泛支持，在北美、亚太、欧洲等地区具有较强的影响力。

基金会现场总线采用国际标准化组织（International Organization for Standardization，ISO）的开放系统互连（Open System Interconnection，OSI）参考模型的简化模型，只具备了 OSI 参考模型 7 层中的 3 层，即物理层、数据链路层和应用层，另外增加了用户层。FF 分低速 H1 和高速 H2 两种通信速率，H1 用于过程自动化的低速总线，当其传输速率为 31.25 kbit/s 时，通信距离为 200~1900 m，可支持总线供电和本质安全防爆环境；H2 用于制造自动化的高速总线，当其传输速率为 1 Mbit/s 时，传输距离为 750 m，当其传输速率为 2.5 Mbit/s 时，传输距离为 500 m。随着现场总线和以太网的发展，H2 已经逐渐被高速以太网（High Speed Ethernet，HSE）取代，它满足了控制仪器仪表的终端用户对现场总线的互操作性、高速度、低成本等要求，充分利用低成本的以太网技术，并以 100 Mbit/s~1 Gbit/s 或更高的速度运行，主要应用于制造业的自动化以及逻辑控制、批处理和高级控制等场合。FF 的物理传输介质支持双绞线、光缆、同轴电缆和无线发射，H1 每段节点数最多 32 个，H2 每段节点数最多 124 个。

2. PROFIBUS

PROFIBUS 是 PROcess FIeldBUS 的缩略语，它是一种国际性的开放式现场总线标准，是由 SIEMENS 公司联合 E+H、Samson、Softing 等公司推出的，是符合德国标准 DIN 19245 和欧洲标准 EN 50170 的现场总线标准。

PROFIBUS 总线采用了 OSI 模型中的 3 层，即物理层、数据链路层和应用层，另外还增加了用户层，由 PROFIBUS-DP、PROFIBUS-FMS、PROFIBUS-PA 三个版本组成，可根据各自的特点用于不同的场合。DP 主要用于分散外设间的高速数据传输，适用于加工自动化领域；FMS 主要解决车间级通用性通信任务，完成中等速度的循环和非循环通信任务，适用于纺织、楼宇自动化等领域；PA 是专门为过程自动化设计的，可以通过总线供电、提供本质安全型，可用于危险防爆区域。PROFIBUS 采取主站之间的令牌传递方式和主、从站之间的主从通信方式。传输速率为 9.6 kbit/s~12 Mbit/s，最远传输距离可达到 1200 m，若采用中继器可延长至 10 km，传输介质为双绞线或者光缆，最多可挂接 127 个站点。

3. CAN

CAN 是控制器局域网（Controller Area Network）的简称，最早由德国 BOSCH 公司推出，

8

用于汽车内部测量与执行部件之间的数据通信,其总线规范已被国际标准化组织制定为国际标准,并得到了 Intel、Motorola、NEC 等公司的支持。

CAN 协议也是建立在国际标准化组织的开放系统互连模型基础上的,其模型结构为物理层、数据链路层及应用层 3 层;其信号传输介质为双绞线和光缆。CAN 的信号传输采用短帧结构,传输时间短;具有自动关闭功能,以切断该节点与总线的联系,使总线上的其他节点及其通信不受影响,具有较强的抗干扰能力。CAN 支持多主工作方式,并采用了非破坏性总线仲裁技术,通过设置优先级来避免冲突,传输速率最高可达 1 Mbit/s(传输距离为 40 m),传输距离最远可达 10 km(传输速率为 5 kbit/s),网络节点数实际可达 110 个。目前已有多家公司开发了符合 CAN 协议的通信芯片。

4. Lonworks

Lonworks 是局部操作网络(Local Operating Networks)的缩略语,由美国 Echelon 公司于 1992 年推出,并由 Motorola、Toshiba 公司共同倡导。最初主要用于楼宇自动化,但很快发展到工业现场控制网。

Lonworks 采用 OSI 参考模型的全部 7 层通信协议,并采用面向对象的设计方法,通过网络变量把网络通信设计简化为参数设置,其最高通信速率为 1.25 Mbit/s,传输距离不超过 130 m;最远通信距离为 2700 m,传输速率为 78 kbit/s,节点总数可达 32000 个。网络的传输介质可以是双绞线、同轴电缆、光纤、射频、红外线、电力线等多种通信介质,特别是电力线的使用,可将通信数据调制成载波信号或扩频信号,然后通过耦合器耦合到 220 V 或其他交直流电力线上,甚至是耦合到没有电力的双绞线上。电力线收发器提供了一种简单、有效的方法将神经元节点加入到电力线中,这样就可以利用已有的电力线进行数据通信,大大减少了通信中遇到的布线复杂等问题。这也是 Lonworks 技术在楼宇自动化中得到广泛应用的重要原因。

5. CC-Link

CC-Link 是控制与通信链路系统(Control&Communication Link)的缩略语,1996 年 11 月由以三菱电机为主导的多家公司推出,目前在亚洲占有较大份额。在其系统中,可以将控制和信息数据同时以 10 Mbit/s 的高速传送至现场网络,在 10 Mbit/s 的传输速率下最远传输距离可以达到 100 m;而在 156 kbit/s 的传输速率下,最远传输距离可以达到 1200 m。如果使用电缆中继器和光中继器,则可以更加有效地扩展整个网络的传输距离。一般情况下,CC-Link 整个一层网络可由 1 个主站和 64 个子站组成,它采用总线方式通过屏蔽双绞线进行连接,广泛应用于半导体生产线、自动化生产线等领域。

作为开放式现场总线,CC-Link 是唯一起源于亚洲地区的总线系统,CC-Link 的技术特点尤其适合亚洲人的思维习惯。2005 年 7 月,CC-Link 被中国国家标准委员会批准为中国国家标准指导性技术文件。

6. Modbus

Modbus 协议是应用于电子控制器上的一种通用语言,从功能上来看,可以认为它是一种现场总线。通过此协议,在控制器相互之间、控制器经由网络和其他设备之间都可以通信,它已经成为一种通用工业标准。

使用 Modbus 总线,不同厂商生产的控制设备可以连成工业网络,进行集中监控。此协议定义了一个控制器能识别使用的消息结构,而不管它们是经过何种网络进行通信的。

Modbus 的数据通信采用主从方式，主设备可以单独和从设备通信，也可以通过广播方式和所有从设备通信。Modbus 作为一种通用的现场总线，已经得到很广泛的应用，很多厂商的工控器、PLC、变频器、智能 I/O 与 A/D 模块等设备都具备 Modbus 通信接口。

1.4 以太网与控制网络的结合

控制网络的基本发展趋势是逐渐形成开放、透明的通信协议，而现场总线的开放性是有条件的、不彻底的，且多种总线并存已成定局，难以沿着开放的方向发展。当现场总线的发展遭遇到阻碍时，以太网技术作为一种解决方案得到迅猛的发展且被成功地用于工业控制网络，实现了办公自动化与工业自动化的无缝连接。

工业以太网是以太网技术在控制网络领域延伸的产物，是工业应用环境下信息网络与控制网络的完美结合。目前，对工业以太网没有严格的定义，各厂家推出的工业以太网在技术上也存在相当大的差距，比较典型的工业以太网技术有德国西门子公司主推的 PROFINET、法国施耐德电气公司主推的 Modbus TCP、德国倍福公司主推的 EtherCAT 等。一般来讲，工业以太网是指技术上与商用以太网（IEEE 802.3 标准）兼容，且在产品设计时其材质的选用、产品的强度以及网络的实时性、可靠性、抗干扰性、安全性等方面都能满足工业现场要求。工业以太网作为现场总线使用具有一定的优势，主要体现在以下几个方面。

1) 应用方便：工业以太网是基于 TCP/IP 的以太网，它是一种标准的开放式通信网络，不同厂商的设备很容易互连。这种特性非常适合于解决控制系统中不同厂商设备的兼容和互操作等问题。

2) 价格低廉、组网容易：由于信息网络的存在和以太网的大量使用，使得其具有价格明显低于控制网络相应软硬件的特点，如通过普通网卡就可将计算机连接到工业以太网络中。

3) 技术支持广泛：技术成熟、易于得到，已为许多人掌握，有利于企业网络的信息集成以及与上层网络的连接，便于实现企业管控一体化。

现场总线和工业以太网是当前工业控制应用中普遍采用的两种技术。工业以太网在一些行业的应用上已经真正实现了"一网到底"，但对于另一些行业，现场总线和工业以太网则在并存使用。现场总线存在着由于协议多、标准难以统一而导致的不同厂商设备之间的系统集成困难；而以太网在控制网络中存在的网络故障快速恢复、本质安全等方面的问题则是制约其全面应用的主要障碍。

从目前国内外工业以太网技术的发展来看，工业以太网在控制层已得到广泛的应用。事实上，工业以太网已经成为一种新的现场总线标准。未来，工业以太网将在工业企业综合自动化系统现场设备之间的互连和信息集成中发挥越来越重要的作用。

1.5 思考与练习

1. 阐述 DDC 控制系统的结构及工作过程。
2. 什么是集散控制系统？其基本设计思想是什么？

3. 简述集散控制系统的层次结构及各层次所起的作用。
4. 什么是现场总线？现场总线的技术特点体现在哪几个方面？
5. 现场总线的关键要点表现在哪几个方面？
6. 比较集散控制系统和现场总线控制系统的优缺点。
7. 常用的现场总线有哪些？它们各有什么特点？
8. 你认为现场总线对工业控制系统会产生怎样的影响？
9. 工业以太网作为现场总线具有哪些优势？
10. 谈谈你对现场总线的理解和看法。

第 2 章　现场总线通信基础

本章主要介绍现场总线通信系统的基本概念、数据通信的基础及其通信模型。现场总线控制网络是工业企业综合自动化的基础，用于完成数据采集、自动控制和信息共享等任务。现场总线控制网络可以通过网络互联技术实现不同网段之间的网络连接与数据交换，包括在不同传输介质、不同传输速率、不同通信协议的网络之间实现互联，从而更好地实现现场检测、采集、控制和执行以及信息的传输、交换、存储与利用的一体化，满足用户的需求。

由于现场总线通信的数据量较小，但对实时性、可靠性要求高，因此**现场总线通信模型相对简单，简化了 OSI 参考模型**，采用相应的补充方法实现被删除的 OSI 各层功能，并增设了用户层，具有结构简单、实时性好、通信速率快等优点。

学习目标

◇ 掌握数据通信及计算机网络的基本知识。
◇ 熟悉 OSI 分层通信模型的名称和功能。
◇ 了解数据封装和拆分的过程。
◇ 了解现场总线控制网络的特点和主要任务。

2.1　现场总线的一些概念

2.1.1　基本术语

1. 总线与总线段

总线是多个系统功能部件之间传输信号或信息的公共路径，是遵循同一技术规范的连接与操作方式；使用统一的总线标准，不同设备之间的互连将更容易实现。一组设备通过总线相互连接在一起就称为总线段（Bus Segment）。总线段之间可以相互连接构成一个网络系统。

2. 总线主设备与总线从设备

总线主设备（Bus Master）是指能够在总线上发起信息传输的设备，其具备在总线上主动发起通信的能力；总线从设备（Bus Slaver）是挂接在总线上、不能在总线上主动发起通信，只能对总线信息接收查询的设备。

总线上可以有多个设备，这些设备可以作为主站也可以作为从站；总线上也可以有多个主设备，这些主设备都具有主动发起信息传输的能力。但某一设备不能同时既作为主设备又作为从设备。被总线主设备连接上的从设备通常称为响应者，参与主设备发起的数据传送。

3. 总线的控制信号

总线上的控制信号通常有 3 种类型，分别如下：

1）控制设备的动作与状态。完成诸如设备清零、初始化、启动、停止等所规定的操作。

2）改变总线操作方式。例如，改变数据流的方向、选择数据字段和字节等。

3）表明地址和数据的含义。例如，对于地址，可以用于指定某一地址空间或表示出现了广播操作；对于数据，可以用于指定它能否转译成辅助地址或命令。

4. 总线协议

总线协议（Bus Protocol）是管理主、从设备工作的一套规则，是事先规定的、共同遵守的规约。

5. 控制网络

控制网络将多个分散在生产现场，且具有数字通信能力的测量、控制等设备作为网络节点，采用公开、规范的通信协议，以现场总线（包含工业以太网）作为通信连接的纽带，把现场控制设备连接成可以相互沟通信息，共同完成控制任务的网络系统。

2.1.2 总线操作的基本内容

1. 总线操作

一次总线操作包括总线上的主设备与从设备之间建立连接、数据传送、接收、脱开等操作。所谓脱开（Disconnected）是指完成数据传送操作以后，主设备与从设备之间断开连接。主设备可以在执行完一次或多次总线操作后放弃总线占有权。

2. 通信请求

通信请求是由总线上某一设备向另一设备发出传送数据或完成某种动作的请求信号，要求后者给予响应并进行某种服务。

总线的协议不同，通信请求的方式也就不同。最简单的方法是，要求通信的设备发出服务请求信号，相应的通信处理器检测到服务请求信号时就查询各个从设备，识别出是哪一个从设备要求中断并发出应答信号。该信号依次通过以菊花链方式连接的各个从设备，当请求通信的设备收到该应答信号时，就把自己的标识码放在总线上，同时该信号不再往后传递，这样通信处理设备就知道哪一个设备是服务请求者。这种传送中断信号的工作方式通常不够灵活，不适合总线上有多个进行通信处理设备的场合。

3. 总线仲裁

系统中可能会出现多个设备同时申请对总线的使用权，为避免产生总线"冲突"（Contention），需要由总线仲裁机构合理地控制和管理系统中需要占用总线的申请者，在多个申请者同时提出使用总线请求时，以一定的优先算法仲裁哪个申请者应获得对总线的使用权。

总线仲裁用于裁决哪一个主设备是下一个占有总线的设备。某一时刻只允许某一个主设备占有总线，只有当它完成总线操作、释放总线占有权后，其他总线设备才允许使用总线。总线主设备为获得总线占有权而等待仲裁的时间叫作"访问等待时间"（Access Latency），主设备占有总线的时间叫作"总线占有期"（Bus Tenancy）。

总线仲裁操作和数据传送操作是完全分开且并行工作的，因此总线占有权的交接不会耽误总线操作。

4. 寻址

寻址是主设备与从设备建立联系的一种总线操作，通常有物理寻址、逻辑寻址及广播寻址 3 种方式。

1）物理寻址用于选择某一总线段上某一特定位置的从设备作为响应者。由于大多数从设备都包含多个寄存器，因此物理寻址常常有辅助寻址，以选择响应者的特定寄存器或某一功能。

2）逻辑寻址用于指定存储单元的某一个通用区，而不顾及这些存储单元在设备中的物理分布。某一设备监测到总线上的地址信号，看其是否与分配给它的逻辑地址相符，如果相符，它就成为响应者。物理寻址与逻辑寻址的区别在于前者是选择与位置有关的设备，后者是选择与位置无关的设备。

3）广播寻址用于选择多个响应者。主设备把地址信息放在总线上，从设备将总线上的地址信息与其内部的有效地址进行比较，如果相符则该从设备被"连上"（Connect）。能使多个从设备连上的地址称为"广播地址"（Broadcast Addresses）。为了确保主设备所选择的全部从设备都能响应，系统需要有适应这种操作的定时机构。

每种寻址方式各有其特点和适用范围，逻辑寻址一般用于系统总线，物理寻址和广播寻址多用于现场总线。有的系统总线包含上述两种甚至三种寻址方式。

5. 数据传送

如果主设备与响应者连接上，就可以进行数据的读/写操作。读/写操作需要在主设备和响应者之间传递数据。"读"（Read）数据操作是读取来自响应者的数据；"写"（Write）数据操作是向响应者发送数据。为了提高数据传送的速度，总线系统可以采用块传送等方式，以加快长距离的数据传送速度。

6. 出错检测及容错

总线在传送信息时，有时会因传导干扰、辐射干扰等因素导致出现信息错误，使得"1"变成"0"，"0"变成"1"，影响到现场总线的性能，甚至于现场总线不能正常工作。除了要在系统的设计、安装、调试时采取必要的抗干扰措施以外，在高性能的总线中一般还设有出错码产生和校验机构，以实现传送过程的出错检测。例如，传送数据时如果有奇偶错误，通常是再发送一次信息。也有一些总线可以在保证很低的出错率的同时而不设检错机构。

为了减少设备在总线上因传送信息出错的故障对系统的影响，提高系统的重配置能力是十分重要的。例如，故障对分布式仲裁的影响要比菊花式仲裁小，菊花式仲裁在设备发生故障时会直接影响它后面设备的工作。现场总线系统能支持其软件利用一些新技术，实现如自动把故障隔离开来、实现动态重新分配地址、关闭或更换故障单元等功能。

7. 总线定时

主设备获得总线控制权以后，就进入总线操作，即进行主设备和响应者之间的信息交换，这种信息可以是地址也可以是数据。定时信号用于指明总线上的数据和地址何时有效。大多数总线标准都规定主设备可发起"控制"（Control）信号，如指定操作的类型、从设备状态响应信号等。

2.2 通信系统的组成

通信的目的是传送消息。实现消息传递所需的一切设备和传输介质的总和称为通信系统，它一般由信息源、发送设备、传输介质、接收设备及信息接收者等几部分组成，如图 2-1 所示。

图 2-1 通信系统的组成

1) 信息源是产生消息的来源，其作用是把各种消息转换成原始电信号。
2) 信息接收者是信息的使用者，其作用是将复原的原始信号转换成相应的消息。
3) 发送设备的基本功能是将信息源产生的消息信号变换成适合在传输介质中传输的信号，使信息源和传输介质匹配起来。发送设备的变换方式是多种多样的，对数字通信系统而言，发送设备常常包括编码器与调制器。
4) 接收设备的基本功能是完成发送设备的反变换，即对信息进行解调、译码、解码等操作，它的任务是从带有干扰的接收信号中正确恢复出相应的原始基带信号，对于多路复用信号而言，还包括解除多路复用、实现正确分路等功能。
5) 传输介质是指发送设备与接收设备之间信号传递所经的媒介，它可以是电磁波、红外线等无线传输介质，也可以是双绞线、电缆、光缆等有线传输介质。
6) 干扰源是通信系统中各种设备以及信道中所固有的，并且是人们所不希望的。干扰的来源是多样的，可分为内部干扰和外部干扰；外部干扰往往是从传输介质引入的。在进行系统分析时，为了方便，通常把各种干扰源的集中表现统一考虑后再加入到传输介质中。

2.3 数据通信基础

2.3.1 数据通信的基本概念

所谓数据通信是指依据通信协议、利用数据传输技术在两个功能单元之间传递数据信息的技术，它可以实现计算机与计算机、计算机与终端、终端与终端之间的数据信息传递。

1. 数据与信息

数据分为模拟数据和数字数据两种。模拟数据是指在时间和幅值上连续变化的数据，如由传感器接收到的温度、压力、流量、液位等信号；数字数据是指在时间上离散的、幅值经过量化的数据，它一般是由 0、1 的二进制代码组成的数字序列。

数据是信息的载体，它是信息的表示形式，可以是数字、字符、符号等。单独的数据并没有实际含义，但如果把数据按一定规则、形式组织起来，就可以传达某种意义，这种具有某种意义的数据集合就是信息，即信息是对数据的解释。

2. 数据传输率

数据传输率是衡量通信系统有效性的指标之一，其含义为单位时间内传送的数据量，常用比特率 S 和波特率 B 来表示。

比特率 S 是一种数字信号的传输速率，表示单位时间（1 s）内所传送的二进制代码的有效位（bit）数，用每秒比特数（bit/s）、每秒千比特数（kbit/s）或每秒兆比特数（Mbit/s）等单位来表示。

波特率 B 是一种调制速率，指数据信号对载波的调制速率，用单位时间内载波调制状态改变次数来表示，单位为波特（Baud）。或者说，数据传输过程中线路上每秒钟传送的波形个数就是波特率 $B=1/T$(Baud)。

比特率和波特率的关系为

$$S = B\log_2 N$$

式中，N 为一个载波调制信号表示的有效状态数；如二相调制，单个调制状态对应一个二进制位，表示 0 或 1 两种状态；四相调制，单个调制状态对应两个二进制位，有 4 种状态；八相调制，对应 3 个二进制位；依此类推。

例如，单比特信号的传输速率为 9600 bit/s，则其波特率为 9600Baud，它意味着每秒钟可传输 9600 个二进制脉冲；如果信号由两个二进制位组成，当传输速率为 9600 bit/s 时，则其波特率为 4800Baud。

3. 误码率

误码率是衡量通信系统线路质量的一个重要参数，误码率越低，通信系统的可靠性就越高。它的定义为：二进制符号在传输系统中被传错的概率，近似等于被传错的二进制符号数与所传二进制符号总数的比值。

在计算机网络通信系统中，误码率要求低于 10^{-6}，即平均每传输 1 Mbit 才允许错 1 bit 或更低。

4. 信道容量

信道是以传输介质为基础的信号通路，是传输数据的物理基础。信道容量是指传输介质所能传输信息的最大能力，以传输介质每秒钟能传送的信息比特数为单位，常记为 bit/s，它的大小由传输介质的带宽、可使用的时间、传输速率及传输介质质量等因素决定。

2.3.2 数据编码

计算机网络系统的通信任务是传送数据或数据化的信息，这些数据通常以离散的二进制 0、1 序列的方式来表示。数字信号被传输时是以高电平或低电平的形式进行传输的，所以需要将二进制数转换为高电平或低电平。数据编码技术就是研究在信号传输过程中如何进行编码。

计算机数据在传输过程中的数据编码类型，主要取决于它采用的通信信道所支持的数据通信类型。根据数据通信类型，网络中常用的通信信道分为两类：模拟通信信道与数字通信信道。相应的用于数据通信的数据编码方式也分为两类：模拟数据编码和数字数据编码。

模拟数据编码是用模拟信号的不同幅度、不同频率、不同相位来表达数据的 0、1 状态的；而数字数据编码则是用高低电平的矩形脉冲信号来表达数据的 0、1 状态的。

采用数字数据编码方式时，如果在基本不改变数据信号频率的情况下直接传输数字信号，则称为基带传输方式。这是一种最为简单和经济的传输方式，即在线路中直接传送数字信号的电脉冲，不需要使用调制解调器，就可以达到很高的数据传输速率和系统效率，是目前应用较广的数据通信方式。

数字数据常采用不归零码、曼彻斯特编码和差分曼彻斯特编码等方式。

1. 不归零码

不归零（Non-Return to Zero，NRZ）码的波形如图 2-2a 所示，用两种电平分别表示二进制信息 "1" 和 "0"，这种编码方式信息密度高，但不能提取同步信息且有误码积累。如果重复发送信息 "1"，会出现连续发送正电流的现象；如果重复发送信息 "0"，会出现持续不送电流或持续发送负电流的现象，使得信号中含有直流成分，这是数据传输中不希望存在的分量。因此，NRZ 码虽然简单，但只适用于极短距离传输，在实际中应用并不多。

2. 曼彻斯特编码

曼彻斯特编码方式对每个码元都用两个连续且极性相反的脉冲表示，其波形如图 2-2b 所示。每一位的中间都有一个跳变，这个跳变既可作为时钟信号，又可作为数据信号。其含义为：从高到低的跳变表示 "1"，从低到高的跳变表示 "0"。这种编码的特点是无直流分量，且有较尖锐的频谱特性；连续 "1" 或连续 "0" 信息仍能显示码元间隔，有利于码同步的提取，但带宽大。

3. 差分曼彻斯特编码

差分曼彻斯特编码利用码元开始处有无跳变来表示数据 "0" 和 "1"，有跳变表示 "0"，无跳变表示 "1"，每位中间的跳变仅提供时钟定时，其波形如图 2-2c 所示，在每个比特周期中间产生跳变用以产生时钟，这个跳变与数据无关，只是为了方便同步。

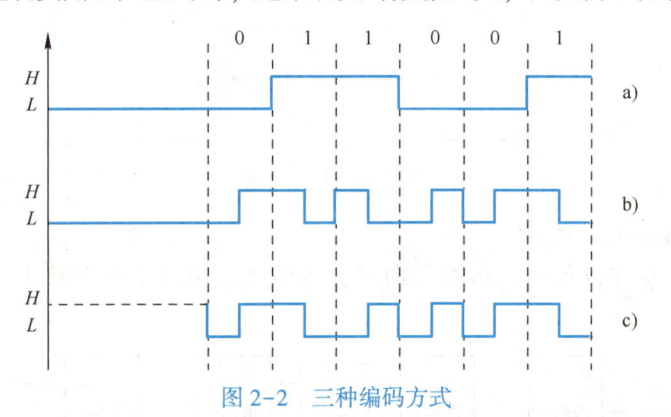

图 2-2 三种编码方式
a）不归零（NRZ）码波形　b）曼彻斯特编码波形　c）差分曼彻斯特编码波形

曼彻斯特编码和差分曼彻斯特编码方法都是将时钟和数据包含在信号流中，在传输代码信息的同时，也将时钟同步信号一起传输到对方，所以这种编码也称为自同步编码。

2.3.3 数据传输技术

数据传输方式可以分为串行传输和并行传输、单向传输和双向传输、异步传输和同步传输，通过传输介质利用 RS-232C、RS-422A 及 RS-485 等通信接口标准进行信息交换。

1. 传输方式

（1）串行传输和并行传输

1）串行传输。串行通信时，数据的各个不同位将分时使用同一条传输线，从低位开始一位接一位按顺序传送，数据有多少位就需要传送多少次，如图 2-3 所示。串行通信多用于可编程序控制器与计算机之间、多台可编程序控制器之间的数据传送。串行通信虽然传输速率较慢，但传输线少、连线简单，特别适合多位数据的长距离通信。

2.3-1　数据传输方式及传输介质

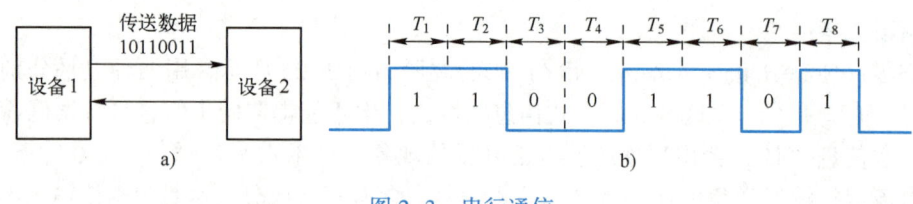

图 2-3　串行通信
a）框图　b）顺序传送

2）并行传输。并行通信时，一个数据的所有位同时传送，因此每个数据位都需要一条单独的传输线，信息由多少个二进制位组成就需要多少条传输线，如图 2-4 所示。并行通信方式一般用于可编程序控制器内部的各元件之间、主机与扩展模块或近距离智能模块之间的数据处理。虽然并行传送数据的速度很快，传输效率高，但若数据位数较多、传送距离较远，则线路复杂、成本较高且干扰大，不适合远距离传送。

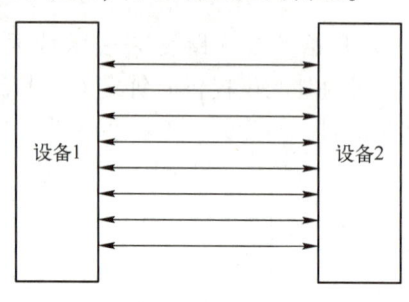

图 2-4　并行通信

（2）单向传输和双向传输

串行通信按信息在设备间的传送方向可分为单工、半双工和全双工 3 种方式，分别如图 2-5a、b、c 所示。

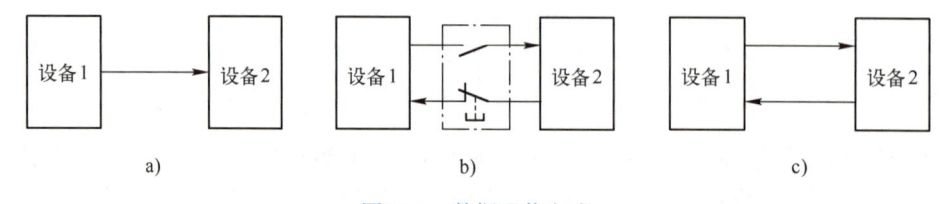

图 2-5　数据通信方式
a）单工　b）半双工　c）全双工

单工通信是指信息的传递始终保持一个固定的方向，不能进行反方向传送，线路上任一时刻总是一个方向的数据在传送，例如无线广播；半双工是在两个通信设备中同一时刻只能有一个设备发送数据，而另一个设备接收数据，没有限制哪个设备处于发送或接收状态，但两个设备不能同时发送或接收信息，例如无线对讲机；全双工是指两个通信设备可以同时发送和接收信息，线路上任一时刻都可以有两个方向的数据在流动，例如电话。

（3）异步传输与同步传输

串行通信按时钟可分为异步传输和同步传输两种方式。

1）在异步传输中，信息以字符为单位进行传输，每个信息字符都有自己的起始位和停止位，每个字符中的各个位是同步的，相邻两个字符传送数据之间停顿时间的长短是不确定的，它是靠发送信息时同时发出字符的开始和结束标志信号来实现的，如图 2-6 所示。

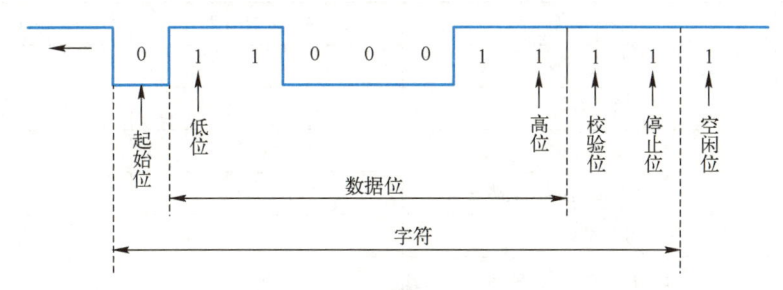

图 2-6　串行异步传送数据格式

2）同步通信的数据传输是以数据块为单位的，字符与字符之间、字符内部的位与位之间都同步；每次传送 1~2 个同步字符、若干个数据字节和校验字符；同步字符起联络作用，用它来通知接收方开始接收数据。在同步通信中发送方和接收方要保持完全的同步，即发送方和接收方应使用同一时钟频率。

由于同步通信方式不需要在每个数据字符中加起始位、校验位和停止位，只需要在数据块之前加 1~2 个同步字符，所以传输效率高，但对硬件的要求也相应提高，主要用于高速通信。采用异步通信方式传送数据时，每传一字节都要加入起始位、校验位和停止位，传送效率低，主要用于中、低速数据通信。

2. 接口标准

（1）RS-232C 通信接口

串行通信时要求通信双方都采用标准接口，以便不同的设备方便地连接起来进行通信。RS-232C 接口（又称 EIA RS-232C）是目前计算机与计算机、计算机与 PLC 通信中常用的一种串行通信接口。

2.3-2　串行通信接口标准

RS-232C 是美国电子工业协会（Electronic Industry Association，EIA）于 1969 年公布的标准化接口。"RS"是英文"推荐标准"（Recommend Standard）的缩写；"232"为标识号；"C"表示此接口标准的修改次数。它既是一种协议标准，又是一种电气标准，规定通信设备之间信息交换的方式与功能。

RS-232C 可使用 9 脚或 25 脚的 D 型连接器，如图 2-7 所示。这些接口线有时不会都用，简单的只需 3 条接口线，即"发送数据（TxD）、接收数据（RxD）和信号地（GND）"。常用的 RS-232C 接口引脚信号定义如表 2-1 所示。

图 2-7　D 型连接器

表 2-1 常用 RS-232C 接口引脚名称、功能及其引脚号

引脚名称	功　能	25 脚连接器引脚号	9 脚连接器引脚号
CD	载波检测	8	1
RxD	接收数据	3	2
TxD	发送数据	2	3
DTR	数据终端设备准备就绪	20	4
GND	信号公共参考地	7	5
DSR	数据通信设备准备就绪	6	6
RTS	请求传送	4	7
CTS	清除传送	5	8
RI	振铃指示	22	9

在电气特性上，RS-232C 中任何一条信号线的电压均为负逻辑关系：逻辑"1"为 $-(5\sim15)$ V；逻辑"0"为 $+(5\sim15)$ V，噪声容限为 2 V，即接收器能识别高至 +3 V 以上的信号作为逻辑"0"，低到 -3 V 以下的信号作为逻辑"1"。电气接口采用单端驱动、单端接收电路，容易受到公共地线上的电位差和外部引入的干扰信号的影响。

RS-232C 只能进行一对一的通信，其驱动器负载为 $3\sim7$ kΩ，所以 RS-232C 适合本地设备之间的通信。传输率分为 19200 bit/s、9600 bit/s、4800 bit/s 等几种，最高通信速率为 20 kbit/s，最远传输距离为 15 m，通信速率和传输距离有限。

(2) RS-422A 通信接口

针对 RS-232C 的不足，EIA 又于 1977 年推出了串行通信接口 RS-499，对 RS-232C 的电气特性进行了改进；RS-422A 是 RS-499 的子集，它定义了 RS-232C 所没有的 10 种电路功能，规定用 37 脚连接器。

在电气特性上，由于 RS-422A 采用差动发送、差动接收的工作方式并使用 +5 V 电源。因此，在通信速率、通信距离、抗共模干扰等方面较 RS-232C 接口有较大的提高，最大传输率可达 10 Mbit/s，传输距离为 $12\sim1200$ m。

(3) RS-485 通信接口

RS-485 是 RS-422A 的变形，RS-422A 是全双工通信，两对平衡差分信号线分别用于发送和接收，所以采用 RS-422A 接口通信时最少需要四根线。RS-485 为半双工通信，只有一对平衡差分信号线，不能同时发送和接收，最少时只需两根连线。

在电气特性上，RS-485 的逻辑"1"以两线间的电压差 $+(2\sim6)$ V 表示，逻辑"0"以两线间的电压差 $-(2\sim6)$ V 表示。接口信号电平比 RS-232C 低，不易损坏接口电路的芯片。

由于 RS-485 接口能用最少的信号连线完成通信任务，且具有良好的抗噪声干扰性、高传输速率（10 Mbit/s）、长的传输距离（1200 m）和多站功能（最多 128 站）等优点，所以在工业控制中广泛应用，例如西门子 S7 系列 PLC 采用的就是 RS-485 通信口。

3. 传输介质

传输介质也称传输媒质或通信介质，是指通信双方用于彼此传输信息的物理通道。通常分为有线传输介质和无线传输介质两大类。有线传输介质使用物理导体提供从一个设备到另一个设备的通信通道；无线传输介质不使用任何人为的物理连接，通过空间来广播传输信

息。图 2-8 是传输介质的分类。在现场总线控制系统中常用的传输介质为双绞线、同轴电缆和光缆等，其外形结构分别如图 2-9a、b、c 所示。

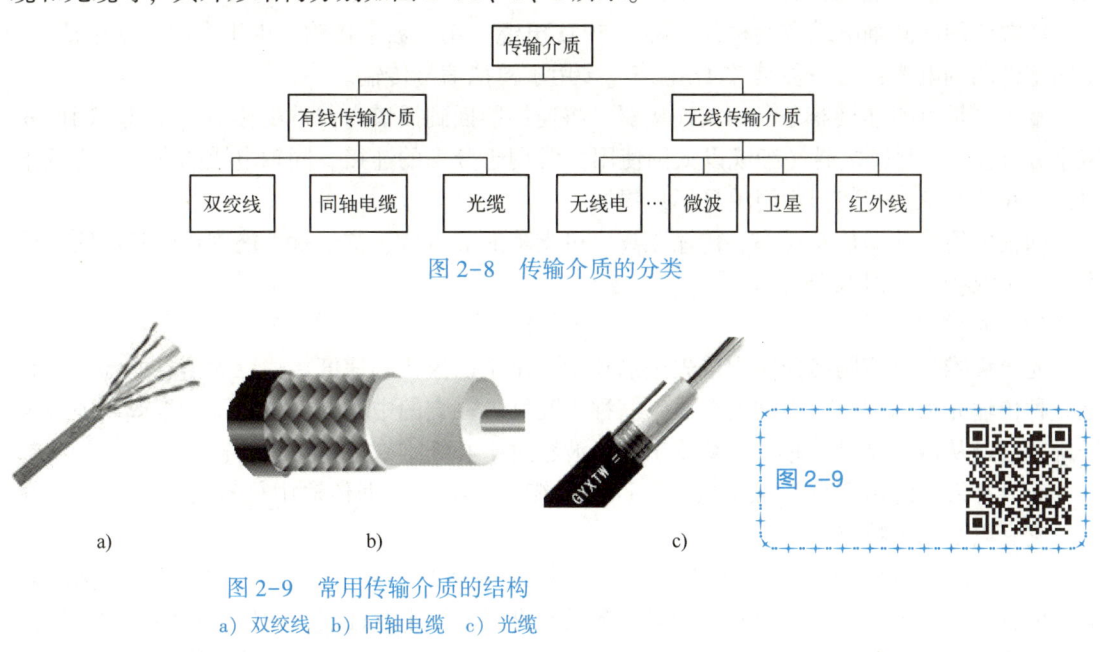

图 2-8 传输介质的分类

图 2-9

图 2-9 常用传输介质的结构
a) 双绞线 b) 同轴电缆 c) 光缆

(1) 双绞线

双绞线是目前最常见的一种传输介质，用金属导体来接收和传输通信信号，可分为非屏蔽双绞线（Unshielded Twisted Pair，UTP）和屏蔽双绞线（Shielded Twisted Pair，STP）。

每一对双绞线由绞合在一起的相互绝缘的两根铜线组成。把两根绝缘的铜线按一定密度互相绞在一起，可降低信号干扰的程度，每一根导线在传输中辐射的电波也会被另一根导线上发出的电波抵消。如果把一对或多对双绞线放在一个绝缘套管中便成了双绞线电缆，如在局域网中常用的五类、六类、七类双绞线就是由 4 对双绞线组成的。

屏蔽双绞线由于有较好的屏蔽性能，所以也具有较好的电气性能。但由于屏蔽双绞线的价格较非屏蔽双绞线贵，且非屏蔽双绞线的性能对于普通的企业局域网来说影响不大，甚至说很难察觉，所以在企业局域网组建中所采用的通常是非屏蔽双绞线。

双绞线既可以传输模拟信号又可以传输数字信号，对于模拟信号，每 5~6 km 需要一个放大器；对于数字信号，每 2~3 km 需一个中继器。在使用时每条双绞线两端都需要安装 RJ-45 连接器才能与网卡、集线器或交换机相连接。

虽然双绞线与其他传输介质相比，在数据传输速率、传输距离和信道宽度等方面均受到一定的限制，但在一般快速以太网应用中影响不大，且价格较为低廉，所以目前双绞线仍是企业局域网中首选的传输介质。

(2) 同轴电缆

如图 2-9b 所示，同轴电缆的结构分为 4 层。内导体是一根铜线，铜线外面包裹着泡沫绝缘层，再外面是由金属或者金属箔制成的导体层，最外面由一个塑料外套将电缆包裹起来。其中铜线用来传输电磁信号；网状金属屏蔽层一方面可以屏蔽噪声，另一方面可以作为信号地；绝缘层通常由陶制品或塑料制品组成，它将铜线与金属屏蔽层隔开；塑料外套可使电缆免遭物理性破坏，通常由柔韧性好的防火塑料制品制成。这样的电缆结构既可以防止自身产生的电干扰，也可以防止外部干扰。

经常使用的同轴电缆有两种，一种是 50 Ω 电缆，用于数字传输，由于多用于基带传输，也叫基带同轴电缆；另一种是 75 Ω 电缆，多用于模拟信号传输。

常用同轴电缆连接器是卡销式连接器，将连接器插到插口内，再旋转半圈即可，因此安装十分方便。T 型连接器（细缆以太网使用）常用于分支的连接。同轴电缆的安装费用低于 STP 和五类 UTP，安装相对简单且不易损坏。

同轴电缆的数据传输速率、传输距离、可支持的节点数、抗干扰性能都优于双绞线，成本也高于双绞线，但低于光缆。

(3) 光缆

光导纤维是目前网络介质中最先进的技术，用于以极快的速度传输巨大信息的场合。它是一种传输光束的细微而柔韧的介质，简称为光纤。在它的中心部分包括了一根或多根玻璃纤维，通过从激光器或发光二极管发出的光波穿过中心纤维来进行数据传输。

光导纤维电缆由多束纤维组成，简称为光缆。光缆是数据传输中最有效的一种传输介质，它有以下几个特点。

1) 抗干扰性好。光缆中的信息是以光的形式传播的，由于光不受外界电磁干扰的影响，而且本身也不向外辐射信号，所以光缆具有良好的抗干扰性能，适用于长距离的信息传输以及安全要求较高的场合。

2) 具有更宽的带宽和更高的传输速率，且传输能力强。

3) 衰减少，无中继时传输距离远。这样可以减少整个通道的中继器数目，而同轴电缆和双绞线每隔几千米就需要接一个中继器。

4) 光缆本身费用昂贵，对芯材纯度要求高。

在使用光缆互连多个小型机的应用中，必须考虑光纤的单向特性，如果要进行双向通信，那么就应使用双股光纤，一个用于输入，一个用于输出。由于要对不同频率的光进行多路传输和多路选择，因此又出现了光学多路转换器。

光缆连接采用光缆连接器，安装要求严格，两根光缆间任意一段芯材未能与另一段光纤或光源对正，就会造成信号失真或反射，连接过分紧密则会造成光线改变发射角度的变化。

2.3.4　网络拓扑结构与网络控制方法

1. 网络拓扑结构

网络拓扑结构是指用传输介质将各种设备互连的物理布局。将在局域网（Local Area Network，LAN）中工作的各种设备互连在一起的方法有多种，目前大多数 LAN 使用的拓扑结构有星形、环形及总线型这 3 种网络拓扑结构。

星形结构如图 2-10a 所示，其连接特点是端用户之间的通信必须经过中心站，这样的连接便于系统集中控制、易于维护且网络扩展方便，但这种结构要求中心系统必须具有极高的可靠性，否则中心系统一旦损坏，整个系统便趋于瘫痪，对此中心系统通常采用双机热备份，以提高系统的可靠性。

环形结构在 LAN 中使用较多，如图 2-10b 所示，其连接特点是每个端用户都与两个相邻的端用户相连，直到将所有端用户连成环形。这样的点到点连接方式使得系统总是以单向方式操作，如用户 N 是用户 $N+1$ 的上游端用户，用户 $N+1$ 是用户 N 的下游端用户，如果 $N+1$ 端需要将数据发送到 N 端，则几乎要绕环一周才能到达 N 端。这种结构容易安装和重新配置，接入和断开一个节点只需改动两条连接，可以减少初期建网的投资费用；每个节点只有一个下游节点，不需要路由选择；可以消除端用户通信时对中心系统的依赖性，但某一节点一旦失效，整个系统就会瘫痪。

总线型拓扑结构在 LAN 中使用最普遍，如图 2-10c 所示，其连接特点是端用户的物理媒体由所有设备共享，各节点地位平等，无中心节点控制。这样的连接布线简单、扩充容易、成本低廉，而且某个节点一旦失效也不会影响其他节点的通信，但使用这种结构必须解决的一个问题是确保端用户发送数据时不会出现冲突。

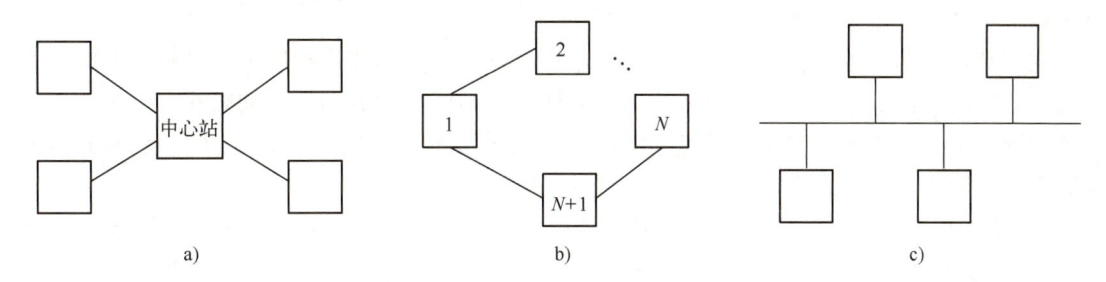

图 2-10 网络拓扑结构图
a）星形拓扑结构　b）环形拓扑结构　c）总线型拓扑结构

2. 网络控制方法

网络控制方法是指在通信网络中使信息从发送装置迅速而正确地传递到接收装置的管理机制。常用的网络控制方法有以下几种。

（1）令牌方式

这种传送方式对介质访问的控制权是以令牌为标志的。只有得到令牌的节点才有权控制和使用网络，常用于总线型网络和环形网络结构。

令牌是一组特定的二进制代码，它按照事先排列的某种逻辑顺序沿网络而行，令牌有空、忙两种状态，开始时为空闲；节点只有得到空令牌时才具有信息发送权，同时将令牌置为忙。令牌沿网络而行，当信息被目标节点取走后，令牌被重新置为空。

令牌传送实际上是一种按预先的安排让网络中各节点依次轮流占用通信线路的方法，传送的次序由用户根据需要预先确定，而不是按节点在网络中的物理次序传送。如图 2-11 所示，令牌传送次序为节点 1→节点 3→节点 4→节点 2→节点 1。

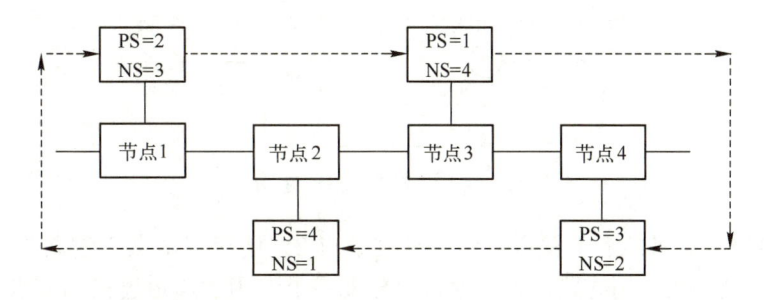

PS 为前一站节点；　NS 为下一站节点；　---▶ 为传送方向

图 2-11 令牌传递过程示意图

(2) 争用方式

这种传送方式允许网络中的各节点自由发送信息，但如果两个以上的节点同时发送信息就会出现线路冲突，故需要加以约束，目前常用的是 CSMA/CD 方式。

CSMA/CD（Carrier Sense Multiple Access/Collision Detect），即载波监听多路访问/冲突检测，它是一种分布式介质访问控制协议，网络中的各个节点都能独立地决定数据帧的发送与接收。每个站在发送数据帧之前，首先要进行载波监听，只有介质空闲时，才允许发送帧。如果两个以上的站同时监听到介质空闲并发送帧，则会产生冲突现象，会使发送的帧都成为无效帧，发送随即宣告失败。每个站必须有能力随时检测冲突是否发生，一旦发生冲突，则应停止发送，以免介质带宽因传送无效帧而被白白浪费，然后随机延时一段时间后，再重新争用介质，重发送帧。

在点到点链路配置时，如果这条链路是半双工操作，只需使用很简单的机制便可保证两个端用户轮流工作。在一点到多点方式中，对线路的访问由控制端的探询来确定；然而，在总线型网络中，由于所有端用户都是平等的，不能采取上述机制，因此可以采用 CSMA/CD 控制方式来解决端用户发送数据时出现冲突的问题。

CSMA/CD 控制方式的原理比较简单，技术上也容易实现。网络中各工作站处于平等地位，不需要集中控制，不提供优先级控制；但在网络负载增大时，冲突概率增加，发送效率会急剧下降。因此，CSMA/CD 控制方式常用于总线型网络，且通信负荷较轻的场合。

(3) 主从方式

在这种传送方式中，网络中有主站，主站周期性地轮询各从站节点是否需要通信，被轮询的节点允许与其他节点通信，多用于信息量少的简单系统。主从方式适合于星形网络结构或总线型主从方式的网络拓扑结构。

2.3.5 数据交换技术

数据交换技术是网络的核心技术。在数据通信系统中通常采用线路交换、报文交换和分组交换的数据交换方式。

1. 线路交换方式

线路交换是通过网络中的节点在两个站之间建立一条专用的通信线路，从通信资源的分配角度来看，交换就是按照某种方式动态地分配传输线路中的资源。某电话系统的线路连接示意图，如图 2-12 所示。如果主叫端拨号成功，则在两个站之间就建立了一条物理通道。具体过程如下。

图 2-12 电话系统的线路连接示意图

1) 建立电路。如果站点 1 发送一个请求到节点 2，请求与站点 2 建立一个连接，那么站点 1 到节点 1 是一条专用线路。在交换机上分配一个专用的通道连接到节点 2、再到站点 2 的通信。至此，就建立了一条从站点 1 出发、经过节点 1、再到站点 2 的通信物理通道。

2) 传输数据。电路建立成功以后，就可以在两个站点之间进行数据传输，将话音从站点 1 传送到站点 2。这种连接是全双工的，可以在两个方向传输信息。

3) 拆除通道。在数据传送完成后，就要对建立好的通道进行拆除，这可以由两个站中的任何一个来完成，以便释放专用资源。

线路交换方式的优点是数据传输迅速可靠，并能保持原有序列。缺点是一旦通信双方占有通道后，即使不传送数据，其他用户也不能使用，造成资源浪费。这种方式适用于时间要求高且连续的批量数据传输。

2. 报文交换方式

报文交换方式的传输单位是报文，长度不限且可变。报文中包括要发送的正文信息和指明收发站的地址及其他控制信息。数据传送过程采用存储−转发的方式，不需要在两个站之间提前建立一条专用通路。在交换装置控制下，报文先存入缓冲存储器中并进行一些必要的处理，当指定的输出线空闲时，再将数据转发出去，例如电报的发送。

报文交换方式的优点是效率高，信道可以复用且需要时才分配信道；可以方便地把报文发送到多个目的节点；建立报文优先权，让优先级高的报文优先传送。缺点是延时长，不能满足实时交互式的通信要求；有时节点收到的报文太多以致不得不丢弃或阻止某些报文；对中继节点存储容量要求较高。

3. 分组交换方式

分组交换方式与报文交换方式类似，只是交换的单位为报文分组，且限制了每个分组的长度，即将长的报文分成若干个报文组。在每个分组的前面加上一个分组头，用以指明该分组发往何地址，然后由交换机根据每个分组的地址标志，将它们转发至目的地，这些分组不一定按顺序抵达。这样处理可以减轻节点的负担，改善网络传输性能，例如因特网。

分组交换方式的优点是转发延时短，数据传输灵活。由于分组是较小的传输单位，只有出错的分组会被重发而非整个报文，因此大大降低了重发比例，提高了交换速度，而且每个分组可按不同路径和顺序到达。缺点是在目的节点要对分组进行重组，增加了系统的复杂性。

2.3.6 差错控制

计算机网络要求高速并且无差错地传递数据信息，但这只是一种比较理想的考虑。一方面，网络是由一个个的实体构成的，这些实体从制造到装配等一系列的过程是很复杂的，在这个复杂的过程中无法保证各个部分都能达到理想的理论值；另一方面，信息在传输过程中会受到诸如突发噪声、随机噪声等干扰的影响而使信号波形失真，从而使接收解调后的信号产生差错。因此，在数据通信过程中需要及时发现并纠正传输中的差错。

差错控制是指在数据通信过程中发现或纠正差错，并把差错限制在尽可能小的、允许的范围内而采用的技术和方法。

差错控制编码是为了提高数字通信系统的容错性和可靠性，对网络中传输的数字信号所进行的抗干扰编码。其思路是在被传输的信息中增加一些冗余码，利用附加码元和信息码元之间的约束关系进行校验，以检测和纠正错误。冗余码的个数越多，检错和纠错能力就越强。

在差错控制码中，检错码是能够自动发现出现差错的编码，纠错码是不仅能发现差错而且能够自动纠正差错的编码。检错和纠错能力是用冗余的信息量和降低系统的效率为代价来换取的。

下面介绍差错控制中常用的几个概念：

1）码长：编码码组的码元总位数称为码组的长度，简称码长。

2）码重：码组中"1"码元的数目称为码组的重量，简称码重。

3）码距：两个等长码组之间对应位上码元不同的数目称为这两个码组的距离，简称码距，又称汉明（Hamming）距离。

4）最小码距：某种编码中各个码组间距离的最小值称为最小码距。

5）编码效率 R：用差错控制编码提高通信系统的可靠性，是以降低有效性为代价而换来的。定义编码效率 $R=d/(d+r)$ 来衡量有效性。其中，d 是信息元的个数，r 为校验码个数。

差错控制方法分两类，一类是自动检错重发（Automatic Error Request，ARQ），另一类是前向纠错（Forward Error Correction，FEC）。在 ARQ 方式中，当接收端经过检查发现差错时，就会通过一个反馈信道将接收端的判决结果发回给发送端，直到接收端返回接收正确的信号为止，ARQ 方式只使用检错码。在 FEC 方式中，接收端不但能发现差错，而且能确定二进制码元发生错误的位置，从而加以纠正，FEC 方式必须使用纠错码。下面介绍几种常用的差错控制码。

1. 常用的简单编码

（1）奇偶校验码

奇偶校验码是一种通过增加冗余位使得码字中"1"的个数为奇数或偶数的编码方法，它是一种检错码。其方法是低 7 位为信息字符，最高位为校验位。这种检错码检错没有办法确定哪一位出错，所以它不能进行错误校正；在发现错误后，只能要求重发。但由于其实现简单，得到了广泛应用。

在奇校验法中，校验位使字符代码中"1"的个数为奇数，例如：1 1010110。接收端按同样的校验方式对收到的信息进行校验，如发送时收到的字符及校验位中"1"的数目为奇数，则认为传输正确，否则认为传输错误。

在偶校验法中，校验位使字符代码中"1"的个数为偶数，例如：0 1010110。接收端按同样的校验方式对收到的信息进行校验，如发送时收到的字符及校验位中"1"的数目为偶数，则认为传输正确，否则认为传输错误。

（2）二维奇偶监督码

二维奇偶监督码又称方阵码，不仅对水平（行）方向的码元，而且还对垂直（列）方向的码元实施奇偶监督，可以检错也可以纠正一些错误。

如图 2-13 所示，将信息码组排列成矩阵，每一个码组写成一行，然后根据奇偶校验原理在垂直和水平两个方向进行校验。

0	1	1	0	1	0	0	1	0	1	1
1	0	0	0	1	0	1	1	0	1	1
1	0	0	1	1	0	0	0	1	0	0
1	1	0	0	1	1	0	1	1	0	0
1	1	0	1	1	0	0	0	0	1	1
0	1	1	0	1	1	1	1	0	1	1

图 2-13　方阵码示例

（3）恒比码

码字中"1"的数目与"0"的数目保持恒定比例的码称为恒比码。由于恒比码中，每个码组均含有相同数目的"1"和"0"，因此恒比码又称等重码。这种码在检测时，只要计算接收码元中"1"的个数是否与规定的相同，就可判断有无错误。

该码的检错能力较强，除对换差错（"1"和"0"成对的产生错误）不能发现外，其他各种错误均能发现。例如，国际上通用的电报通信系统采用7中取3码。

2. 线性分组码——汉明码

在线性码中，信息位和监督位由一些线性代数方程联系，或者说，线性码是由一组线性方程构成的。

汉明码也叫海明码，是一种可以纠正一位错的高效率线性分码组。其基本思想是：将待传信息码元分成许多长度为 k 的组，其后附加 r 个用于监督的冗余码元（也称校验位），构成长为 $n=k+r$ 位的分组码。前面介绍的奇偶校验码中，只有一位是监督位，只能代表有错或无错两种信息，并不能指出错码位置。如果选择监督位 $r=2$，则其能表示4种状态，其中一种状态用于表示信息是否传送正确，另外3种状态就可能用来指示一位错码的3种不同位置，r 个监督关系式能指示一位错码的 (2^r-1) 个可能位置。

一般地，若码长为 n，信息位数为 k，则监督位数 $r=n-k$。如果希望用 r 个监督位构造出 r 个监督关系式来指示一位错码的 n 个可能位置，则要求满足以下条件：

$$2^r-1 \geq n \quad \text{或者} \quad 2^r \geq r+k+1$$

汉明码是一种具有纠错功能的纠错码，它能将无效码字恢复成距离它最近的有效码字，但不是百分之百的正确。前面已提到，两个码字的对应位上取值不同的位数称为这两个码字的汉明距离。在一个有效编码集中，任意两个码字的汉明距离的最小值称为该编码集的汉明距离。如果要纠正 d 个错误，则编码集的汉明距离至少应为 $2d+1$。

2.4 通信模型

2.4.1 OSI 参考模型

为了实现不同设备之间的互连与通信，1978年国际标准化组织（ISO）提出了一个试图使各种计算机在世界范围内互连为网络的标准框架，即开放系统互连（Open System Interconnection，OSI）参考模型，1983年成为正式国际标准（ISO 7498）。

OSI 参考模型是计算机通信领域的开放式标准，是用来指导生产厂家和用户共同遵循的规范，任何人均可免费使用，而使用这个规范的系统也必须向其他使用这个规范的系统开放。OSI 参考模型并没有提供一个可以实现的方法，它是一个在制定标准时所使用的概念性框架，设计者可根据这一框架，设计出符合各自特点的网络。

OSI 参考模型将计算机网络的通信过程分为7个层次，每层执行部分通信功能，如表 2-2 所示。"层"这个概念包含了两个含义，即问题的层次及逻辑的嵌套关系；这种关系类似信件中采用多层信封把信息包装起来：发信时要由里往外包装，收信后要由外到里拆封，最后才能得到所传送的信息。每一层都有双方相应的规则，相当于每一层信封上都有相互理解的标志，否则信息就无法传递到预期的目的地。每一层依靠相邻的低一层完成较原始的功能，同时又为相邻的高一层提供服务；邻层之间的约定称为接口，各层约定的规则总和称为协议，只要相邻层的接口一致，就可以进行通信。第1层~第3层为介质层，负责网络中数据的物理传输；第 4 层~第 7 层为高层或主机层，用于保证数据传输的可靠性。

表 2-2 OSI 模型分层简况

层 号	层 名	英 文 名	接 口 要 求	工 作 任 务
第 1 层	物理层	Physical layer	物理接口定义	比特流传输
第 2 层	数据链路层	Data Link	介质访问方案	成帧、纠错
第 3 层	网络层	Network	路由器选择	选线、寻址
第 4 层	传输层	Transport	数据传输	收发数据
第 5 层	会话层	Session	对话结构	同步
第 6 层	表示层	Presentation	数据表达	编译
第 7 层	应用层	Application	应用操作	协调、管理

在模型的 7 层中，物理层是通信的硬件设备，由它完成通信过程；从第 7 层到第 2 层的信息并没有进行传送，只是为传送做准备，这种准备由软件进行处理，直到第 1 层才靠硬件真正进行信息的传送。下面简单介绍 OSI 参考模型的 7 个层次的功能或工作任务。

1. 物理层

物理层是必不可少的，它是整个开放系统的基础，负责设备间接收和发送比特流，提供为建立、维护和释放物理连接所需要的机械、电气、功能与规程的特性。例如，使用什么样的物理信号来表示数据"0"和"1"，数据传输是否可同时在两个方向上进行等。

2. 数据链路层

数据链路层也是必不可少的，它被建立在物理传输能力的基础上，以帧为单位传输数据。它负责把不可靠的传输信道改造成可靠的传输信道，采用差错检测和帧确认技术，传送带有校验信息的数据帧。

3. 网络层

网络层提供逻辑地址和路由选择。网络层的作用是确定数据包的传输路径，建立、维持和拆除网络连接。

4. 传输层

传输层属于 OSI 参考模型中的高层，解决的是数据在网络之间的传输质量问题，提供可靠的端到端的数据传输，保证数据按序可靠、正确的传输。这一层主要涉及网络传输协议，提供一套网络数据传输标准，如 TCP、UDP。

5. 会话层

会话是指请求方与应答方交换的一组数据流。会话层用来实现两个计算机系统之间的连接、建立、维护和管理会话。

6. 表示层

表示层主要处理数据格式，负责管理数据编码方式，它是 OSI 参考模型的翻译器，该层从应用层取得数据，然后把它转换为计算机应用层能够读取的格式，如 ASCII、MPEG 等格式。

7. 应用层

应用层是 OSI 参考模型中最靠近用户的一层，提供应用程序之间的通信，其作用是实现应用程序之间的信息交换、协调应用进程和管理系统资源，如 QQ 等。

两个相互通信的系统应该具有相同的层次结构，不同节点的同等层次具有相同的功能，并按照协议实现同等层之间的通信。如果把要传送的信息称为"报文"，则每一层上的标记称为"报头"，数据封装和拆封过程如下。

当信息发送时，从第 7 层到第 2 层并没有进行站与站的信息传送，而是在进行软件方面的处理，直到第 1 层才靠传输介质将信息真正传送出去，即物理层把封装后的信息由物理层放到通信线路上进行传输；当信息到达接收站后，按照与封装相反的顺序进行数据解封，每经过一层就去掉一个报头，到第 7 层之后，所有的报头、报尾都去掉了，只剩数据或报文本身；至此，站与站之间的通信结束。

OSI 参考模型是一个理论模型，在实际环境中并没有一个真实的网络系统与之完全相对应，它更多地被作为分析和判断通信网络技术的依据。多数应用只是将 OSI 模型与应用的协议进行大致的对应，对应于 OSI 的某层或包含某层的功能。

图 2-14 为局域网体系结构 IEEE 802 与 OSI 参考模型的对应关系，这里只定义了数据链路层和物理层，数据链路层又分为两个子层：介质访问控制（Medium Access Control，MAC）层和逻辑链路控制（Logical Link Control，LLC）层。MAC 子层解决网络上所有节点共享一个信道所带来的信道争用问题；LLC 子层把要传输的数据组帧，并解决差错控制和流量控制问题，从而实现可靠的数据传输。

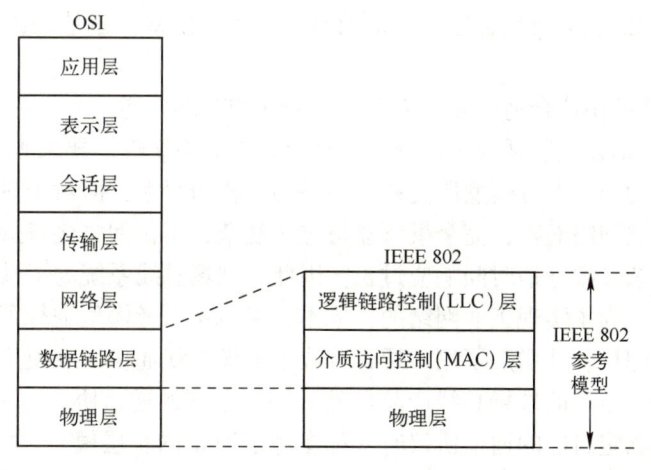

图 2-14　IEEE 802 与 OSI 参考模型的对应关系

图 2-15 为 TCP/IP 与 OSI 参考模型的对应关系。传输控制协议/互联网协议（Transmission Control Protocol/Internet Protocol，TCP/IP）是针对 Internet 开发的一种体系结构和协议标准，目的在于解决异构计算机网络的通信问题。TCP/IP 模型采用 4 层的分层体系结构，由下向上依次是网络接口层、网际层、传输层和应用层。其中，TCP 提供了一种可靠的数据交互服务；IP 规定了数据包传送的格式。TCP/IP 是互联网上事实上的标准协议。

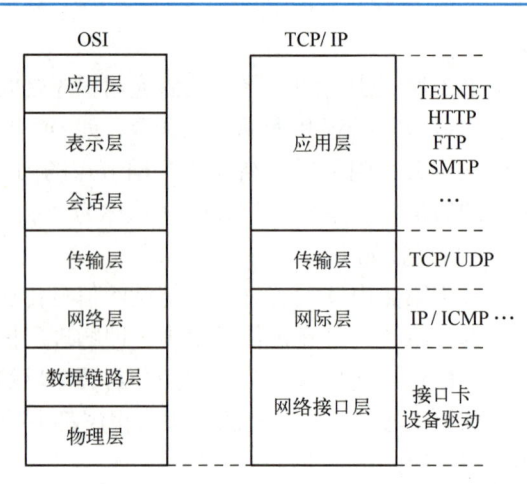

```
      OSI                TCP/IP
┌──────────────┐      ┌──────────────┐
│   应用层     │      │              │  TELNET
├──────────────┤      │              │  HTTP
│   表示层     │      │   应用层     │  FTP
├──────────────┤      │              │  SMTP
│   会话层     │      │              │  …
├──────────────┤      ├──────────────┤
│   传输层     │      │   传输层     │  TCP/UDP
├──────────────┤      ├──────────────┤
│   网络层     │      │   网际层     │  IP/ICMP…
├──────────────┤      ├──────────────┤
│  数据链路层  │      │              │  接口卡
├──────────────┤      │  网络接口层  │  设备驱动
│   物理层     │      │              │
└──────────────┘      └──────────────┘
```

图 2-15 TCP/IP 与 OSI 参考模型的对应关系

2.4.2 现场总线通信模型

现场总线是工业控制现场的底层网络。工业生产现场存在大量的传感器、控制器、执行器等设备，它们被零散地分布在一个较大的工作范围内。对于由这些设备组成的工业控制底层网络来说，某个节点面向控制的信息量并不大，信息传输的任务也相对比较简单，但系统对实时性、快速性的要求较高。对于这样的控制系统要构成开放式的互联系统，需要考虑以下几个重要问题。

1) 采用什么样的通信模型合适？是采用 OSI 的完全模型，还是在此基础上做进一步的简化？

2) 采用什么样的协议合适？是否需要实现 OSI 的全部功能？

3) 所选择的通信模型能适应生产现场的环境要求和系统性能要求吗？

虽然 7 层结构的 OSI 参考模型所支持的通信功能相当强大，但对于只需要完成简单通信任务的工业控制底层网络而言，完全模型显得过于复杂，不仅网络接口造价高，而且会由于层间操作与转换复杂导致通信时间响应过长。因此，现场总线系统为了满足生产现场的实时性、快速性要求，也为了实现工业网络的低成本，对 OSI 参考模型进行了简化和优化，除去了实时性不强的中间层，并增加了用户层，构成了现场总线通信系统模型。

目前，各个公司生产的现场总线产品虽然采用了不同的通信协议，但是各公司在制定自己的通信协议时，都参考了 OSI 的 7 层模式。典型的现场总线通信模型如图 2-16 所示，它采用 OSI 模型中的 3 个典型层：物理层、数据链路层和应用层，省去了中间的 3~6 层部分，同时考虑到现场设备的控制功能和具体应用，增设了第 8 层，即用户层。这种模型具有结构简单、执行协议直观、价格便宜等优点，也能满足工业现场应用的性能要求。它是 OSI 模型的简化形式，流量与差错控制都在数据链路层中进行，因而与 OSI 模型并不完全一致。

现场总线通信模型的主要特点总结如下。

8	用户层
7	应用层
6	未使用
5	
4	
3	
2	数据链路层
1	物理层

图 2-16 现场总线通信模型

1) 简化了 OSI 参考模型。通常只采用 OSI 参考模型的第 1 层（物理层）、第 2 层（数据链路层）及最高层（应用层），以便简化通信模型结构、缩短通信开销、降低系统成本及提高系统的实时性。

2) 采用相应的补充方法实现被删除的 OSI 各层功能，并增设了用户层。

3) 现场总线通信模型通信数据的信息量较小。相对于其他通信网络而言，通信模型相对简单，但结构更加紧凑，实时性更好，通信速率更快。

4) 多种现场总线并存，并采用不同的通信协议。但在应用与发展中都已形成自己的特点和应用领域。

总之，开放系统互连模型是现场总线技术的基础，现场总线参考模型既要遵循开放系统集成的原则，又要充分兼顾现场总线控制系统应用的特点和不同控制系统提出的相应要求。

2.5 网络互联设备

网络互联是将两个以上的网络系统，通过一定的方法，用一种或多种网络互联设备相互连接起来，构成更大规模的网络系统，以便更好地实现网络数据的资源共享。相互连接的网络可以是同种类型的网络也可以是运行不同网络协议的异型系统。网络互联不能改变原有网络内的网络协议、通信速率、软硬件配置等，但通过网络互联技术可以使原先不能相互通信和共享资源的网络之间有条件实现相互通信和信息共享。

采用中继器、集线器、网卡、交换机、网桥、路由器、防火墙、网关等网络互联设备可以将不同网段或子网连接成企业应用系统。

1. 中继器

中继器工作在物理层，是一种最为简单但也是用得最多的互联设备。它负责在两个节点的物理层上按位传递信息，完成信号的复制、调整和放大功能，以此来延长网络的长度。中继器由于不对信号进行校验等其他处理，因此即使是差错信号，中继器也照样整形放大。

中继器一般有两个端口，用于连接两个网段，且要求两端的网段具有相同的介质访问方法。

2. 集线器

集线器（hub）工作在物理层，是对网络进行集中管理的最小单元，对传输的电信号进行整形、放大，相当于具有多个端口的中继器。

3. 网络接口卡

网络接口卡，简称网卡。主要工作在数据链路层，不仅可以实现与局域网通信介质之间的物理连接和电信号匹配，还可以实现数据链路层数据帧的封装与拆封、数据帧的发送与接收、物理层的介质访问控制、数据编码与解码以及数据缓存等功能。

网卡的序列号是网卡的物理地址，即 MAC 地址，用以标识该网卡的唯一性。

4. 交换机

交换机工作在数据链路层，可以识别数据包中的 MAC 地址信息，根据 MAC 地址进行数据转发，并将 MAC 地址与对应的端口记录在自己内部的一个地址表中。数据帧转发前先送入交换机的内部缓冲，可对数据帧进行差错检查。

5. 网桥

网桥，也叫桥接器。主要工作在数据链路层，根据 MAC 地址对帧进行存储转发。它可以有效地连接两个局域网（Local Area Network，LAN），使本地通信限制在本网段内，并转发相应的信号至另一网段。网桥通常用于连接数量不多的、同一类型的网段。网桥将一个较大的 LAN 分成子段，有利于改善网络的性能、可靠性和安全性。

网桥一般有两个端口，每个端口均有自己的 MAC 地址，分别桥接两个网段。

6. 路由器

路由器工作在网络层，在不同网络之间转发数据单元。因此，路由器具有判断网络地址和选择路径的功能，能在多网络互连环境中建立灵活的连接。

路由器最重要的功能是路由选择，为经由路由器转发的每个数据包寻找一条最佳的转发路径。路由器比网桥更复杂、管理功能更强大，同时更具灵活性，经常被用于多个局域网、局域网与广域网以及异构网络的互联。

7. 防火墙

防火墙一方面用于阻止来自因特网的对受保护网络的未经授权或未经验证的访问，另一方面允许内部网络的用户对因特网进行 Web 访问或收发电子邮件等，也可以作为访问因特网的权限控制关口，如授权组织内特定的人访问因特网。

8. 网关

网关工作在传输层或以上层次，是最复杂的网络互联设备。网关就像一个翻译器，当对使用不同通信协议、数据格式甚至网络体系结构的网络互联时，需要使用这样的设备，因此又被称作协议转换器。与网桥只是简单地传达信息不同，网关对收到的信息需要重新打包，以适应目的端系统的需求。

网关具有从物理层到应用层的协议转换能力，主要用于异构网络的互联、局域网与广域网的互联，不存在通用的网关。

2.6 现场总线控制网络

2.6.1 现场总线网络节点

现场总线控制网络用于完成各种数据采集和自动控制任务，是一种特殊的、开放的计算机网络，它是工业企业综合自动化的基础。从现场控制网络节点的设备类型、传输信息的种类、网络所执行的任务、网络所处的环境等方面来看，都有别于其他计算机构成的数据网络。

现场总线控制网络可以通过网络互联技术实现不同网段之间的网络连接与数据交换，包括在不同传输介质、不同传输速率、不同通信协议的网络之间实现互联，从而更好地实现现场检测、数据采集、控制和执行以及信息的传输、交换、存储与利用的一体化，满足用户的需求。

现场总线网络的节点常常分散在生产现场，大多是具有计算与通信能力的智能测控设备。它们可能是普通计算机网络中的个人计算机或其他种类的计算机、操作站等设备。也可能是具有嵌入式 CPU，但功能比较单一、计算或其他能力远不及普通计算机，且没有键盘、显示等的人机交互接口。也有的设备甚至不带有 CPU，只带有简单的通信接口。

例如，具有通信能力的现场设备有：条形码阅读器、各类智能开关、可编程序控制器、监控计算机、智能调节阀、变频器、机器人等，这些都可以作为现场总线控制网络的节点使用。由于受到制造成本等因素的影响，作为现场总线网络节点的设备，在计算能力等方面一般比不上普通的计算机。

现场总线控制网络就是把单个分散的、有通信能力的测控设备作为网络节点，按照总线型、星形、树形等网络拓扑结构连接而成的网络系统。如图 2-17 所示的总线型控制网络连接，使得各个节点之间可以相互沟通信息、共同配合完成系统的控制任务。

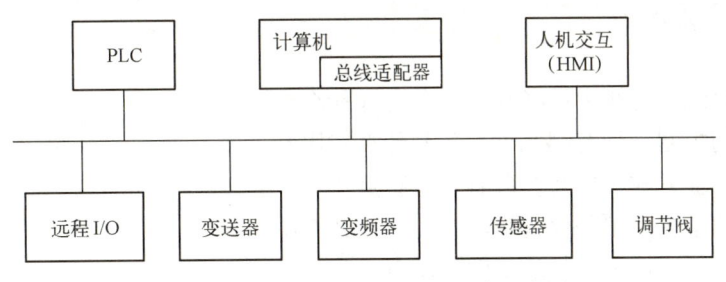

图 2-17 现场总线控制网络连接示意图

2.6.2 现场总线控制网络的任务

现场总线控制网络主要完成以下任务。

1) 将控制系统中现场运行的各种信息传送到控制室，使现场设备始终处于远程监视之中。例如，在控制室监视生产现场阀门的开度、开关的状态、运行参数的测量值及现场仪表的工作状况等信息。

2) 控制室将各种控制、维护、参数修改等命令信息送往位于生产现场的测量控制设备中，使得生产现场的设备处于可控状态之中。

3) 与操作终端、上层管理网络实现数据传输与信息共享。

此外，现场总线控制网络还要面临工业生产的高温高压、强电磁干扰、各种机械振动及其他恶劣工作环境，因此要求现场总线控制网络能适应各种可能的工作环境。

正是由于现场总线控制网络要完成的工作任务和所处的工作环境，使得它具有许多不同于普通计算机网络的特点。

影响控制网络性能的主要因素有网络的拓扑结构、传输介质的种类与特性、介质访问方式、信号传输方式以及网络监控系统等。为了适应和满足自动控制任务的需求，在开发控制网络技术及设计现场总线控制网络系统时，应该着重于满足控制的实时性、可靠性以及工业环境下的抗干扰性等控制要求。

2.6.3 控制网络的安全问题

随着控制网络中智能设备、计算机等智能节点的使用，以及控制网络与企业管理层网络及其他业务应用的集成，控制网络的信息交换需求与共享范围也在不断扩大，这种交换和共享信息的能力一方面扩展了控制网络的功能，另一方面由于工业领域的合作联盟、外包服务及 IP 的使用等因素，使得工业自动化控制系统与现场设备在网络层可能会受到同商业系统一样的攻击；再加上近年来对商业和个人计算机的恶意攻击显著增加，因特网上用于自动攻击的工具又随处可见，因此，控制网络的应用和信息向商业领域的延伸都大大增加了工业自动化控制系统运行的风险。

由于工业自动化控制系统的设备是直接和工艺过程相联系的，信息安全一旦遭到破坏，就可能会造成商业机密泄露、信息传送中断，还可能会带来潜在的对人员或生产造成的损失、环境破坏以及危及运行安全等严重后果，因此工业控制系统的信息安全问题已经受到越来越广泛的关注，控制网络对于信息安全的需求也显得越来越重要。

2.7 思考与练习

1. 什么是总线？总线主设备和从设备各起什么作用？
2. 总线上的控制信号有哪几种？各起什么作用？
3. 总线的寻址方式有哪些？各有什么特点？
4. 数据通信系统由哪些设备组成？各起什么作用？
5. 试比较串行通信和并行通信的优缺点。
6. 串行通信接口标准有哪些？试分别阐述其电气特性。
7. 常用的网络控制方法有哪几种？
8. 通常使用的数据交换技术有几种？它们各有什么特点？
9. 曼彻斯特编码波形的跳变有几层含义？
10. 什么是差错控制？列举两种基本的差错控制方式。
11. 采用光缆传输数据有哪些优势？
12. 为什么要引进 OSI 参考模型？它能解决什么问题？
13. 简述 OSI 七层模型的结构和每一层的作用。
14. 列出几种网络互联设备，并说明其功能。
15. 集线器、交换机和路由器分别工作在 OSI 参考模型的哪一层？
16. 什么是防火墙？它在网络系统中起什么作用？
17. 现场总线通信模型有什么特点？
18. 试阐述现场总线控制网络的特点和它承担的主要任务。

第 3 章　PROFIBUS 总线及其应用

PROFIBUS 是一种应用广泛的、开放的、不依赖于设备生产商的现场总线标准，适合于快速、时间要求严格的应用和复杂的通信任务。其通信本质是 RS-485 串口通信，按照对应用环境的要求可分为 PROFIBUS-DP 和 PROFIBUS-PA 两种互相兼容的规约。

PROFIBUS 的网络设备主要有：PROFIBUS 接口、PROFIBUS 插头、有源终端电阻、通信介质、中继器以及光链路模块等；PROFIBUS 设备根据其在网络中所起的作用不同可分为 1 类主站、2 类主站和从站；其传输技术有用于 DP 的 RS-485 技术和光纤传输技术，用于 PA 的 IEC 1158-2 传输技术；总线存取控制方式有主站间的令牌传递方式和主从站间的主从通信方式。

学习目标

◇ 了解 PROFIBUS 总线的概念、分类及传输技术。
◇ 了解 GSD 文件及更新方法。
◇ 学会 PROFIBUS 控制系统的硬件配置及组态。
◇ 掌握简单 PROFIBUS 控制系统的设计与实现方法。

3.1　PROFIBUS 总线基础

3.1.1　PROFIBUS 总线及分类

2001 年，PROFIBUS 成为中国机械行业推荐标准 JB/T 10308—2001；2006 年成为我国第一个工业通信领域现场总线技术国家标准 GB/T 20540—2006。

目前，世界上许多自动化设备制造商都为其生产的设备提供了 PROFIBUS 接口，PROFIBUS 现场总线已广泛应用于加工制造、过程控制、楼宇自动化、交通电力等应用领域。

PROFIBUS 现场总线根据应用的特点和用户不同的需要，可分为 PROFIBUS-DP、PROFIBUS-PA、PROFIBUS-FMS 三个互相兼容版本的通信协议。

1) PROFIBUS-DP（DP 是 Distributed Periphery 的缩写，即分布 I/O 系统）主要用于自动化系统中单元级和现场级通信；通过两线制线路或光缆联网，可实现 9.6 kbit/s~12 Mbit/s 的数据传输速率；网络符合 IEC 61158-2/EN 61158-2 标准，采用混合协议令牌总线和主站/从站架构。

2) PROFIBUS-PA（PA 是 Process Automation 的缩写，即过程自动化）用于工业现场控制的过程自动化，是以 PROFIBUS-DP 为基础，增加了 PA 行规以及相应的传输技术，使 PROFIBUS 能更好地满足各种过程控制的要求。通信采用扩展的 PROFIBUS-DP 协议，传输技术采用 IEC6 1158-2，即提供标准的本质安全的传输技术；网络可基于屏蔽双绞线线路进行本质安全设计，数据传输速率为 31.25 Mbit/s，一般用于安全性要求较高的场合及由总线供电的站点。

3）PROFIBUS-FMS（FMS 是 Fieldbus Message Specification 的缩写，即现场总线信息规范）用于车间级监控网络，主要解决车间级通用性通信任务，可以提供大量的通信服务，完成中等速度的循环和非循环通信任务，多用于纺织工业、楼宇自动化、电气传动、传感器和执行器、PLC 等自动化控制，一般构成实时多主站网络系统，是一种令牌结构、实时的多主网络。对于 FMS 而言，它考虑的主要是系统功能而不是响应时间，主要用于大范围的、复杂的通信系统。

随着现场总线应用领域的不断扩大和工业以太网的发展，PROFIBUS 技术也在不断发生变化，例如 PROFIBUS-FMS 目前已不再使用，而 PROFIBUS-DP 和 PROFIBUS-PA 的应用则越来越多，另外像 PROFIdrive、PROFIsafe 等新的行规随着应用的增加也在逐渐普及。

3.1.2 PROFIBUS 的通信协议

1. PROFIBUS 的协议结构

PROFIBUS 是根据 ISO 7498 国际标准，以 OSI 参考模型为基础，并增加了用户层。第 1 层为物理层，用来定义物理传输特性；第 2 层为数据链路层，用来解决两个相邻节点之间的通信问题；第 3~7 层未加描述；用户层用来定义应用功能。PROFIBUS 的协议结构示意图如图 3-1 所示。

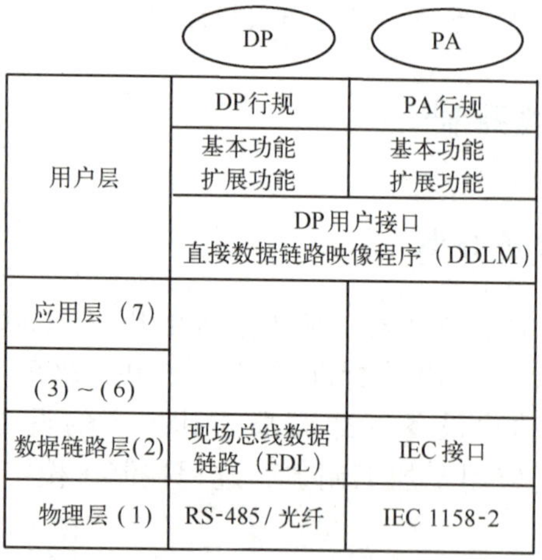

	DP	PA
用户层	DP 行规 基本功能 扩展功能 DP 用户接口 直接数据链路映像程序（DDLM）	PA 行规 基本功能 扩展功能
应用层（7）		
（3）~（6）		
数据链路层(2)	现场总线数据链路（FDL）	IEC 接口
物理层（1）	RS-485/光纤	IEC 1158-2

图 3-1 PROFIBUS 的协议结构示意图

（1）PROFIBUS-DP

PROFIBUS-DP 定义了第 1、2 层和用户接口层。直接数据链路映像程序（DDLM）提供对第 2 层的访问，第 3 层~7 层未加描述，这种简化的协议结构保证了数据传输的快速性和有效性。该模型提供了 RS-485 传输技术和光纤传输技术；详细说明了各种不同 PROFIBUS-DP 设备的设备行为；定义了用户、系统以及不同设备可以调用的应用功能。特别适合可编程控制器与现场分散的 I/O 设备之间的快速通信。

（2）PROFIBUS-PA

PROFIBUS-PA 采用扩展的 PROFIBUS-DP 协议进行数据传输，另外，它还使用了描述现场设备行为的 PA 规范。根据 IEC 1158-2 标准，这种传输技术可确保其本质安全，并使现场设备通过总线供电。

通过 DP/PA 耦合器和 DP/PA LINK 连接器，可以将 PROFIBUS-PA 设备很方便地集成到 PROFIBUS-DP 网络上，如图 3-2 所示。DP/PA 耦合器用于在 DP 和 PA 之间传递物理信号，适用于简单网络与运行时间要求不高的场合，分为两种类型：非本质安全型和本质安全型。

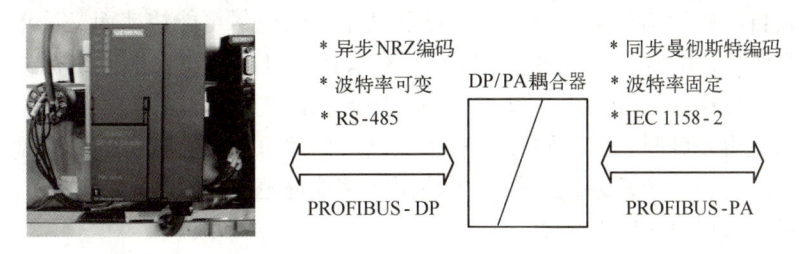

图 3-2 用耦合器转换协议

PA 现场设备还可以通过 DP/PA 链路设备连接到 DP 网络上。DP/PA 链路设备应用于大型网络时，根据网络复杂程度和处理时间要求的不同，会有不止一个链路设备连接到 DP。DP/PA 链路设备既作为 DP 网段的从站又作为 PA 网段的主站，耦合网络上的所有数据通信；这意味着在不影响 DP 性能的情况下，DP/PA 链路设备将 DP 和 PA 结合起来，由于每个链路设备可以连接多台设备，而链路设备只占用 DP 的一个站地址，因此整个网络所能容纳的设备数量大大增加。

PROFIBUS-PA 是为满足过程自动化工程中高速、可靠的通信要求而特别设计的。用 PROFIBUS-PA 可以把传感器和执行器连接到现场总线上，即使在防爆区域的传感器和执行器也是这样。

2. 现场总线数据链路层

从图 3-1 可以看到，PROFIBUS 协议的第 2 层为现场总线数据链路（Fieldbus Data Link，FDL）层。该层协议可以处理两个由物理通道直接相连的邻接站之间的通信，定义为数据安全性、传输协议、报文处理及总线访问控制层；协议目的在于提高数据传输的效率，为其上层提供透明、无差错的通道服务。

数据链路层的报文格式保证了传输的高度安全性。所有报文均具有汉明距离 HD=4，其含义是在数据报文中能同时发送 3 种错误位，这符合国际标准 IEC 870-5.1 系列规约，数据报文选择特殊的开始和结束标识符，并运用无间隙同步、奇偶校验位和控制位；可检测下列差错类型：

1）字符格式错误（奇偶校验、溢出、帧错误）。
2）协议错误。
3）开始和结束标识符错误。
4）帧检查字节错误。
5）报文长度错误。

在第 2 层中，除逻辑上点到点的数据传输之外，还允许用广播和群播通信的多点传送。广播通信就是一个主站点把信息发送到其他所有站点，而收到数据则不需要应答；群播是指一个主站向一个预先确定的站发送无须应答的报文。

3. 总线存取协议

PROFIBUS-DP 和 PROFIBUS-PA 均使用一致的总线存取协议，通过 OSI 参考模型的第 2 层（数据链路层）来实现。介质存取控制（Medium Access Control，MAC）必须确保在任何时刻只能由一个站点发送数据。PROFIBUS 协议的设计要满足介质控制的两个基本要求：其一，同一级的 PLC 或主站之间的通信必须使每一个主站在确定的时间范围内能获得足够多的机会来处理它自己的通信任务；其二，主站和从站之间应尽可能快速而又简单地完成数据的实时传输。为此，PROFIBUS 使用混合的总线存取控制机制来实现上述目标，包括用于主站之间通信的令牌传递方式和用于主站与从站之间通信的主从方式。

当一个主站获得令牌时，它就可以拥有主从站通信的总线控制权，而且此地址在整个总线上必须是唯一的。在一个总线内，最大可使用的站地址范围是在 0~126 之间，也就是说，一个总线系统最多可以有 127 个节点。

这种总线存取控制方式可以有以下 3 种系统配置。

1) 纯主-主系统（令牌传递方式）。
2) 纯主-从系统（主从方式）。
3) 两种方式的组合。

PROFIBUS 的总线存取机制与所使用的传输介质无关，即不论使用的是铜质电缆还是光纤电缆，效果是一样的。

(1) 令牌总线通信过程

连接到 PROFIBUS 网络的主站按它的总线地址的升序组成一个逻辑令牌环，PROFIBUS 系统的多主结构示意图如图 3-3 所示。在逻辑令牌环中控制令牌按照事先给定的顺序从一个站传递到下一个站，令牌提供控制总线的权力，并用特殊的令牌帧在主站点间进行传递。具有最高站地址（Highest Address Station，HAS）的主站点例外，它只把令牌传递给具有最低总线地址的主站点，以此使逻辑令牌环闭合。令牌环调度要保证每个主站有足够的时间来完成它的通信任务。令牌经过所有主站点轮转一次所需时间叫作实际令牌循环时间（TRR），每一次令牌交换都会计算产生一个新的 TRR；用目标令牌时间（TTR）来规定现场总线系统中令牌轮转一次所允许的最长时间，这个时间是可以调整的；一个主站在获得令牌后，就是通过计算 TTR-TRR 来确定自己持有令牌的时间（TTH）。

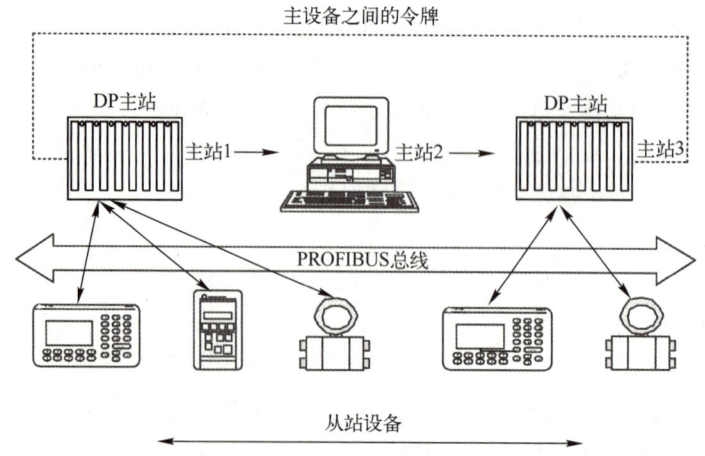

图 3-3 PROFIBUS 系统的多主结构示意图

在总线初始化和启动阶段，MAC 通过辨认主站点来建立令牌环。为了管理控制令牌，MAC 程序首先自动地判定总线上所有主站点的地址，并将这些节点及它们的节点地址都记录在活动主站表（List of Active Master Stations，LAS）中。对于令牌管理而言，有两个地址概念特别重要：一个是前一站（Previous Station，PS）节点的地址，即下一站是从此站接收到令牌的；另一个是下一站（Next Station，NS）节点的地址，即令牌传递给此站。

在运行期间，为了从令牌环中去掉有故障的主站点或增加新的主站点到令牌环中而不影响总线上的数据通信，也需要用到 LAS。若一个主站从 LAS 中自己的前一站（PS）节点收到令牌，则保留令牌并使用总线；若主站收到的令牌帧不是从前一站节点发出的，将认为是一个错误而不接收令牌；如果此令牌帧被再次收到，该主站将认为令牌环已修改，接收令牌并修改自己的 LAS。

(2) 主从通信过程

一个网络中有若干个从站，而它的逻辑令牌环只含一个主站，这样的网络就称为纯主-从系统，PROFIBUS 主从通信过程如图 3-4 所示，此系统不存在令牌的传递。主从通信允许主站控制它自己所控制的从站，使得从站做出相应的响应；主站要与每一个从站建立一条数据链路；主站可以发送信息给从站或者获取从站信息。

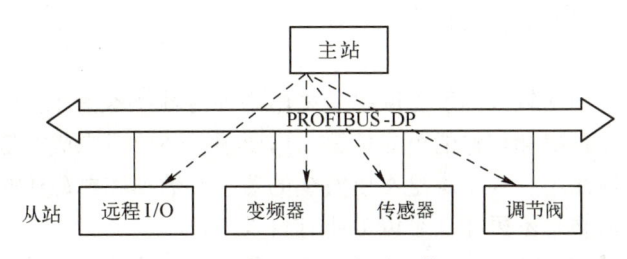

图 3-4 PROFIBUS 主从通信过程

主从（Master-Slave，MS）通信方式是 PROFIBUS-DP 主站与智能从站之间的数据交换方式，可以由 PLC 的操作系统周期性地自动完成，不需要用户程序进行控制。但用户必须对主站和智能从站之间的通信连接和数据交换区进行配置。

在分布式 PLC 系统中，PLC 可以被设为主站，通过 PROFIBUS-DP 总线来连接分布式 I/O 从站，如 ET200B 紧凑型 DP 从站、ET200M 模块式 DP 从站等，这些从站实质上只是带有 PROFIBUS-DP 通信处理器的 I/O 模块，称为标准从站或普通从站。标准从站的 I/O 被直接并入 DP 主站的 I/O 地址区，使用时可以像主站本身的 I/O 模块一样直接访问标准从站的输入/输出。

对于带有多台 PLC 的控制系统或其他带有 CPU、存储器等部件的独立控制设备，可以实现不同子任务的独立和有效处理。同时，整个控制系统为了实现分散控制、集中管理，将这些设备都挂接在 PROFIBUS-DP 网络上。这些独立的控制设备在 DP 网络中被称为智能从站。

智能从站本身具有独立的 I/O 地址，这些地址可能会与主站的 I/O 地址相同，因此，DP 主站不能直接访问智能从站的输入/输出，而是需要建立 I/O 地址的传输空间，并由智能从站的 CPU 负责处理地址转换工作。

(3) 两种方式的组合

一个 DP 系统可能是多主结构，这意味着一条总线上已经连接了几个主站节点，主站间采用逻辑令牌环、主从站间采用主从通信的方式传输。

令牌传递程序保证每个主站在一个确切规定的时间内得到总线控制权；主站得到总线控制权时，可与从站进行主从通信，对从站进行分时轮询传输信息。

在图 3-3 中，总线系统由 3 个主站和 5 个从站构成。3 个主站之间构成令牌逻辑环：主站 1→主站 2→主站 3→主站 1。当其中一个主站得到令牌报文后，该主站就在一定时间内执行主站工作；在这段时间内，它可依照主从关系通信表与所有从站通信，也可依照主-主通信关系表与所有主站通信。如果主站 1 需要向主站 3 发送数据，当令牌传递到主站 1 时，主站 1 将要发送的数据按照一定的格式发往主站 2，主站 2 将本站地址与接收到的帧信息中的目的地址进行比较，地址不同则主站 2 将帧信息继续传递到主站 3；主站 3 将本站地址与接收到的帧信息中的目的地址进行比较，比较后由于地址相同则主站 3 获得了总线控制权，此时主站 3 与主站 1 进行数据传递，同时也可以与它所挂接的两个从设备进行通信。当主站 3 没有需要发送的帧或在规定时间内发送完了所需发送的帧，或者主站 3 的控制时间终了时，它就将主站令牌传递给主站 1。

3.2 PROFIBUS 的传输技术

现场总线系统的应用在较大程度上取决于采用哪种传输技术，而且既要考虑传输的拓扑结构、传输速率、传输距离和传输的可靠性等通用要求，还要考虑成本低廉、使用方便等因素。在过程自动化的应用中，为了满足本质安全的要求，数据和电源还必须使用同一根传输媒介，因此单一的传输技术不可能满足以上所有要求。

在通信模型中，物理层直接和传输介质相连，规定了线路传输介质、物理连接的类型以及电气、功能等特性，提供了以下 3 种数据传输类型。

1）用于 DP 的 RS-485 传输技术。

2）用于 DP 的光纤传输技术。

3）用于 PA 的 IEC 1158-2 传输技术。

3.2.1 RS-485 传输技术

1. RS-485 传输技术的特点

RS-485 是一种简单的、低成本的传输技术，其传输过程是建立在半双工、异步、无间隙同步化的基础上，数据的发送采用 NRZ 编码，这种传输技术通常称之为 H2。网络连接情况如图 3-5 所示，具有以下特点。

1）网络拓扑：所有设备都连接在总线结构中，每个总线段的开头和结尾均有一个终端电阻。为确保操作运行不发生误差，两个总线终端电阻必须要有电源。

2）传输介质：双绞屏蔽电缆，也可取消屏蔽，取决于电磁干扰环境即电磁兼容性（Electro Magnetic Compatibility，EMC）的条件。

3）站点数：每个总线段最多可以连接 32 个站，如果站数超过 32 个或需要扩大网络区域，则需要使用中继器来连接各个总线段。使用中继器时最多可用到 127 个站，串联的中继器一般不超过 3 个。

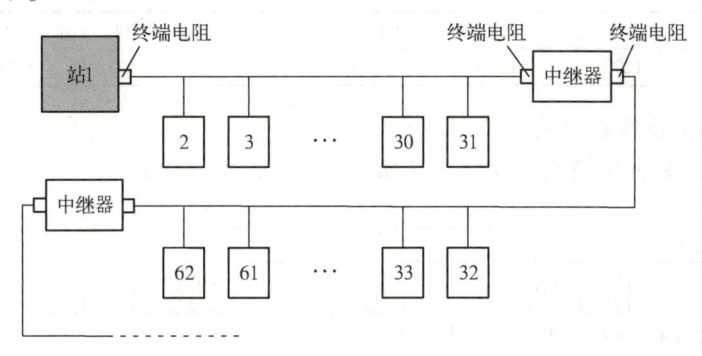

图 3-5 使用中继器连接各总线段

4) **插头连接**：采用 9 脚 D 型插头，插座被安装在设备上。9 脚 D 型插头和插座外观如图 3-6a、b 所示，如果其他连接器能提供如表 3-1 所示的必要的命令信号，则也可以被使用。

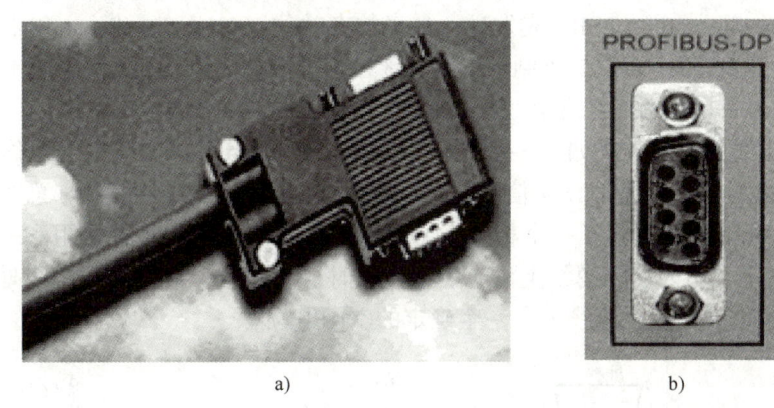

图 3-6 9 脚 D 型插头和插座外观示意图
a) 9 脚 D 型插头　b) 插座外观

表 3-1　9 脚 D 型连接器的引脚分配

引脚号	信号	信号含义
1	Shield	屏蔽/保护地
2	M24	24 V 输出电压的地
3	RxD/TxD-P	接收数据/发送数据（正）
4	CNTR-P	中继器控制信号（正方向控制）
5	DGND	数据基准电压
6	VP	供电电压
7	P24	输出电压 24 V
8	RxD/TxD-N	接收数据/发送数据（负）
9	CNTR-N	中继器控制信号（负方向控制）

5) **传输速率**：可以在 9.6 kbit/s ~ 12 Mbit/s 之间选择各种传输速率。

6) **传输距离**：总线的最大传输距离取决于传输速率，范围为 100 ~ 1200 m。对应关系如表 3-2 所示，若有中继器距离可延长到 10 km。

表 3-2　传输速率所对应的最大允许段长度

波特率/(kbit/s)	9.6	19.2	93.75	187.5	500	1500	12000
段长度/m	1200	1200	1200	1000	400	200	100

2. RS-485 的数据传输过程

RS-485 传输的数据位格式，如图 3-7 所示。

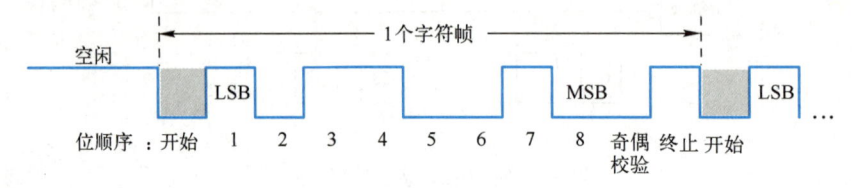

图 3-7　RS-485 传输的数据位格式

数据的发送采用 NRZ 编码方式，1 个字符帧为 11 位。每个 8 位二进数字节按最小的有效位（Least Significant Bit，LSB）先发送，最高的有效位（Most Significant Bit，MSB）最后被发送的顺序传输；每个 8 位二进制数都补充 3 位，即开始、奇偶校验和终止位。用高电位表示"1"，零电位表示"0"；表示"1"的高电位脉冲中途不归零。

站与站数据线的连接方式如图 3-8a 所示，两根 PROFIBUS 数据线也常被称为 A 导线和 B 导线，A 导线对应于 RxD/TxD-N 信号，B 导线对应于 RxD/TxD-P 信号。总线终端电阻的连接结构如图 3-8b 所示，包括一个相对于 DGND 数据基准电压的下拉电阻和一个相对于输入正电压 VP 的上拉电阻；当总线上没有发送数据时，即在两个报文之间总线处于空闲状态时，这两个电阻也能确保在总线上有一个确定的空闲电位。

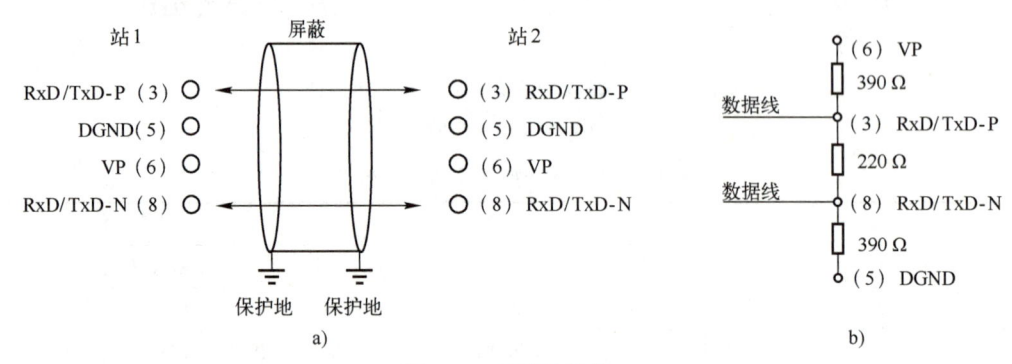

图 3-8　总线的连接
a) 站与站数据线的连接方式　b) 总线终端电阻的连接结构

在数据传输期间，二进制"1"对应于 RxD/TxD-P 线上的正电位，而在 RxD/TxD-N 线上则相反；各报文间的空闲状态对应于二进制"1"信号，如图 3-9 所示。

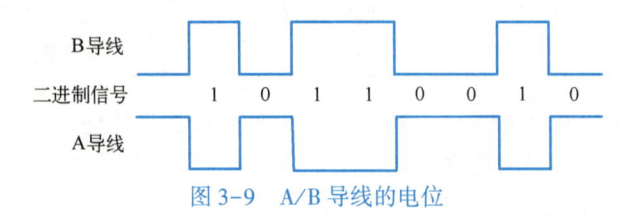

图 3-9　A/B 导线的电位

RS-485 总线的连接结构如图 3-10 所示。根据 EIA RS-485 标准，在数据线 A 和 B 的两端均要连接总线终端器，几乎在所有标准的 PROFIBUS 总线连接器上都组合了所需要的总线终端器，可以由跳接器或开关来启动。

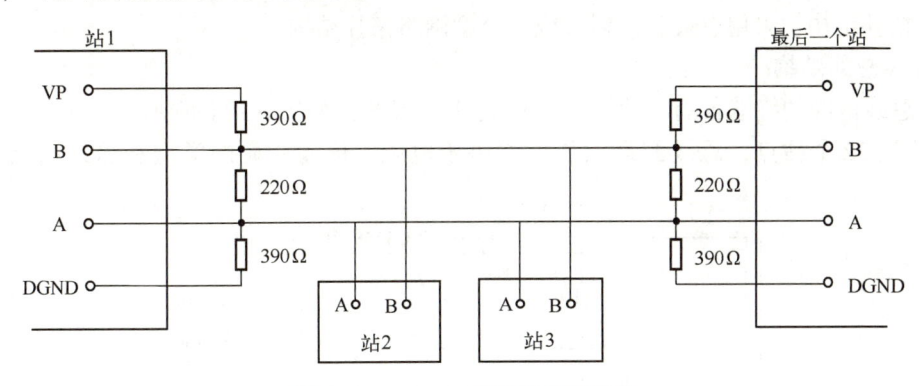

图 3-10　RS-485 总线的连接结构

3.2.2　光纤传输技术

在电磁干扰很大的环境或需要覆盖很远的传输距离的网络应用中，可使用光纤传输技术。光纤是一种采用玻璃作为波导，以光的形式将信息从一端传送到另一端的技术。光纤电缆对电磁干扰不敏感并能保证总线上站与站的电气隔离，允许 PROFIBUS 系统站之间的最远距离为 15 km。

现在的低损耗玻璃光纤相对于早期发展的传输介质，几乎不受带宽限制且传输距离远、衰减小。点到点的光学传输系统由 3 个基本部分构成：产生光信号的光发送机、携带光信号的光缆和接收光信号的光接收机。

许多厂商提供专用总线插头可将 RS-485 信号转换成光纤信号，或者将光纤信号转换成 RS-485 信号，这使得在同一系统中，可同时使用 RS-485 传输技术和光纤传输技术。为了使光纤导体与总线站连接，可以采用光纤链接模块（Optical Link Module，OLM）、光链路插头（Optical Link Plug，OLP）、集成的光缆和光纤总线终端（Optical Bus Terminal，OBT）等连接技术。

3.2.3　IEC 1158-2 传输技术

1. IEC 1158-2 传输技术的特点

IEC 1158-2 传输技术能满足化工、石油等工业对环境的要求，可保证本质安全性和现场设备通过总线供电。这是一种位同步协议，可进行无电流的连续传输，通常称为 H1，采用曼彻斯特编码，能进行本质安全及非本质安全操作；每段只有一个电源作为供电装置，当站收发信息时，不向总线供电。具体特性如下。

1）数据传输：数字式、位同步、曼彻斯特编码。
2）传输速率：通信速率为 31.25 kbit/s，与系统结构和总线长度无关。
3）数据可靠性：前同步信号，采用起始和终止限定符，以避免误差。
4）传输介质：可以采用屏蔽双绞线电缆，也可以采用非屏蔽式双绞线电缆。

5) 远程电源供电：为可选附件，可通过数据总线供电。
6) 防爆型：能进行本质安全及非本质安全操作。
7) 站点数：每段最多有 32 个站点，使用中继器最多可达到 127 个站点。
8) 拓扑结构：采用总线型、树形或混合型网络拓扑结构。

2. PA 总线结构

PA 总线电缆的终端各有一个无源 RC 线路终端器，如图 3-11 所示。一个 PA 总线上最多可连接 32 个站点，总线的最大长度取决于电源、传输介质的类型和总线站点的电流消耗。

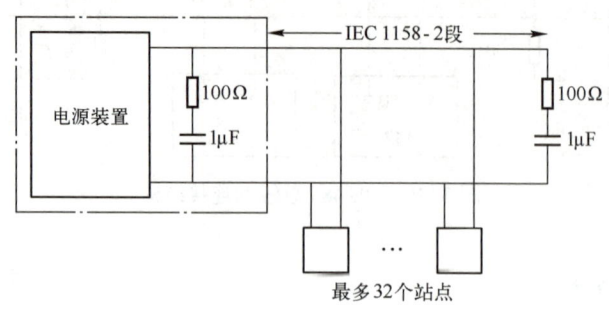

图 3-11　PA 总线的结构

3.3　PROFIBUS-DP 控制系统

3.3.1　PROFIBUS-DP 设备

PROFIBUS 网络的硬件由主站、从站、网络部件和网络工具等组成。主、从站为控制系统设备；网络部件包括通信介质（例如电缆、光缆等）、总线连接器（例如中继器、RS-485 总线连接器等），以及用于连接串行通信、以太网、执行器/传感器接口（Actuator Sensor Interface，AS-I）、电气安装总线（Electrical Installation Bus，EIB）等网络系统的网络转换器；网络工具包括 PROFIBUS 网络配置、诊断的软件与硬件，用于网络的安装与调试。

PROFIBUS-DP 控制系统使用的典型设备如图 3-12 所示。

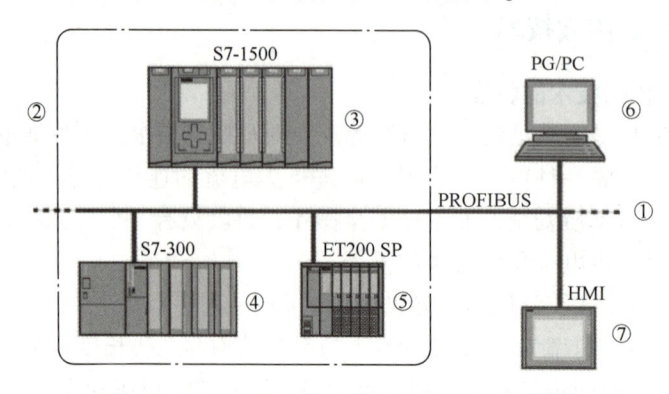

图 3-12　PROFIBUS-DP 控制系统使用的典型设备

设备性能说明如下。

① PROFIBUS：网络架构。

② DP 主站系统：单主站系统。

③ DP 主站：用于对连接的 DP 从站进行寻址的设备。

该类设备属于 1 类主站。1 类主站（DPM1）是中央控制器，可完成总线通信控制、管理及周期性数据访问。无论 PROFIBUS 的网络采用何种结构，1 类主站是系统必需的。比较典型的 DPM1 有 PLC、PC、支持主站功能的各种通信处理器模块等设备。

④ 智能从站：智能 DP 从站。

⑤ DP 从站：分配给 DP 主站的分布式现场设备。

从站是对数据和控制信号进行输入/输出的设备。从站在主站的控制下，进行现场输入信号的采集与控制信号的输出。作为从站的设备可以是 PLC 一类的控制器，也可以是不具有程序存储和程序执行功能的分散式 I/O 设备，还可以是像 SITRANS（现场仪表）和 MicroMaster（变频器）这样的具有总线接口的智能现场设备。

⑥ PG/PC、⑦ HMI：用于系统调试、诊断和监控的设备。

该类设备属于 2 类主站。2 类主站（DPM2）可完成非周期性数据访问，如数据读写、系统配置、故障诊断及管理组态数据等，它可以与 1 类主站进行通信，也可以与从站进行输入/输出数据的通信，并为从站分配新的地址。DPM2 主要是在工程设计、系统组态或操作设备时使用，比较典型的 DPM2 有编程设备、触摸屏、操作面板等设备。

3.3.2　PROFIBUS-DP 的 IO 通信

IO 通信就是对分布式 IO 的输入/输出进行读写操作，如图 3-13 所示。IO 通信可以通过设备本身集成的 DP 接口完成，也可以通过通信模块（CM）或带有集成 DP 接口的接口模块（IM）来完成。

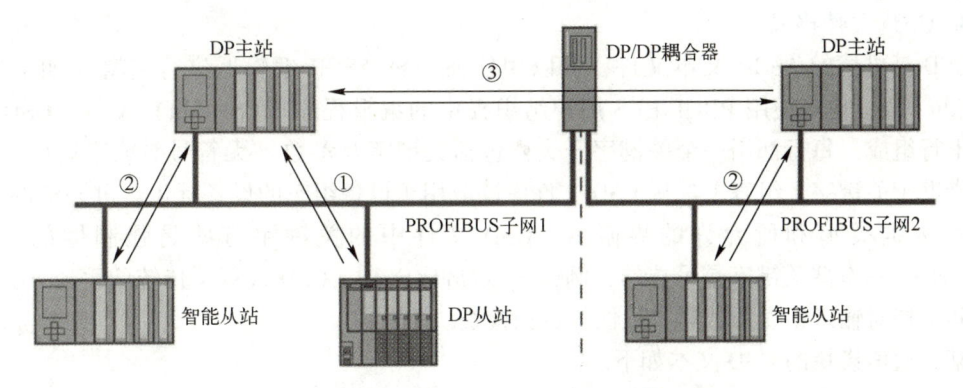

图 3-13　PROFIBUS-DP 的 IO 通信

① DP 主站与 DP 从站之间的通信：DP 主站与 DP 从站之间的通信按照主从方式进行通信。DP 主站依次查询主站系统中的 DP 从站，接收 DP 从站的数据，然后将输出数据回传给 DP 从站。

② DP 主站与智能从站间的通信：DP 主站不能访问智能从站的 I/O 模块，但可以访问所组态的地址区域（传输区域）。这些区域可位于智能从站 CPU 的过程映像的内部或外部；若将过程映像的某些部分用作传输区域，则不能将这些区域用于实际 I/O 模块的物理地址；

数据传输是通过使用该过程映像的加载和传输操作或通过直接访问进行的。

③ DP 主站与 DP 主站间的通信：DP 主站之间的通信需要增加 DP/DP 耦合器，以循环传输固定数量的数据。各 DP 主站相互访问位于 CPU 的过程映像的内部或外部的已组态的地址区域（传输区域）。若将过程映像的某些部分用作传输区域，则不能将这些区域用于实际 I/O 模块的物理地址；数据传输也是通过使用该过程映像的加载和传输操作或通过直接访问进行的。

3.3.3 GSD 文件

3.3 GSD 文件的安装和应用

1. GSD 文件简介

由于 PROFIBUS-DP 是一种通信标准，因此符合 PROFIBUS-DP 规约的第三方设备也可以加入 PROFIBUS 网络。为了将不同厂商生产的 PROFIBUS 产品集成在一起，生产厂商必须为其产品提供电子 GSD 文件。GSD（General Station Description）文件是对 PROFIBUS-DP 设备性能的描述，例如对设备的波特率、信息长度、诊断信息等参数进行详细说明，通常以 *.GSD 或 *.GSE 文件名出现，将 GSD 文件导入到编程软件中就可以在硬件配置界面的目录中找到这个设备并组态通信接口。

2. GSD 文件的组成

GSD 文件包含用于通信通用的和设备专用的规范，其文件结构可以分为以下 3 个部分。

1) 一般规范。这部分包括制造商的信息、设备的名称、硬件和软件的版本状况、所支持的传输速率、可能的监视时间间隔以及在总线连接器上的信号分配等。

2) 与 DP 主站有关的规范。这部分包含所有与主站有关的参数，如最大可连接的从站个数、上装和下载选项等。这部分内容不能用于从站设备。

3) 与 DP 从站有关的规范。这部分包括与从站有关的信息，如输入/输出通道的数量和类型、中断测试的规范、输入/输出数据一致性的信息等。

3. GSD 文件格式

GSD 是可读的 ASCII 文本文件，可以用任何一种 ASCII 编辑器进行编辑（如记事本、UltraEdit 等），也可使用 PROFIBUS 用户组织提供的编辑程序（GSDEdit）编辑。GSD 文件由若干行组成，每行都用一个关键字开头，包括关键字及参数（无符号数或字符串）两部分。借助于关键字，组态工具从 GSD 文件中读取用于设备组态的设备标识、可调整的参数、相应的数据类型和所允许的界限值。GSD 文件中的关键字有些是强制性的，例如 VendorName；有些关键字是可选的，例如 SyncMode Supp。GSD 代替了传统的手册，并在组态期间支持对输入错误及数据一致性的自动检查。

某一通信模块的 GSD 文本如下。

```
#PROFIBUS DP              ;DP 设备的 GSD 文件均以此关键词存在
GSD Revision = 1          ;GSD 文件版本
VendorName = "Meglev"     ;设备制造商
Model Name = "DP Slave"   ;从站模块
Revision = "Version 01"   ;产品名称,产品版本
    ⋮
EndModule
```

通过将 GSD 文件读取到组态程序中，用户可以获得最适合使用的设备专用通信特性。为了支持设备商，PROFIBUS 网站上有专用的 GSD 编辑/检查程序可供下载，便于用户创建和检查 GSD 文件，也有专用的 GSD 文件库供相关设备的用户下载使用。

3.4 基于智能从站（PLC）的 PROFIBUS-DP 通信实现

3.4.1 控制系统硬件配置

本例采用 PROFIBUS-DP 通信方式，完成两台 S7-300 PLC 之间的信息交换和控制功能。具体要求如下。

1）主站输入信号控制从站侧电动机的运行和停止。
2）从站输入信号控制主站侧电动机的运行和停止。
3）电机按照运行 3s、停止 3s 的周期工作，如此循环。

根据系统控制要求，系统配置如下：CPU313C-2DP PLC 两台；PROFIBUS-DP 通信电缆一根；PC 一台；PC/Adapter 编程电缆一根；编程软件为 TIA PORTAL V15 professional（可参见附录 A）。

S7-300 PLC 基于模块化结构设计，适用于中小型控制系统。CPU313C-2DP PLC 是紧凑型 CPU，适合安装在分布式结构中，集成的数字量 I/O 可直接与过程系统相连接，PROFIBUS-DP 接口允许连接独立的 I/O 单元，既可以作为主站，也可以作为智能从站，用来建立高速、易用的分布式自动化系统。

系统结构如图 3-14 所示。

图 3-14 系统结构图

主站与从站之间数据传送变量地址分配如下。

1）主站输入/输出（I/O）地址分别设置为：IB124、IB125、QB124、QB125。
2）从站输入/输出（I/O）地址分别设置为：IB124、IB125、QB124、QB125。
3）主站与从站的站号、数据交互变量地址及对应关系设置如图 3-15 所示。

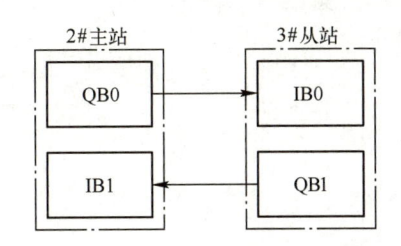

图 3-15 主站与从站之间的数据传送图

3.4.2 硬件组态

1. 有关硬件组态

运行 PROFIBUS 系统之前，需要先对系统及各站点进行硬件配置和相关参数的设置，即对系统进行硬件组态，这项工作可以由编程软件 TIA PORTAL 来实现。硬件组态是将系统实际使用的 CPU、信号模块（SM）、通信模块（CM）等配置到对应的插槽上，并对各个硬件进行参数设置，这项操作对于控制系统的正常运行非常重要。它的主要功能如下。

1）将配置好的信息下载到 CPU 中，使 CPU 按照配置的参数执行。

2）将 I/O 模块的物理地址进行分配，映射为逻辑地址，便于程序块调用。

3）CPU 将会比较模块的配置信息与实际安装的模块是否匹配，如 I/O 模块、AI/AQ 模块的安装位置、测量类型、型号等；如不匹配，CPU 将报警并将故障信息存储到诊断缓存区，方便用户进行相应的修改。

4）CPU 将根据配置信息对模块进行实时监控，若模块有故障，CPU 将报警并将故障信息存储到诊断缓存区。

5）一些智能模块［如通信的 CP/CM 模块、工艺模块（TM）等］的配置信息存储到 CPU 中，若出现模块故障，可直接更换，不需要重新下载配置信息。

6）第三方设备集成及 GSD 文件安装与使用。

当 PROFIBUS 系统中需要使用第三方设备时，应该得到设备厂商提供的 GSD 文件。将 GSD 文件复制到软件的指定目录下，即可通过软件在友好的界面指导下完成第三方产品在系统中的配置及参数设置等工作。

例如，S7-200 PLC 不支持 DP 通信协议，自身也不带 PROFIBUS-DP 接口，但可以通过添加通信扩展模块 EM277，将 S7-200 作为从站连接到 PROFIBUS-DP 网络中，导入路径为：菜单栏的"选项"→"管理通用站描述文件(GSD)(D)"。图 3-16 为 EM277 模块的 GSD 文件导入路径界面，当 GSD 文件导入后，单击"安装"按钮，出现如图 3-17 所示的安装过程界面；安装完成后，可以在 TIA PORTAL 软件的硬件目录中找到相应模块的配置文件，并可进行 S7-200 PLC 通信接口的硬件组态，如图 3-18 所示。

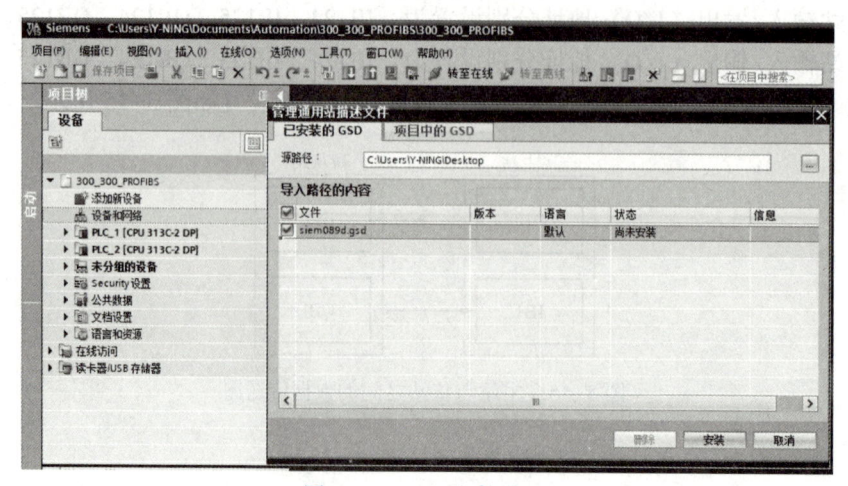

图 3-16 GSD 文件导入

第 3 章　PROFIBUS 总线及其应用

图 3-17　GSD 文件安装 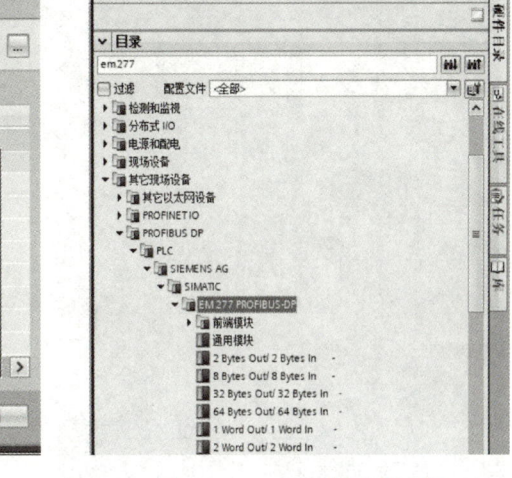　　　　　　　　图 3-18　EM277 模块的选用

2. 新建项目

在 TIA PORTAL 软件工程界面的"Portal 视图"和"项目视图"下，均可以组态新项目。

单击 PORTAL V15 快捷键，进入"Portal 视图"界面。如图 3-19 所示，在"Portal 视图"界面下，单击"创建新项目"选项，创建新项目"300_300_PROFIBUS"；然后单击"创建"按钮，生成新项目，如图 3-20 所示。

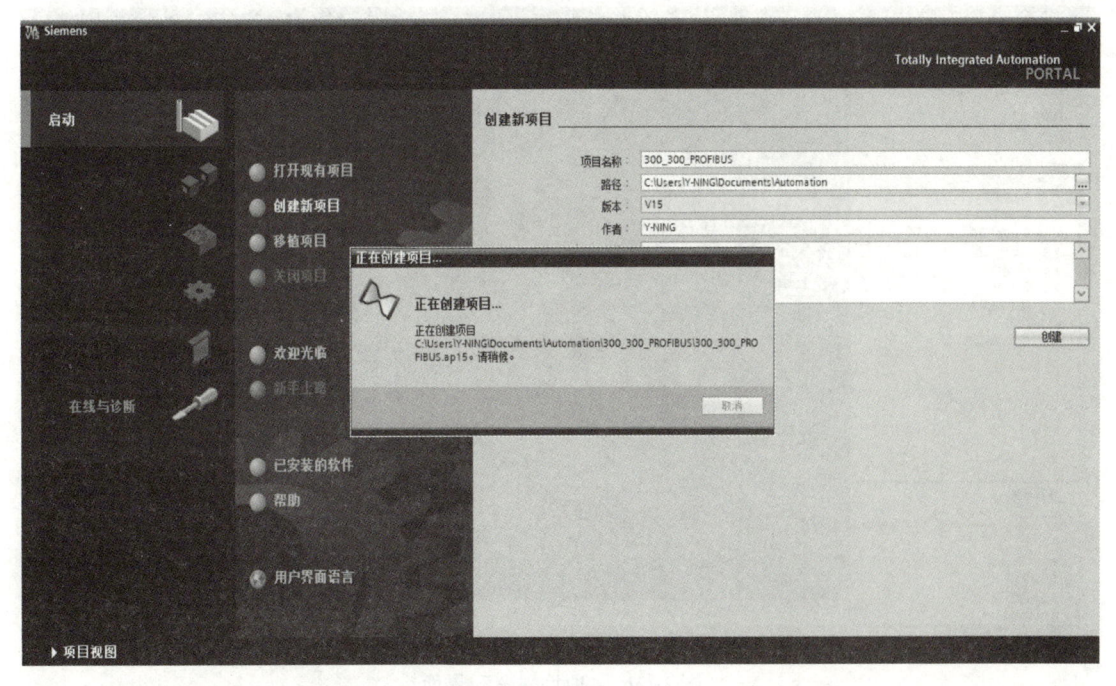

图 3-19　项目的建立

49

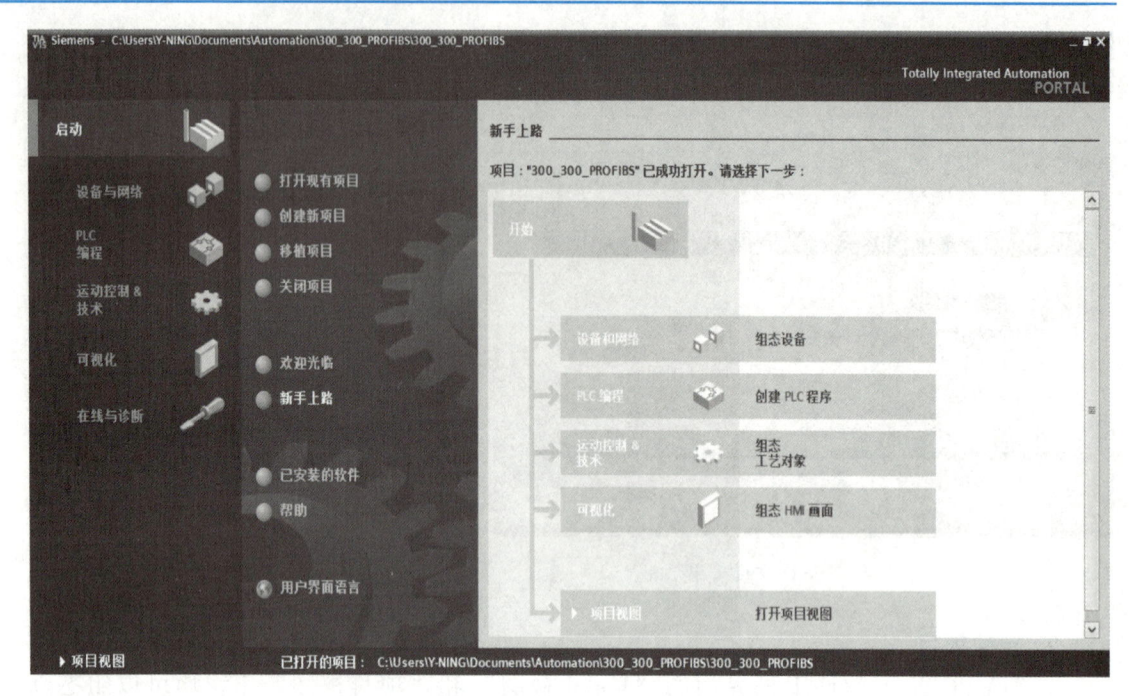

图 3-20 新项目的 "Portal 视图" 界面

"Portal 视图"是以向导的方式来组态新项目,"项目视图"则是硬件组态和编程的主视窗。单击图 3-20 中左下角的"项目视图",进入如图 3-21 所示的"项目视图"界面。

图 3-21 "项目视图"界面

3. 添加新设备

如图 3-22 所示，选中并双击项目树中的"添加新设备"选项，输入"设备名称"，选择 PLC 类型、订货号、版本号，单击"确定"按钮，弹出如图 3-23 所示界面。

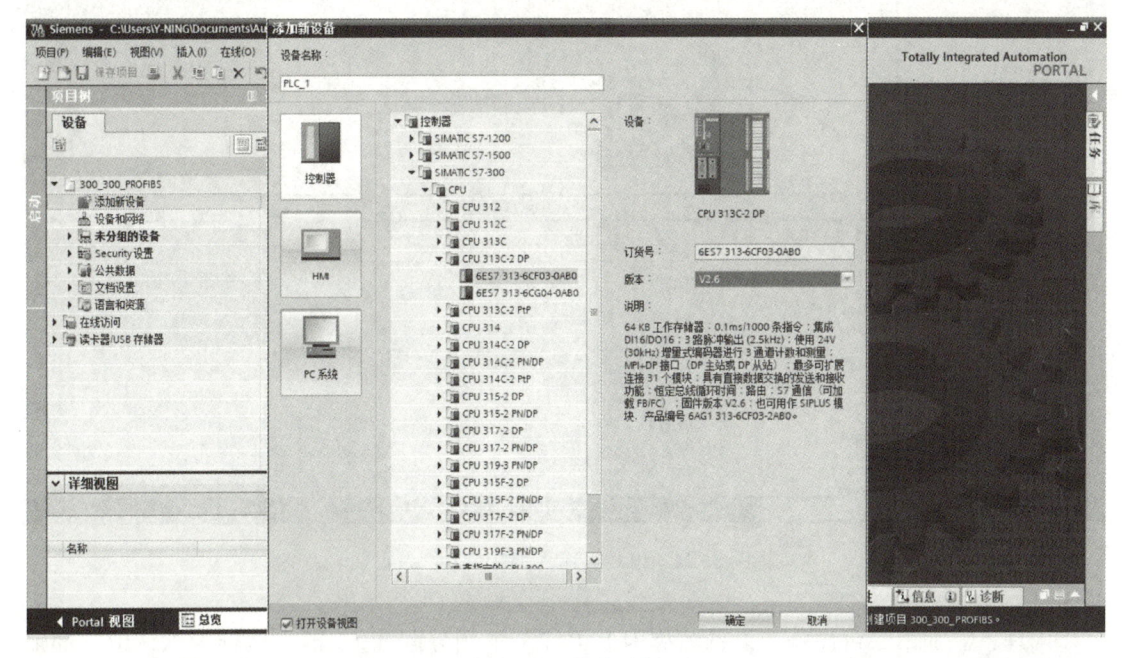

图 3-22 设备选择

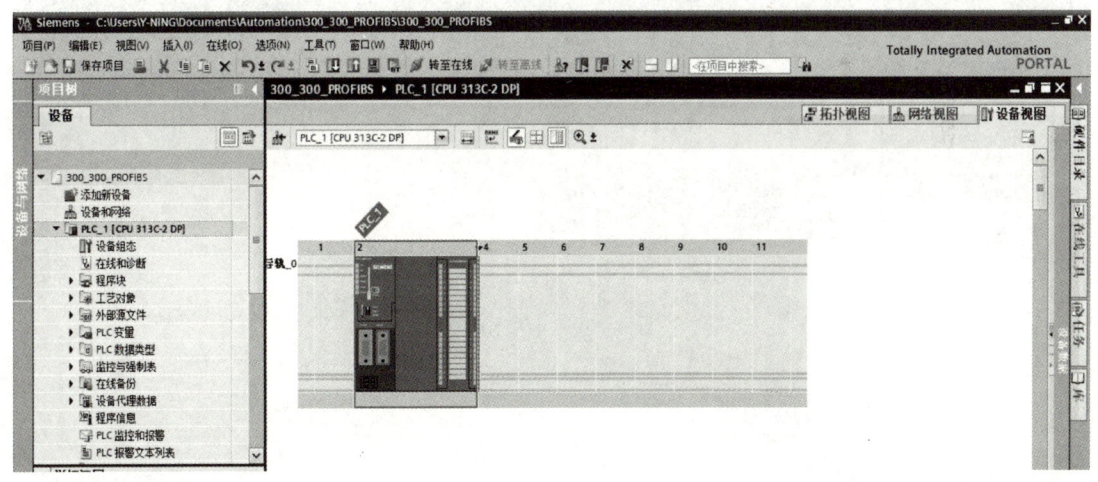

图 3-23 设备视图

4. I/O 地址分配

对设备进行输入/输出地址分配。如图 3-24 所示，在"设备视图"中选中 PLC_1 模块，进入"属性"→"常规"→"DI 16/DO16"→"输入"→"I/O 地址"界面，设定 PLC 的输入/输出通道地址。默认输入/输出起始地址为 124，可以在 0~1022 范围内更改；本例 PLC_1 模块分配的输入/输出地址为默认值。

图 3-24 PLC_1 输入/输出地址分配

同理，添加第二台设备，设备名称为 PLC_2。本例分配输入/输出地址为默认值，即输入地址为 IB124、IB125，输出地址为 QB124、QB125。项目的网络视图如图 3-25 所示。

图 3-25 网络视图

3.4.3 通信接口参数设置

1. 主站接口参数设置

1）在"设备视图"中，双击 PLC_1 设备的 PROFIBUS DP 接口，弹出通信接口配置界面，如图 3-26 所示。

2）单击"添加新子网"按钮，自动生成 DP 总线子网"PROFIBUS_1"，网络地址为 2，传输速率为 1.5 Mbit/s，如图 3-27 所示，本例选择默认值。

3）在"DP 接口_1"的"常规"选项卡，选择"操作模式"，如图 3-28 所示。默认选项为"主站"。

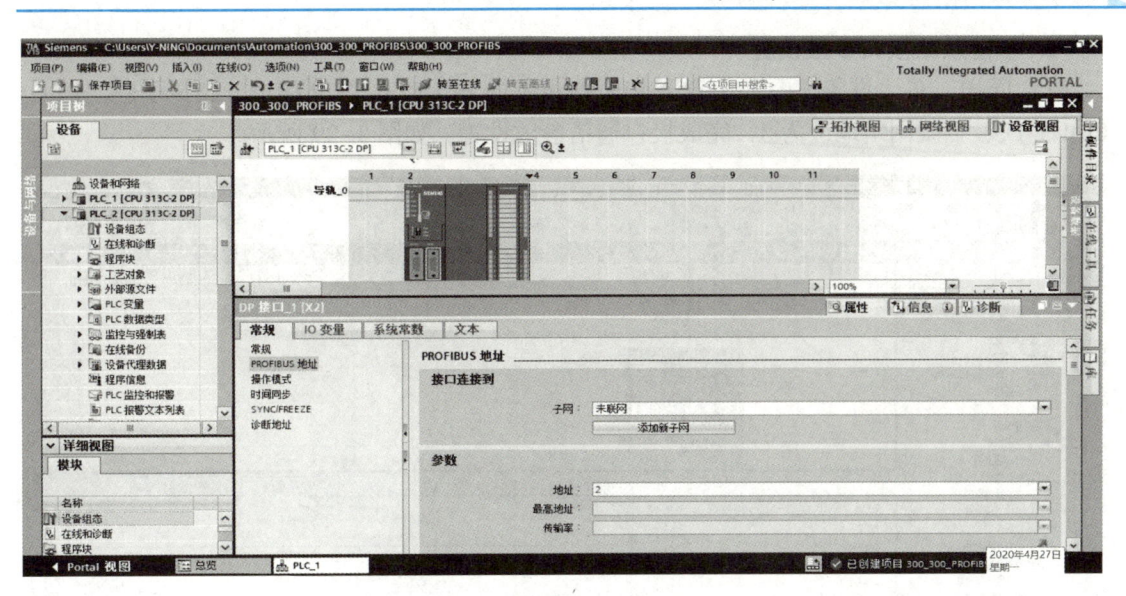

图 3-26 通信接口配置界面

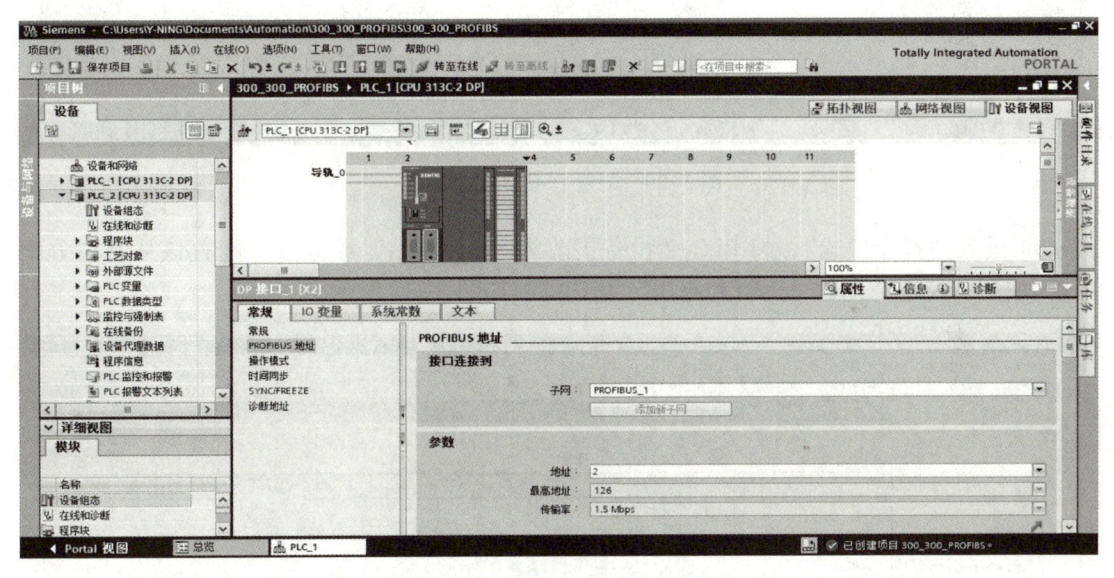

图 3-27 配置 PLC_1 接口参数

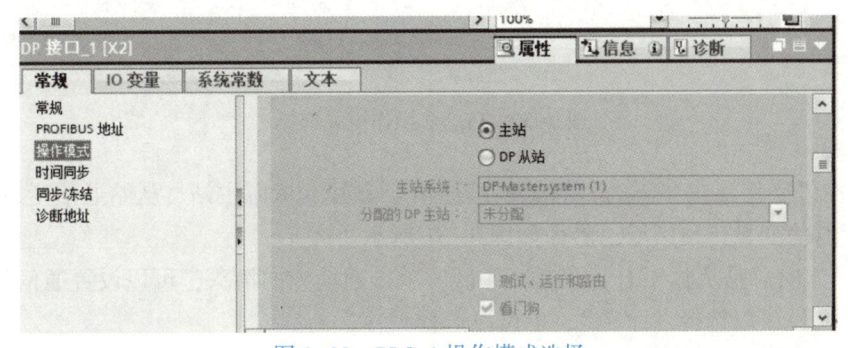

图 3-28 PLC_1 操作模式选择

2. 智能从站接口参数设置

1) 同样，在"设备视图"中双击 PLC_2 设备的 PROFIBUS DP 接口，选择子网"PROFIBUS_1"、更改网络地址为 3，完成接口通信参数设置，如图 3-29 所示。

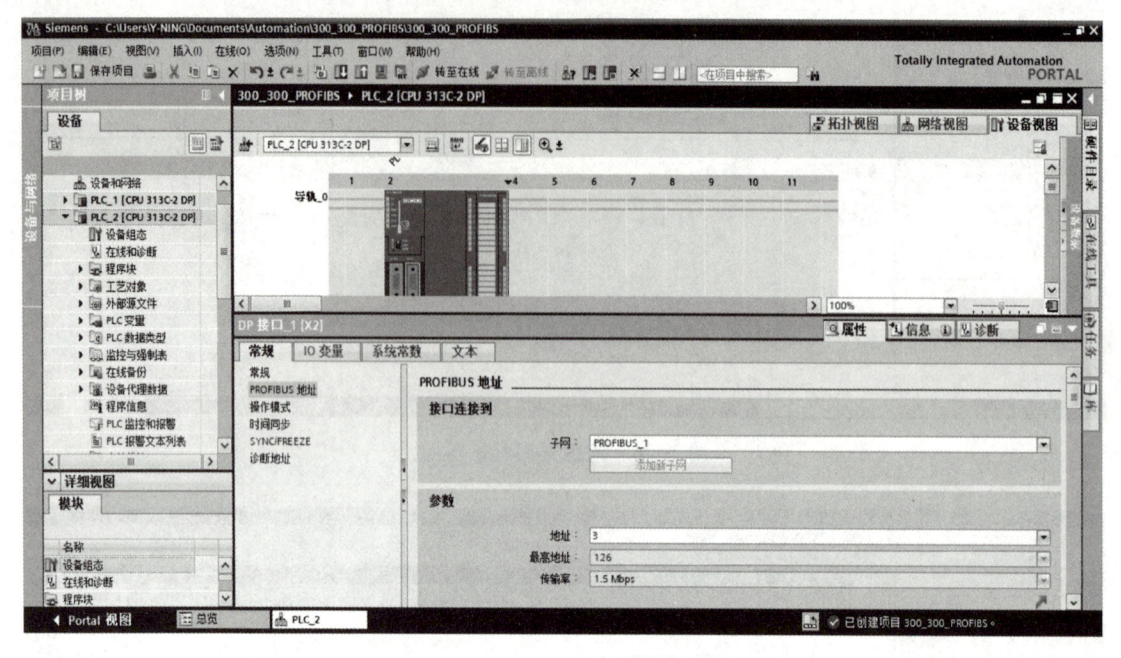

图 3-29　配置 PLC_2 接口参数

2) 进入"操作模式"，将 PLC_2 设备更改为"DP 从站"模式，并配置该从站被分配的 DP 主站，勾选"测试、运行和路由"复选框，如图 3-30 所示。

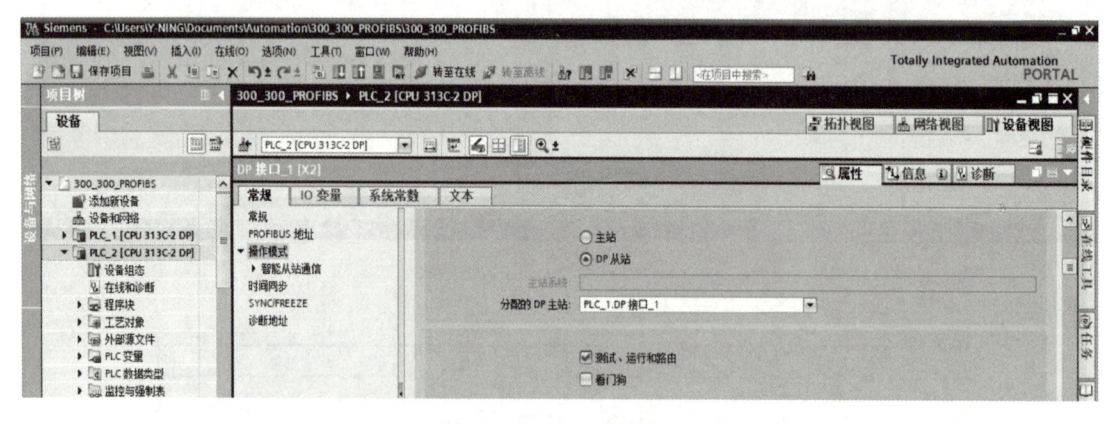

图 3-30　PLC_2 操作模式选择

3) 设置"操作模式"下的"智能从站通信"参数。考虑主站、从站通信变量地址对应关系，设置通信变量传输区域，界面如图 3-31 所示。

① 通信方向总是从输出 Q 区到输入 I 区，单击通信方向箭头，可以设置通信的地址区。

② "单位"可以选择"字节"，也可以选择"字"。

③ "一致性"可以选择"单元"，也可以选择"总长度"。

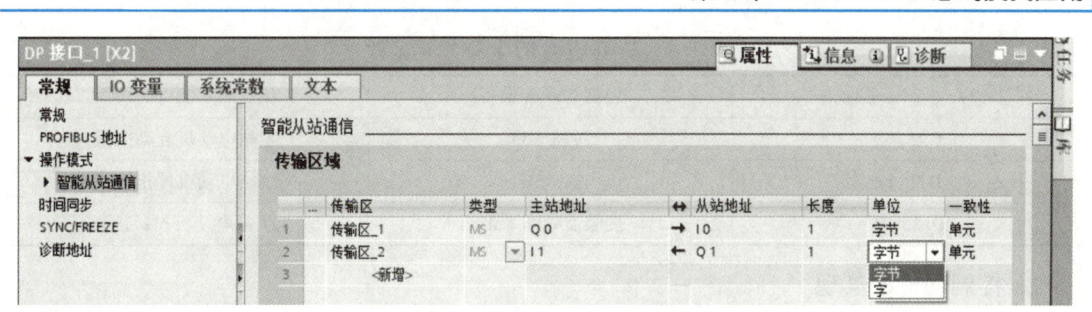

图 3-31 设置通信变量传输区域

所谓数据的一致性是指在 PROFIBUS-DP 数据传输时,数据的各个部分在传输时不会被割裂,保证同时更新,以免数据传输错误。选择"单元",表示通信数据中每字节都是独立的单元;选择"总长度",表示通信数据是一个数组,通信数据在同一数据包中。

3. 项目网络视图

1) PROFIBUS 网络配置完成后,单击"网络视图",网络连接界面如图 3-32 所示,单击"显示地址",可查看 PROFIBUS 地址分配是否正确。

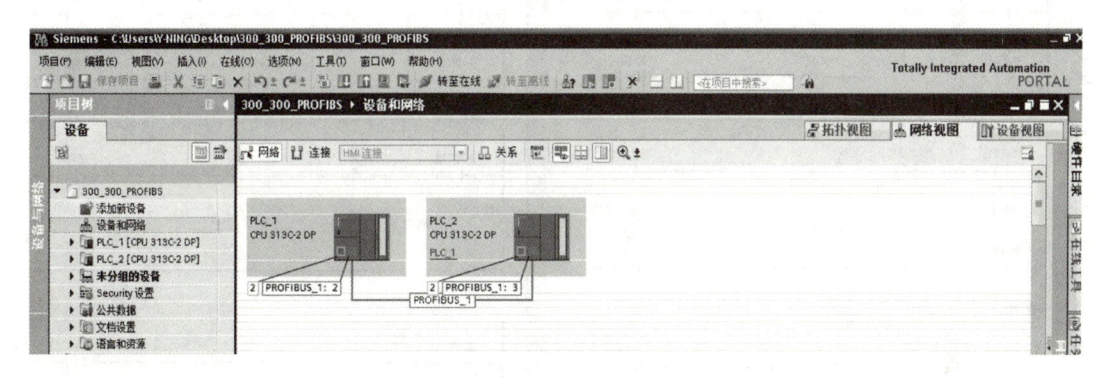

图 3-32 项目网络视图

2) 保存并编译 PLC_1 硬件组态,并将硬件组态下载至 PLC_1 对应的 PLC 中;保存并编译 PLC_2 硬件组态,并将硬件组态下载至 PLC_2 对应的 PLC 中。

3.4.4 程序设计与系统调试

3.4-3 S7-300 PLC 之间 PROFIBUS-DP 通信系统程序编写与运行

1. PLC 的 I/O 地址分配

主站、从站 PLC 的 I/O 地址分配如表 3-3 和表 3-4 所示。

表 3-3 主站 PLC 的 I/O 地址分配

PLC 的 I/O 地址	连接的外部设备	在控制系统中的作用
I125.0	按钮 SB1	从站电动机起动按钮
I125.1	按钮 SB2	从站电动机停止按钮
Q125.1	接触器线圈 KM1	主站电动机 M1 工作

55

表 3-4 从站 PLC 的 I/O 地址分配

PLC 的 I/O 地址	连接的外部设备	在控制系统中的作用
I125.0	按钮 SB3	主站电动机起动按钮
I125.1	按钮 SB4	主站电动机停止按钮
Q125.0	接触器线圈 KM2	从站电动机 M2 工作

2. 控制功能的实现

根据控制要求、PLC 的 I/O 地址分配及通信传输区域设置，分别在 PLC 的 Main（OB1）中编写程序，主站程序编写如图 3-33a 所示，从站程序编写如图 3-33b 所示，并将主站、从站程序块分别下载至对应的 PLC 中。

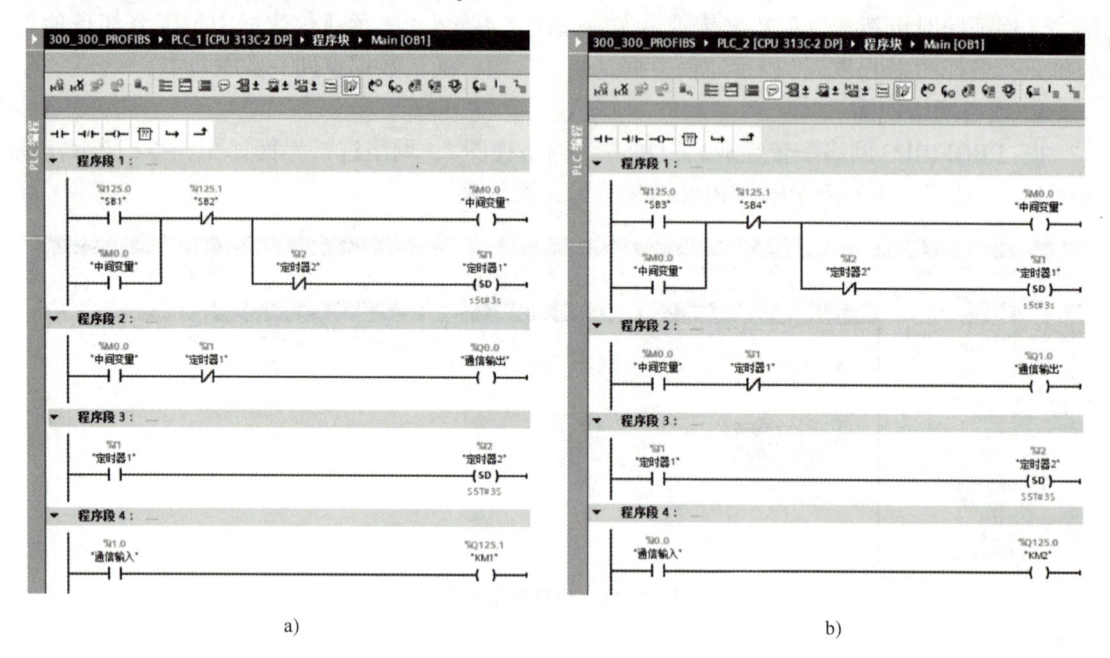

图 3-33 主站和从站程序的编写
a）主站程序　b）从站程序

3. 系统联调及注意事项

为保证通信正常运行，可在主站、从站中分别创建 OB82（诊断中断）、OB86（机架故障或分布 I/O 故障）、OB87（通信故障处理）及 OB122（I/O 访问错误）等组织块。

当系统出现故障时，CPU 会进入相应的中断（寻找 OB）处理，如果找不到相应的 OB，系统将会停机，因此建立相应故障的 OB 块可以防止 CPU 停机；OB 块可以是空程序，也可以根据项目的具体使用情况编写执行程序。

系统调试前，需要保证每个 PLC 的硬件组态、程序块都下载至相应的 PLC 中，且外部接线正确，如图 3-34 所示。

系统主站运行的在线监控如图 3-35 所示，变量"通信输入（%I1.0）"为主站接收从站的控制信号；主站电动机状态控制变量 KM1 程序的在线监控如图 3-36 所示，其中实线（绿色）为电动机运行状态，虚线（蓝色）为电动机停止状态。

图 3-34　从站设备项目下载

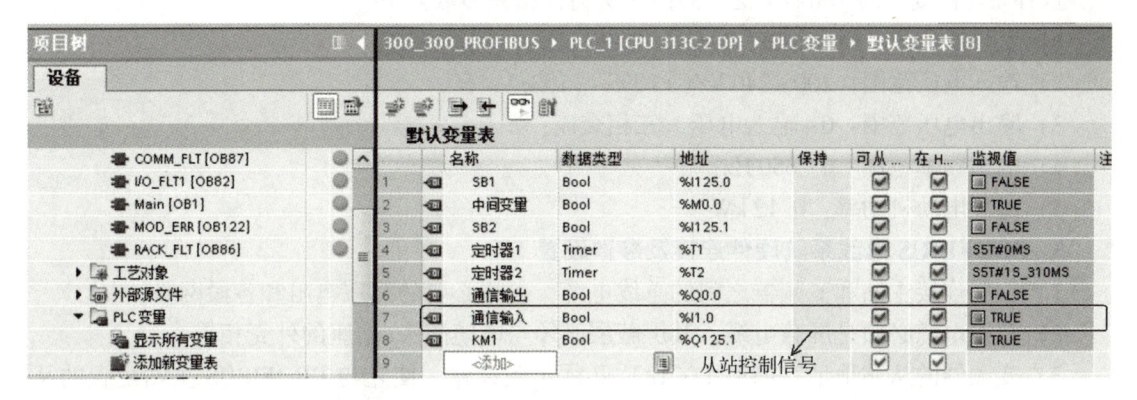

图 3-35　主站变量在线监控

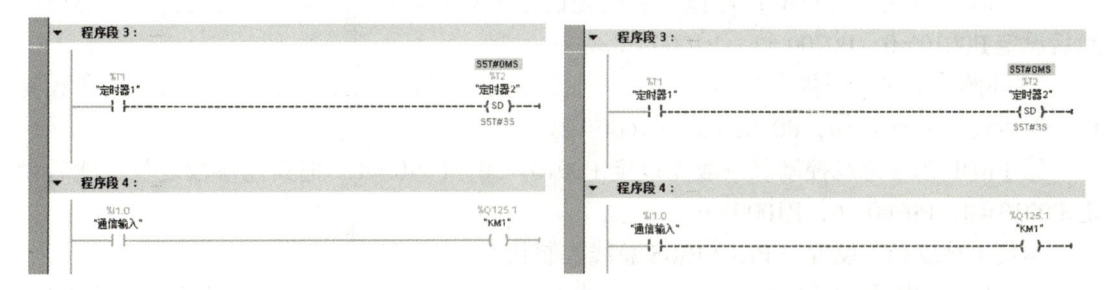

图 3-36　主站电动机控制 KM1 状态

3.5　基于 DP 从站（变频器）的 PROFIBUS-DP 通信实现

3.5.1　控制系统硬件介绍

1. 控制系统硬件配置

本例采用 PROFIBUS-DP 通信方式，实现 S7-300 PLC 在线获得 MM420 变频器的运动状态，并且可以在线修改变频器的运行状态和转速。

根据系统控制要求，系统配置如下：CPU314C-2DP PLC 1 台，订货号：6ES7 314-6CH04-0AB0 V3.3；电源模块 PS 307 2A 1 块，订货号：307-1BA01-0AA0；变频器 MM420 DP 模块，订货号：6SE6 400-1PB00-0AA0；PROFIBUS-DP 通信电缆 1 根；PC 1 台；PC/

57

Adapter 编程电缆 1 根；编程软件为 TIA PORTAL V15 professional。

系统结构如图 3-37 所示。

```
┌─────────────────┐              ┌─────────────┐
│  CPU314C-2DP    │              │  MM420DP    │
└────────┬────────┘              └──────┬──────┘
         └──────── PROFIBUS-DP 电缆 ─────┘
```

图 3-37 系统结构图

2. MM420 变频器简介

为了连接进入 PROFIBUS-DP 网络，变频器必须采用 PROFIBUS 模板，这一模板安装在变频器的正面，通过 RS-485 串行接口与变频器进行通信。

选择带 DP 接口的 MM420 变频器作为从站，相关参数如下。

1) 变频器货号：6SE6 420-2UC11-2AA1；
2) 输入电压范围：200~240 V/(+10%~-10%)；
3) 输出电压范围：0~输入电压，三相交流；
4) 输出频率范围：0~650 Hz；
5) 适配电动机功率：0.12 kW。

3. PROFIBUS 总线系统硬件连接及参数设置

1) 正确连接主站和变频器之间的总线电缆，包括必要的终端电阻和各段网络。
2) 总线电缆必须是屏蔽电缆，其屏蔽层必须与电缆插头/插座的外壳相连。
3) 变频器的从站地址（参数 P0918）必须正确设置，使它与 PROFIBUS 主站配置的从站地址相一致。变频器常用操作模式有 3 种。

① 基本操作面板（BOP）操作。一般先设定 P0010=30，P970=1，把其他参数复位，然后设定 P0010=0，P0700=1，P1000=1。

② 外部（通过端子排）输入控制。一般先设定 P0010=30，P970=1，把其他参数复位，然后设定 P0010=0，P0700=2，P1000=2。

③ PROFIBUS 总线控制。一般先设定 P0010=30，P970=1，把其他参数复位，然后设定 P0010=0，P0700=6，P1000=6。

本例中将变频器设置为 PROFIBUS 总线控制状态。

也可以在变频器的通信板（CB）上完成，通信板（CB）上有一排拨钮用于设置地址，如图 3-38 所示，每个拨钮对应于"8-4-2-1"码[○]的数据，当所有的拨钮处于"ON"状态时，对应数据的和就是站地址。例如，如果设置变频器站地址为 3，则将 1、2 位置的拨钮置在"ON"的状态；拨钮开关为"0"时，P0918 指定的地址有效，不为"0"时，拨钮的设定值优先。

图 3-38 通信板上的拨钮开关

变频器从站地址必须和 PORTAL 软件中硬件组态的地址保持一致，否则不能通信。

○ 又称为 BCD 码，是十进制代码中最常用的一种。

3.5.2 硬件组态及网络连接

1. 主站硬件组态

打开 TIA Portal 编程软件,新建项目,添加新设备"PLC_1",如图 3-39a 所示,单击 PROFIBUS-DP 接口,设置该站点的网络参数,如图 3-39b、c 所示。

> 3.5-1 基于变频器的 PROFIBUS-DP 通信系统硬件组态

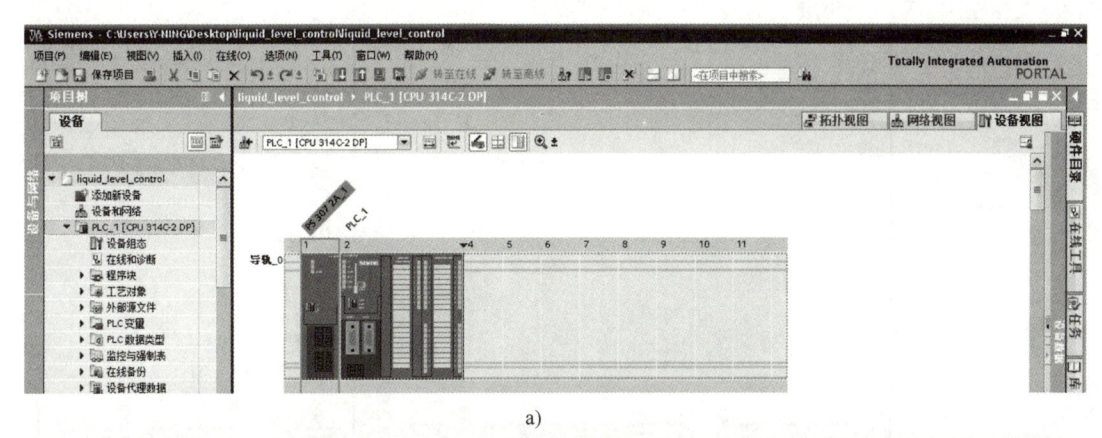

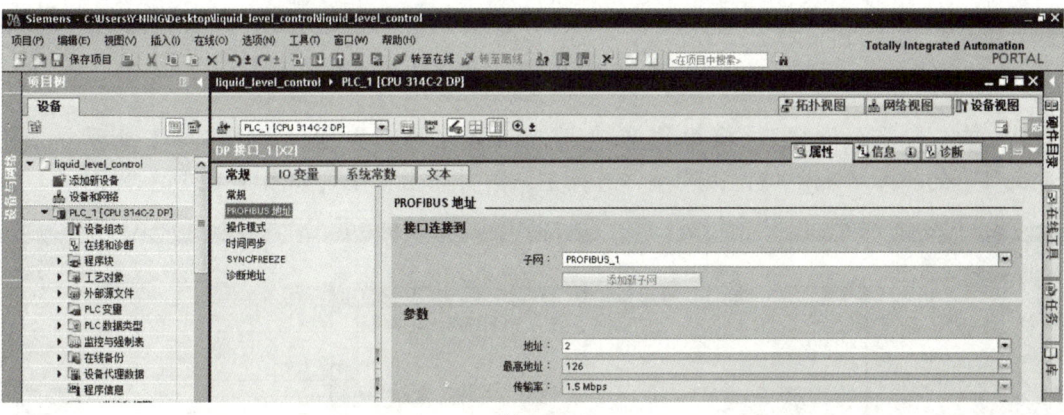

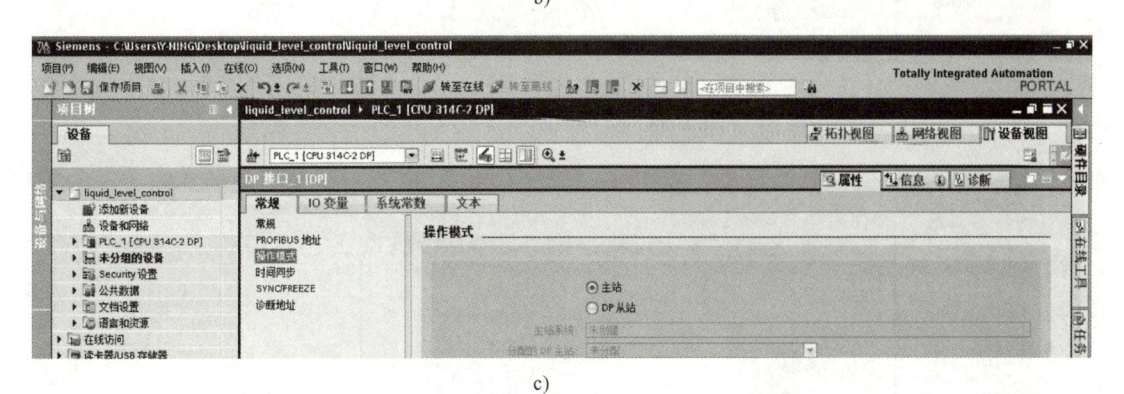

图 3-39 主站硬件组态

a) 新建 PLC_1 站点 b) 设置 PLC_1 站点 DP 接口的 PROFIBUS 地址 c) 设置 PLC_1 站点 DP 接口的操作模式

2. MM420 从站的组态

1)在"网络视图"界面,选择"硬件目录"下的"其他现场设备"→"PROFIBUS DP"→"驱动器"→"SIMOVERT"→"MICROMASTER 4",如图 3-40 所示。

图 3-40　MICROMASTER 4 在"硬件目录"中的位置

2)单击"前端模块",将模块拖拽到"网络视图"界面,如图 3-41 所示。单击"Slave_1"的"未分配"位置,选择"选择主站"并单击,出现如图 3-42 所示界面。

图 3-41　添加变频器通信接口

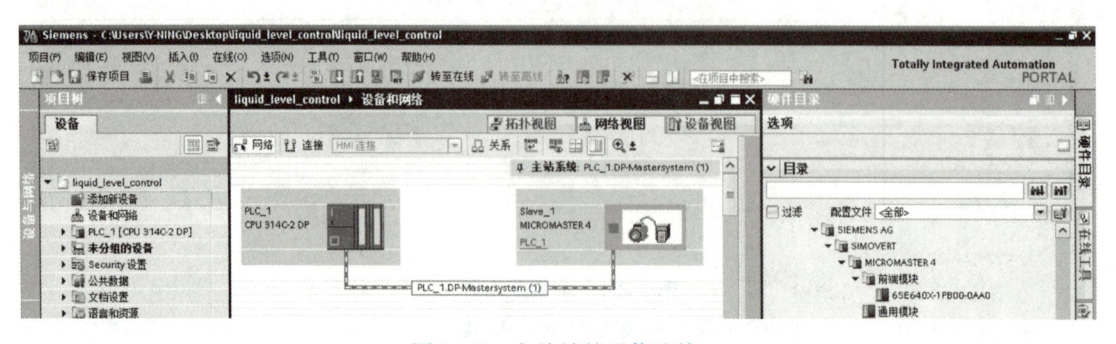

图 3-42　主从站的通信连接

3) 选中"变频器"图标并双击,弹出如图 3-43 所示界面。将工作方式"0 PKW,2PZD(PPO 3)"拖拽到插槽 1 上,进行 MM420 从站配置。该通信报文格式的含义是报文中有 0 个字的 PKW(参数标识值),有 2 个字的 PZD(过程数据)。由 PKW 和 PZD 组成多种 PPO 形式,可根据设计需要选择合适的形式。

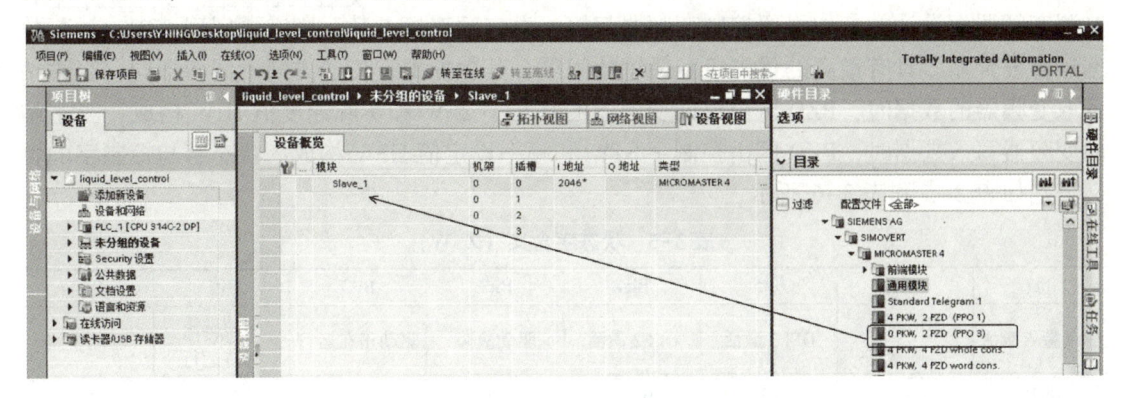

图 3-43 设置 DP 从站工作方式

4) 如图 3-44 所示,将主站读取 MM420 数据的地址设置为 IB290~IB293(默认值为:IB256~IB259)中,共 2 个字;将主站向 MM420 写入数据的地址设置为 QB272~QB275(默认值为:QB256~QB259),共 2 个字。最后,编译并保存组态完成的硬件设置。

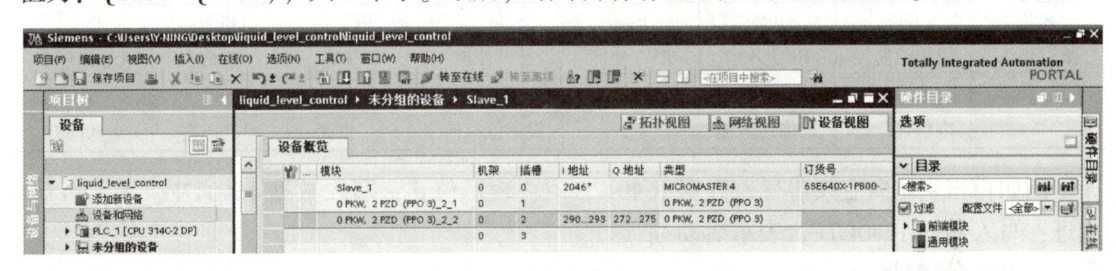

图 3-44 设置 DP 从站数据通道的地址

3. 网络视图

在"网络视图"界面,通过单击"显示地址"查看设备通信地址设置情况,如图 3-45 所示。可见,通过上述操作 DP 从站获得默认地址 3,如需修改变频器地址可通过单击界面上变频器图标的接口来修改变频器的地址。

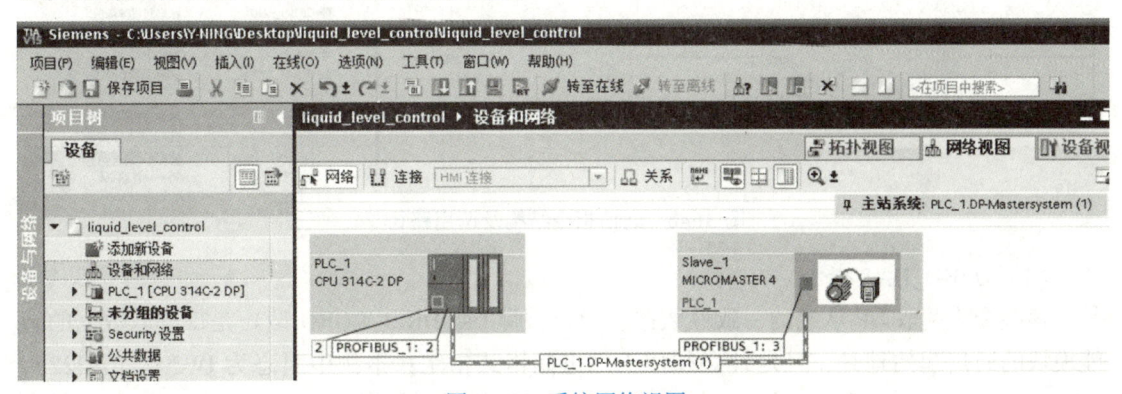

图 3-45 系统网络视图

3.5.3 程序设计与系统调试

1. 变频器的控制字和状态字

PKW 用于读写变频器中的某个参数，PZD 是为控制和监测变频器而设计的。如果要控制变频器起停、设定频率等参数，则需要用到 PZD，过程数据一直被传输，具有最高的优先级和最短的间隙，其数据根据传送方向不同而不同：当主站读取变频器的数据时，PZD 区由返回变频器的状态字 ZSW 和实际速度值 HIW 构成；当主站向变频器写入数据时，PZD 区由控制字 STW 和频率设定值 HSW 构成。状态字与控制字的含义分别如表 3-5 和表 3-6 所示。

表 3-5 状态字含义（ZSW）

Bit7	Bit6	Bit5	Bit4	Bit3	Bit2	Bit1	Bit0
驱动警告激活	激活禁止合闸状态	OFF3 激活	OFF2 激活	驱动故障	驱动正在运行	驱动就绪等待运行	驱动就绪
Bit15	Bit14	Bit13	Bit12	Bit11	Bit10	Bit9	Bi8
变频器过载	电动机顺时针运行	电动机过载	电动机保持制动激活	电动机最大电流警告	达到最大频率	PZD 控制	设定值/实际值偏差

表 3-6 控制字含义（STW）

Bit7	Bit6	Bit5	Bit4	Bit3	Bit2	Bit1	Bit0
故障确认	设定值使能	RFG 开始	RFG 使能	脉冲使能	OFF3	OFF2	ON/OFF1
Bit15	Bit14	Bit13	Bit12	Bit11	Bit10	Bit9	Bit8
—	电位计降速	电位计升速	—	设定值反向	PLC 控制	点动向左	点动向右

例如：当主站向变频器写入数据 16#047E 时，表示停止；写入数据 16#047F，表示启动/前进；写入数据 16#0C7F，表示启动/后退。

2. PLC 通信指令

在 PLC 与变频器数据传输过程中，最常用的是通过调用系统功能块实现两者之间的通信，即在 PLC 的 OB1 中调用系统功能 SFC14（DPRD_DAT）/SFC15（DPWR_DAT），完成对 MM420 数据的读写功能。通信指令结构及调用路径如图 3-46 所示。

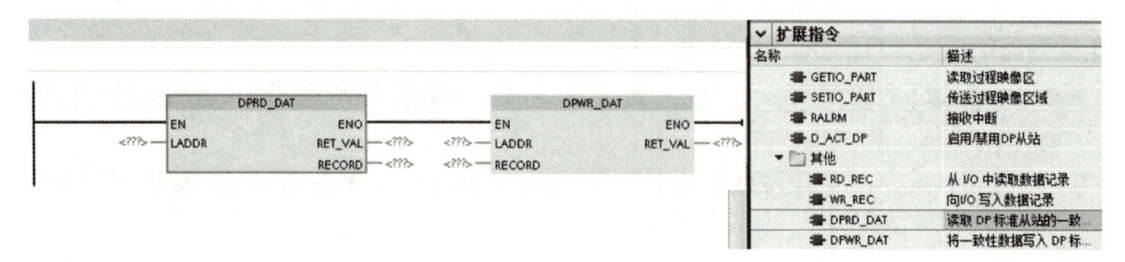

图 3-46 通信指令结构及调用路径

（1）DPRD_DAT 指令

该指令为读取 DP 从站的一致性数据。指令引脚 LADDR（WORD 型）是待读取数据的智能模块的通信起始地址，且地址必须用十六进制格式指定；本例中组态为 IW290（16#122）；RET_VAL（INT 型）用来存放指令执行过程中的返回值，包括错误代码；RECORD（ANY 型）

用于存放读取的目标数据。

(2) DPWR_DAT 指令

该指令为将一致性数据写入 DP 从站。指令引脚 LADDR（WORD 型）是将数据写入智能模块的通信起始地址，且地址必须用十六进制格式指定；本例中组态为 QW272(16#110)；RECORD(ANY 型) 为写入从站数据的源数据区域；RET_VAL(INT 型) 用来存放指令执行过程中的返回值，包括错误代码。

3.5-3 基于变频器的 PROFIBUS-DP 通信系统运行与监控

3. 控制功能的实现

主站 PLC 的 Main[OB1]程序设计如图 3-47 所示。

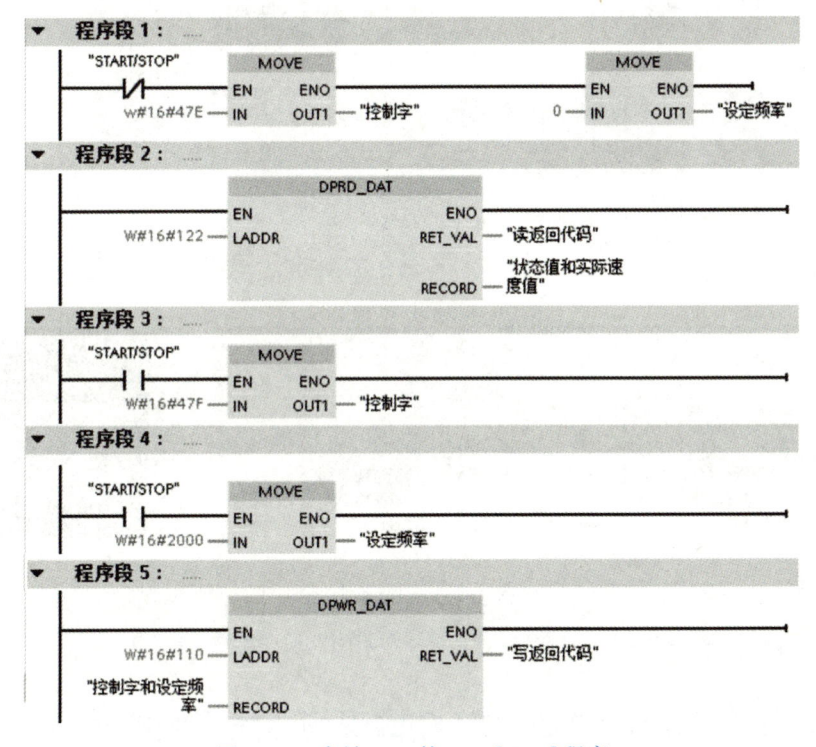

图 3-47　主站 PLC 的 Main[OB1]程序

"状态值和实际速度值"变量为主站从变频器读到的状态字和实际速度值，"控制字和设定频率"变量为主站向从站写入的控制字和频率给定值。图 3-48 为这两个变量在停止、启动及稳定运行时的 3 组数据，读者可对照表 3-5 自行分析数据含义。

在设定变频器频率时需要注意实际频率与通信变量之间的对应关系（见表 3-7），本例将变频器的运行频率设定为 25 Hz（16#2000）。

表 3-7　变频器实际频率与通信变量之间的对应关系

频率实际值/Hz	十六进制对应值	十进制对应值
50	4000	16384
37.5	3000	12288
25	2000	8192

63

(续)

频率实际值/Hz	十六进制对应值	十进制对应值
18.75	1500	5376
12.5	1000	4096
6.25	500	1280

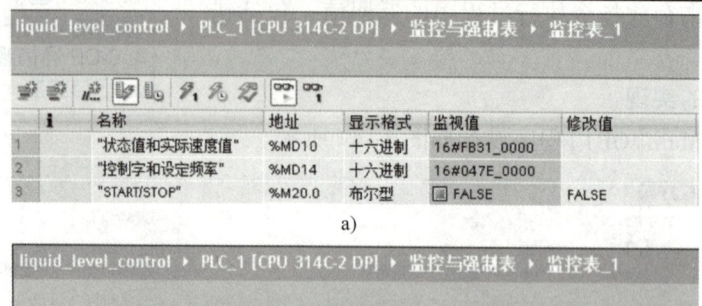

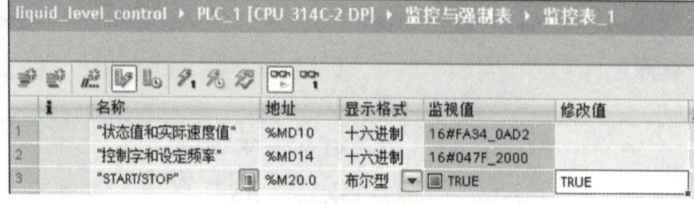

图 3-48 变频器状态
a) 变频器停止状态 b) 变频器启动过程中 c) 变频器稳定运行中

3.6 实训项目 基于 S7-300 PLC 的现场总线系统构建与运行

1. 实训目的

1) 了解 PROFIBUS 现场总线控制系统结构。
2) 了解 PROFIBUS 技术网络控制方法。
3) 学会使用 TIA PORTAL 软件进行系统的硬件组态与通信设置。
4) 初步具备 PROFIBUS-DP 现场总线控制系统联机调试的能力。

2. 实训内容

1) 控制要求:实现主站与从站之间的通信功能和数据交换功能。
2) 使用 TIA PORTAL 软件进行系统的硬件组态和程序设计。
3) 联机调试控制系统功能,观察控制系统运行情况。

3. 实训报告要求

1) 画出主站与从站之间的数据传送图。

2）写出硬件组态的通信参数设置和实现控制功能的程序。
3）描述并分析项目调试中遇见的问题及解决办法。

3.7 思考与练习

1. 阐述 PROFIBUS 现场总线的性能。
2. PROFIBUS 有哪几种传输技术？各有什么特点？
3. PROFIBUS-DP、PROFIBUS-PA 各有什么特性？
4. PROFIBUS 总线存取方式有哪两种？
5. 在 PROFIBUS 网络中，1 类主站起什么作用？哪些设备可以作为 1 类主站？
6. 在 PROFIBUS 网络中，2 类主站有什么作用？列举两种可以作为 2 类主站的设备。
7. PROFIBUS 网络从站设备可以分为几类？列举几种能作为 PROFIBUS 网络从站的设备名称。
8. GSD 文件有什么作用？它包括哪几部分内容？
9. 如何获取和安装 GSD 文件？
10. 硬件组态具有什么特性？
11. 在硬件组态中为什么要保持数据的一致性？
12. DP 主站与智能从站通信的传输区域采用什么区域变量？具有什么特性？
13. MM4 变频器作为 DP 从站时需要配置什么模块？通信变量采用什么区域？
14. 查阅文献，写出在实际生产中 2~3 个应用 PROFIBUS 总线实现控制的系统。

第 4 章　CC-Link 总线及其应用

　　CC-Link 总线的底层通信协议遵循 RS-485、采用主从通信方式；CC-Link 网络必须有一个主站而且也只能有一个主站，主站负责控制整个网络的运行。通信时主站与远程站或智能设备站之间通过缓冲区域 RX/RY 实现远程输入/输出的位信息通信；通过缓冲区域 RWr/RWw 实现主站与远程站或智能设备站之间读/写的字数据信息通信。

　　对于 FX_{3U} 系列 PLC，可以选用 FX_{3U}-16CCL-M 模块作为主站、FX_{3U}-64CCL/FX_{2N}-32CCL 模块作为智能设备站或远程设备站，通信采用循环传送方式；对于 Q 系列 PLC，可以配置 QJ61BT11 模块作为主站或本地站；主站与本地站通信时可以选择循环传送方式，也可以选择瞬时传送方式。

学习目标

　　◇ 了解 CC-Link 总线的发展、特点及应用范围。
　　◇ 了解 CC-Link 系统中设备的分类和作用。
　　◇ 了解主站与远程 I/O 站之间的通信对应关系。
　　◇ 掌握简单 CC-Link 控制系统的设计与实现方法。

4.1　CC-Link 技术特点

　　CC-Link 是 Control & Communication Link（控制与通信链路）的简称，可以同时高速处理控制和信息数据，是三菱电机于 1996 年推出的开放式现场总线，也是唯一起源于亚洲地区的总线系统，其技术特点是符合亚洲人的思维习惯，已在全球范围广泛应用。作为工业自动控制领域应用的通信协议，CC-Link 技术以其开放性、可靠性、稳定性和扩展的灵活性为广大用户所熟知。2009 年 3 月 12 日，全国工业过程测量和控制标准化技术委员会宣布，《CC-Link 控制与通信网络规范》正式成为我国国家推荐性标准 GB/T 19760—2008，于 2009 年 6 月 1 日起实施。

　　CC-Link 系统是通过使用专门的通信模块、专用的电缆将分散的 I/O 模块、特殊功能模块等设备连接起来，并通过 PLC 的 CPU 来控制和协调这些模块的工作。通过将每个模块分散到被控设备现场，可以节省系统配线且能实现简捷、高速的通信；同时可以和其他厂商的各种不同设备进行连接，使系统更具灵活性。该总线已广泛应用于自动化生产线、半导体生产线、食品加工生产线和汽车生产线等现场控制领域。

　　一般情况下，CC-Link 网络可由 1 个主站和 64 个从站组成，网络中的主站由三菱 FX 系列以上的 PLC 或计算机担当，从站可以是远程 I/O 模块、特殊功能模块、带有 CPU 的 PLC 本地站、人机界面、变频器及各种测量仪表、阀门等现场设备，整个系统通过屏蔽双绞线进行连接。CC-Link 具有高速的数据传输速率，最高可达 10 Mbit/s，具有性能卓越、应用广泛、使用简单、节省成本等突出优点。

1. 组态简单

CC-Link 不需要另外购买组态软件并对每一个站进行编程，只需使用通用的 PLC 编程软件在主站程序中进行简单的参数设置，或者在具有组态功能的编程软件配置菜单中设置相应的参数，便可以完成系统组态和数据刷新的设定工作。

2. 接线简单

系统接线时，仅需使用 3 芯双绞线与设备的两根通信线 DA、DB 和接地线 DG 的接线端子对应连接，另外接好屏蔽线 SLD 和终端电阻即可完成一般系统的接线。

3. 设置简单

系统需要对每一个站的站号、传输速率及相关信息进行设置；CC-Link 的每种兼容设备都有一块 CC-Link 接口卡，通过接口模块上相应的开关就可进行相关内容的设置，操作方便直观。

4. 维护简单、运行可靠

由于 CC-Link 的上述优点和丰富的 RAS 功能，使得 CC-Link 系统的维护更加方便，运行可靠性更高；其监视和自检测功能使 CC-Link 系统的维护和故障后恢复系统也变得方便和简单。

RAS 是 Reliability（可靠性）、Availability（有效性）、Serviceability（可维护性）这 3 个单词的英文首字母。例如，系统具有备用主站功能、故障子站自动下线功能、站号重叠检查功能、在线更换功能、通信自动恢复功能、网络监视功能、网络诊断功能等。提供了一个可以信赖的网络系统，帮助用户在最短时间内恢复网络系统。

CC-Link 的底层通信协议遵循 RS-485，采用的是主从通信方式，一个 CC-Link 系统必须有一个主站而且也只能有一个主站，主站负责控制整个网络的运行。但是为了防止主站出现故障而导致整个系统的瘫痪，CC-Link 可以设置备用主站，当主站出现故障时，系统可以自动切换到备用主站。除了主站，系统中还有其他网络节点，通常将这些节点设备分为以下几种类型。

本地站：设备本身有 CPU 并且可以与主站和其他本地站通信，没有控制网络参数的功能。

远程站：包括远程 I/O 站和远程设备站。远程 I/O 站只处理开关量信息；远程设备站可以处理位信息、也可以处理字信息，能进行循环传送但不能进行瞬时传送。

智能设备站：可以处理位数据和字数据，也可以处理信息数据（非刷新数据，用于传送大容量的数据），可实现瞬时传送。

CC-Link 提供循环传送和瞬时传送两种通信方式，一般情况下，CC-Link 主要采用循环传送的方式进行通信，即主站按照从站站号依次轮询从站，从站再给予响应，因而无论是主站访问从站还是从站响应主站，都是按照站号进行的，从而可以避免通信冲突造成的系统瘫痪；还可以依靠可预见性的、不变的 I/O 响应，为系统设计者提供稳定的实时控制。对于整个网络而言，循环传送每次链接扫描的最大容量是 4096 bit（512B），在循环传送数据量不够的情况下，CC-Link 还能提供瞬时传送功能，将 960B 的数据，用专用指令传送给智能设备站或本地站，并且瞬时传送不影响循环传送的进行。

三菱常用的 CC-Link 通信模块有 FX_{3U}-16CCL-M、FX_{3U}-64CCL、FX_{2N}-32CCL、FX5-CCL-MS、QJ61BT11、LJ61BT11-CM 等。本章主要介绍 FX_{3U} PLC 主站的通信模块 FX_{3U}-16CCL-M

的性能及使用方法、Q 系列主站/本地站模块 QJ61BT11 的性能及使用方法。

4.2 FX$_{3U}$ 系列 CC-Link 总线系统的构建

4.2.1 系统网络配置

FX 系列 CC-Link 通信模块包括 FX$_{3U}$-16CCL-M 和 FX$_{3U}$-64CCL。其中，FX$_{3U}$-16CCL-M 是 CC-Link 主站模块，将与之相连的 FX$_{3G}$/FX$_{3U}$ 系列 PLC 作为 CC-Link 的主站，主站在整个网络中是控制数据链接系统的站；FX$_{3U}$-64CCL 是用于将 FX$_{3G}$/FX$_{3U}$ 系列 PLC 连接至 CC-Link 的接口模块，将与之连接的 PLC 作为智能设备站，形成简单的分散控制系统。

远程 I/O 站和远程设备站可以与主站连接，当把 FX$_{3G}$/FX$_{3U}$ 系列的 PLC 作为主站单元时，只能以 FX$_{3U}$-16CCL-M（以下简称 16CCL-M）作为主站通信模块。主站模块占用系统 8 个点，系统配置受以下条件约束。

1) PLC 基本单元输入/输出点数 + 16CCL-M 模块占用点数 + 特殊扩展模块占用点数 ≤ 256。

2) 远程 I/O 模块最多占用系统 8 个站，每个站的点数为 32，则远程 I/O 模块占用系统点数 ≤ 256。

3) 每个系统配置的总点数不超过 384 点，即：1) + 2) ≤ 384。

4) 系统连接的最多站数：远程 I/O 站不超过 8 个站，远程设备站 + 智能设备站的总数不超过 8 个站。

例如，某 CC-Link 系统配置情况如图 4-1 所示。

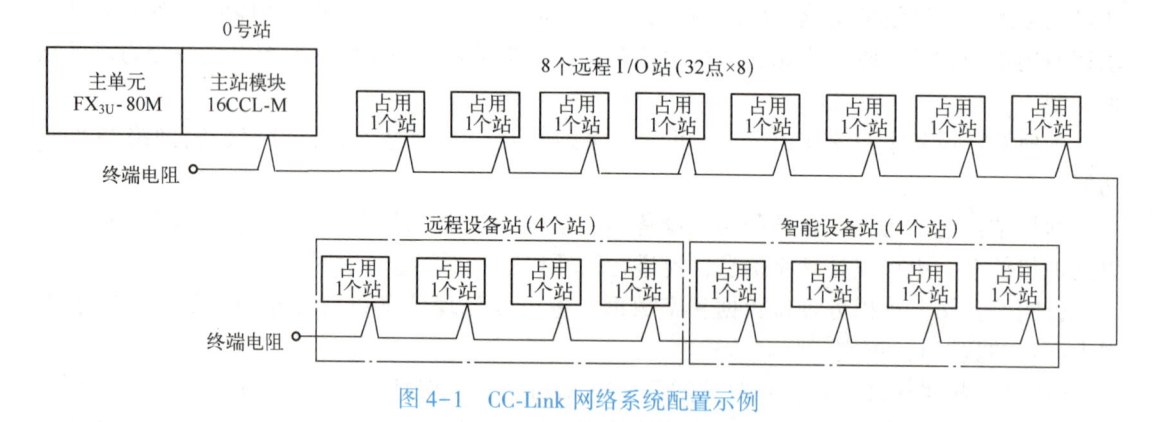

图 4-1 CC-Link 网络系统配置示例

FX$_{3U}$-80M PLC 基本单元有 80 个点、主站模块占用 8 个点、每个远程 I/O 站占用 32 个点，则 PLC、主站模块及远程 I/O 站所占有的总点数为 80 + 8 + 32 × 8 = 344 个，剩余输入/输出点数为 384 - 344 = 40 点，因此本系统还可扩展 40 点的输入/输出模块或特殊扩展模块；系统最多连接的远程设备站 + 智能设备站总数为 8 个，符合约束条件 4)。因此，系统配置符合基本要求。可见，如果是远程设备站和智能设备站，可以在不考虑远程 I/O 点数量的情况下最多连接 8 个站。

在传输线路两端的站上还需要连接终端电阻，以防止线路终端的信号反射。CC-Link 提供了 110Ω 和 130Ω 两种终端电阻。当使用 CC-Link 专用电缆时,终端站选用 110Ω 电阻;当使用 CC-Link 专用高性能电缆时,终端站选用 130Ω 电阻。

CC-Link 网络的数据最远传输距离与相应的传输速率有关,在使用高性能 CC-Link 电缆时,对应关系如表 4-1 所示。如果网络带有中继器,则可在不降低传输速率的情况下,进一步延长数据的传输距离,例如使用光中继器,可以在 4.3 km 以内保持 10 Mbit/s 的高速通信速率。

表 4-1 传输速率与最远传输距离之间的关系

传输速率（bit/s）	最远传输距离/m
156 k	1200
625 k	900
2.5 M	400
5 M	160
10 M	100

4.2.2 主站模块 FX$_{3U}$-16CCL-M

1. FX$_{3U}$-16CCL-M 模块的认识

FX$_{3U}$-16CCL-M（以下简称 16CCL-M）主站模块外形尺寸（单位：mm）及顶盖内部结构如图 4-2 所示。其中,模块工作指示灯的具体作用如表 4-2 所示。

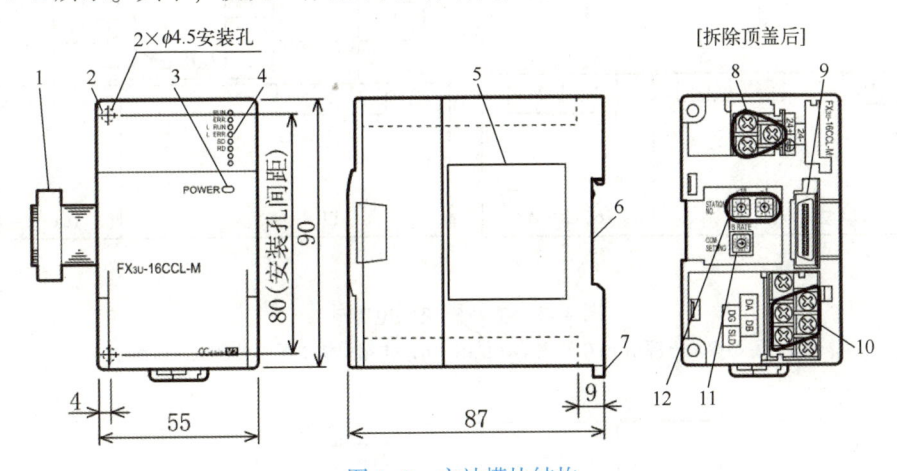

图 4-2 主站模块结构

1—扩展电缆（与主站 PLC 连接） 2—直接安装孔（安装 M4 螺钉） 3—POWER（模块电源指示灯）
4—模块工作指示灯 5—铭牌（显示模块名称、电源、版本等信息） 6—DIN 导轨安装槽（35 mm 宽）
7—安装 DIN 导轨用的卡扣 8—电源用端子排 9—下段扩展连接器（用于连接扩展模块） 10—CC-Link 通信接线端子排
11—传输速率设置开关（取值为 0~4，分别对应 156 kbit/s、625 kbit/s、2.5 Mbit/s、5 Mbit/s、10 Mbit/s） 12—站号设置开关

2. FX$_{3U}$-16CCL-M 模块的接线

FX$_{3U}$-16CCL-M 主站模块需要外部提供 24 V 直流电源,可由 PLC 的主单元供给（见图 4-3a）,也可以由外部电源供给（见图 4-3b）。其扩展电缆与 PLC 扩展口连接,通信端通过通信电缆与从站相连,外部接线如图 4-4 所示。FX$_{3G}$/FX$_{3U}$ 系列的 PLC 及主站模块在导轨上的安装如图 4-5 所示,也可以通过螺钉直接安装在面板上。

表 4-2 模块工作指示灯作用

LED 显示	LED 颜色	状态	显示内容
RUN	绿色	ON	模块正常工作
		OFF	模块死机
ERR.	红色	常亮	全部站通信异常、设置异常、通信出错等
		闪烁	有通信异常站点
		OFF	无异常
L RUN	绿色	ON	本站数据链接执行中
		OFF	离线
L ERR.	红色	常亮	本站数据链接出错、设置异常
		闪烁	启动后更改了开关设置，无终端电阻、噪声影响等
		OFF	无通信出错
SD	绿色	ON	数据发送中
		OFF	无数据发送
RD	绿色	ON	数据接收中
		OFF	无数据接收

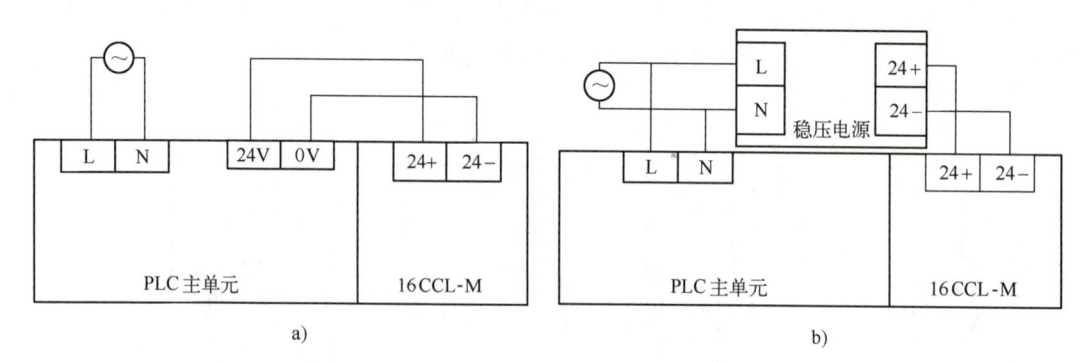

图 4-3 主站模块供电方式

a) 主站模块电源由 PLC 的主单元供给　b) 主站模块电源由外部电源供给

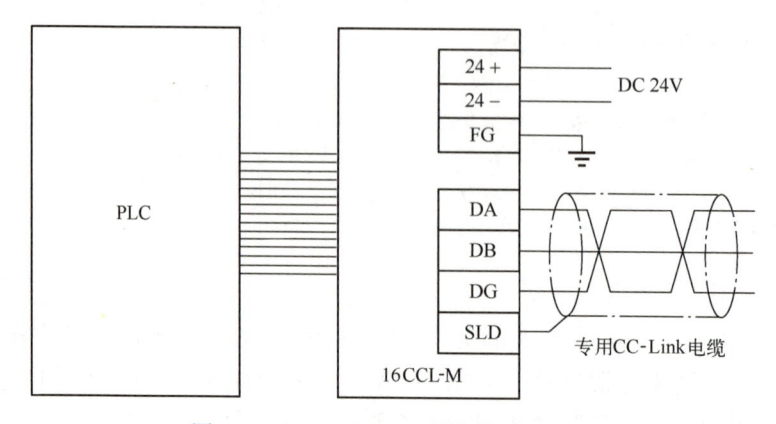

图 4-4 FX$_{3U}$-16CCL-M 模块的外部接线

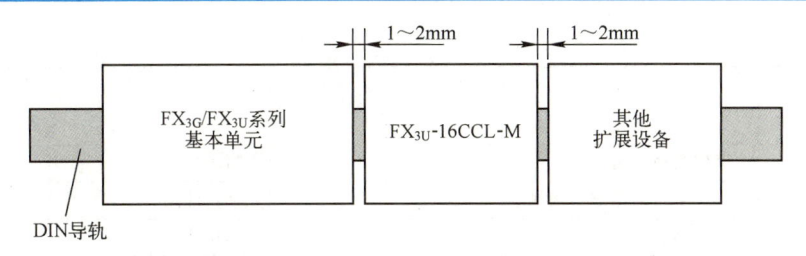

图 4-5　PLC 及主站模块在导轨上的安装示意图

3. FX₃U-16CCL-M 模块的缓冲存储器

FX₃U-16CCL-M 模块和 PLC 之间采用缓冲存储器（Buffer Memory，BFM）进行数据交换；使用 FROM/TO 指令进行数据的读/写；当电源断开时，缓冲存储器的内容会恢复到默认值。

（1）缓冲存储器

在主站模块中，各个缓冲存储器（BFM）的相关信息如表 4-3 所示，其中"读/写"是相对于主站 CPU 而言的。

表 4-3　主站模块各个缓冲存储器（BFM）的相关信息

BFM 编号（十六进制）	内容	作用	性质
#0H~#9H	参数信息区域	存储信息，进行数据链接	读/写
#AH~#BH	I/O 信号	控制主站模块的 I/O 信号	读/写
#CH~#1BH	参数信息区域	存储信息，进行数据链接	读/写
#1CH~#1EH	主站模块控制信号	控制主站模块的信号	读/写
#1FH	禁止使用	—	不可写
#20H~#2FH	参数信息区域	存储信息，进行数据链接	读/写
#30H~#DBH	禁止使用	—	不可写
#DCH~#DFH	一致性控制标志	控制一致性访问的标志	读/写
#E0H~#FFH	远程输入（RX）	存储来自远程站或智能设备站的输入状态	读
#100H~#15FH	禁止使用	—	不可写
#160H~#17FH	远程输出（RY）	将输出存储至远程站或智能设备站	读/写
#180H~#1DFH	禁止使用	—	不可写
#1E0H~#21FH	远程寄存器（RWw）	将传送的数据存储到远程站或智能设备站	读/写
#220H~#2DFH	禁止使用	—	不可写
#2E0H~#31FH	远程寄存器（RWr）	存储来自远程站或智能设备站的接收数据	读
⋮	⋮	⋮	⋮
#4C60H~	禁止使用	—	不可写

（2）BFM(#AH)

在主站模块的 BFM 中，同样是 BFM#AH，在读取和写入时工作情况却是不同的（见表 4-4），系统会自动根据 FROM/TO 指令将其改变成相应的功能。

表 4-4　BFM#AH 位功能

BFM 编号	读取位/写入位	FROM 指令（PLC←主站模块）输入信号名称	TO 指令（PLC→主站模块）输出信号名称
BFM #AH(#10)	b0	读取模块异常	写入刷新指令
	b1	读取主站的数据链接状态	禁止使用
	b2	读取参数设定状态	禁止使用
	b3	读取其他站的数据链接状态	禁止使用
	b4	禁止使用	禁止使用
	b5	禁止使用	禁止使用
	b6	读取通过缓冲存储器的参数启动数据链接的正常完成	要求通过缓冲存储器的参数启动数据链接
	b7	读取通过缓冲存储器的参数启动数据链接的异常完成	禁止使用
	b8	禁止使用	禁止使用
	b9	禁止使用	禁止使用
	b10	禁止使用	禁止使用
	b11	禁止使用	禁止使用
	b12	禁止使用	禁止使用
	b13	禁止使用	禁止使用
	b14	禁止使用	禁止使用
	b15	读取模块准备	禁止使用

在 FROM/TO 指令作用下，BFM#AH 中的每一位具体取值含义说明如下。

1）BFM#AH b0。

读取模块异常。显示模块是否正常。OFF：模块正常；ON：模块异常。

写入刷新指令。显示缓冲存储器中用于"远程输出 RY"的内容是有效还是无效，ON：有效，OFF：无效；在启动数据链接之前将 b0 的值写为 ON，当 PLC 的 CPU 处于停止状态时，将 b0 的值写为 OFF。

2）BFM#AH b1。

读取主站的数据链接状态。OFF：数据链接停止；ON：数据链接正在进行。

3）BFM#AH b2。

读取参数设定状态。显示在主站中的参数设定状态，OFF：设定正常；ON：存在设定错误。错误代码将被保存在 BFM 的特殊寄存器 SW0068 中。在未出错的状态下，则执行通过缓冲存储器的参数的数据链接状态的信号。

4）BFM#AH b3。

读取其他站的数据链接状态。显示在其他站（远程站及智能设备站）中的数据链接状态，OFF：全部站正常；ON：有异常站。异常站的状态将被保存在 BFM 的特殊寄存器 SW0080 中。

5）BFM#AH b6。

在 FROM 指令下，该位用于读取通过缓冲存储器的参数启动数据链接的正常完成。

在 TO 指令下，该位用于按照缓冲存储器的参数内容启动数据链接信号。

如果将通过缓冲存储器的参数的数据链接启动请求位 b6 置为 ON，则缓冲存储器的参数内容将被检查，正常时将自动开始数据链接；数据链接的启动正常完成后，通过缓冲存储器的参数的数据链接启动正常完成，即 b6 为 ON。如果将通过缓冲存储器的参数的数据链接启动请求位 b6 置为 OFF，则通过缓冲存储器的参数的数据链接启动正常完成，即 b6 为 OFF。

6）BFM#AH b7。

在 FROM 指令下，该位用于读取通过缓冲存储器的参数启动数据链接的异常完成。

如果将通过缓冲存储器的参数的数据链接启动请求位 b6 置为 ON，则通过缓冲存储器的参数内容将被检查，异常时通过缓冲存储器的参数的数据链接启动请求位 b7 置为 ON；参数设置状态 b2 为 ON，缓冲存储器的本站参数状态（SW0068）中存储错误代码。如果将通过缓冲存储器的参数的数据链接启动请求位 b6 置为 OFF，则通过缓冲存储器的参数的数据链接启动异常完成，即 b7 为 OFF。

7）BFM#AH b15。

读取模块准备。显示了模块是否准备就绪、可以开始工作。

当模块准备就绪、可以开始运行时，b15 自动变为 ON。当发生下列任何一种状况时，该信号变为 OFF。

① 模块开关设定有错误；

② 模块异常的输入信号 b0 变成 ON。

(3) 参数信息区域

在主站与从站进行通信时，通过设定缓冲存储器中的参数信息实现数据链接，所设定的内容可以被记录到 E^2PROM 中。缓冲存储器中的参数设定内容如表 4-5 所示，这些参数主要是针对主站模块内缓冲存储器的设置，而从站内的模块基本上不需要进行参数设置，在数据链接时只需启动相应的输出点就可执行数据链接。

表 4-5 参数信息区域

BFM 编号（十六进制）	内 容	作 用	默认值
#00H	模式设置	设置主站的动作模式	0
#01H	连接台数	设置主站连接的远程站及智能设备站的台数	8
#02H	重试次数	设置通信异常时的重试次数	3
#03H	自动恢复的台数	设置在一次链接扫描过程中可以恢复的远程站及智能设备站的台数	1
#04H~#05H	禁止使用	—	—
#06H	CPU 死机时的指定操作	设置主站 PLC 异常发生时的数据链接的状态	0
#07H~#09H	禁止使用	—	—
#CH	数据链接异常站设置	设置来自数据链接异常站的输入数据的状态	1
#DH	CPU STOP 时设置	设置 CPU STOP 时的从站刷新/强制清除	0
#EH~#FH	禁止使用	—	—
#10H	预留站指定	设置预留站	0（无规格）
#11H~#13H	禁止使用	—	—
#14H	出错无效站指定	设置出错无效站	0（无规格）
#15H~#1BH	禁止使用	—	—
#20H~#2FH	站信息	设定所连接站的类型	2

表中参数说明如下。

1）#00H：设置主站的模式，0 表示远程网 Ver.1 模式，1 表示远程网添加模式，2 表示远程网 Ver.2 模式。

2) #01H：主站连接的远程站及智能设备站的台数。FX_{3G}/FX_{3U} 系列 PLC 的设置范围是 1~16 台。

3) #02H：重试次数。设定范围是 1~7 次，如果一个远程站通过执行规定的可以重试的次数后仍然不能恢复的话，该站就可以被视为"数据链接异常站"。

4) #03H：自动恢复的台数。设置在一次链接扫描过程中可以恢复的远程站及智能设备站的台数，设定范围是 1~10 台。

5) #06H：设置主站 PLC 异常发生时的数据链接状态。0 表示停止，1 表示继续运行。

6) #CH：设置来自数据链接异常的输入数据状态。0 表示保持，1 表示清除。

7) #DH：设置 CPU STOP 时从站的输出数据的状态。0 表示刷新，1 表示强制清除。

8) #10H：对那些包含在所连接的远程模块数量中，但实际上并未连接的远程站及智能设备站进行规定，这样它们就不会在主站中被视为"数据链接异常站"，设置范围是 0~FFFEH。

将要预留站的站号相应的位置设定为 ON。一个远程站或智能设备站可能会占用两个或更多个站，所以仅将与起始站编号相应的位置设定为 ON。如图 4-6 所示，将远程设备站 4 号和 9 号都设定为预留站，以备后用。

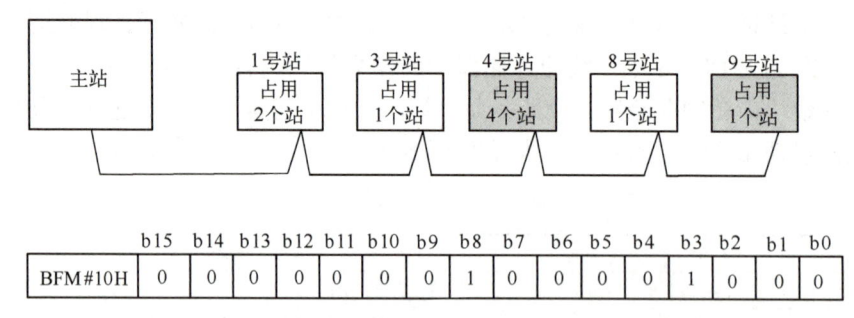

图 4-6 预留站设置实例

9) #14H：出错无效站指定。确定由于电源断开等原因而导致数据链接不能进行的远程站及智能设备站，主站不会把这些站视为"数据链接异常站"来处理。当相同的站号码也被指定为预留站的时候，预留站功能将被优先执行。设置 2 号站及以上的远程站及智能设备站为无效时，只需将起始站编号相应的位置设定为 ON。如图 4-7 所示，将远程设备 4 号站和 9 号站设定为无效站。

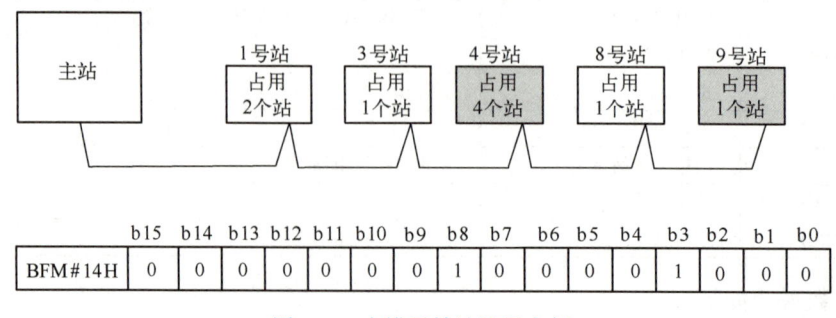

图 4-7 出错无效站设置实例

10) #20H~#2FH：站信息，用于设置已连接的远程站、智能设备站和预留站的站类型。

① 数据结构如图 4-8 所示。

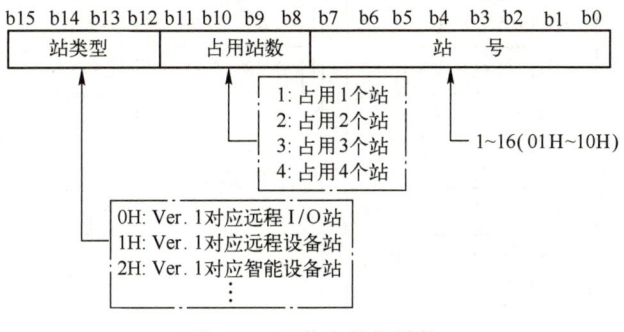

图 4-8 站信息数据结构

② 模块信息对应的缓冲存储器地址如表 4-6 所示。

表 4-6 模块信息对应的缓冲存储器的地址

模　块	BFM 号码（十六进制）	模　块	BFM 号码（十六进制）
第 1 个模块	#20H	第 9 个模块	#28H
第 2 个模块	#21H	第 10 个模块	#29H
第 3 个模块	#22H	第 11 个模块	#2AH
第 4 个模块	#23H	第 12 个模块	#2BH
第 5 个模块	#24H	第 13 个模块	#2CH
第 6 个模块	#25H	第 14 个模块	#2DH
第 7 个模块	#26H	第 15 个模块	#2EH
第 8 个模块	#27H	第 16 个模块	#2FH

③ 系统设置实例如图 4-9 所示。

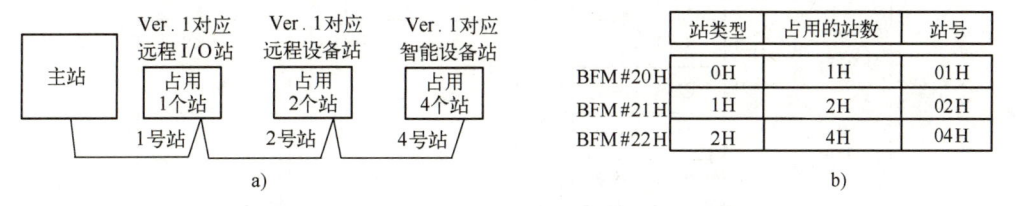

图 4-9 站信息设置实例
a）系统配置　b）站信息

（4）远程输入（RX）和远程输出（RY）

远程输入（RX）和远程输出（RY）区域用于存储通信时链接的位信息数据。如图 4-10 所示，远程输入（RX）用来保存远程 I/O 站、远程设备站及智能设备站的输入（RX）的状态，每个站使用 2 个字⊖。CC-Link 规定，当本地站只占用一个站时，在链接扫描过程中，主站和本地站之间可以相互传输 32 个 I/O 状态。

⊖ PLC 的通用数据长度，1 个字由 2 字节（B）组成。

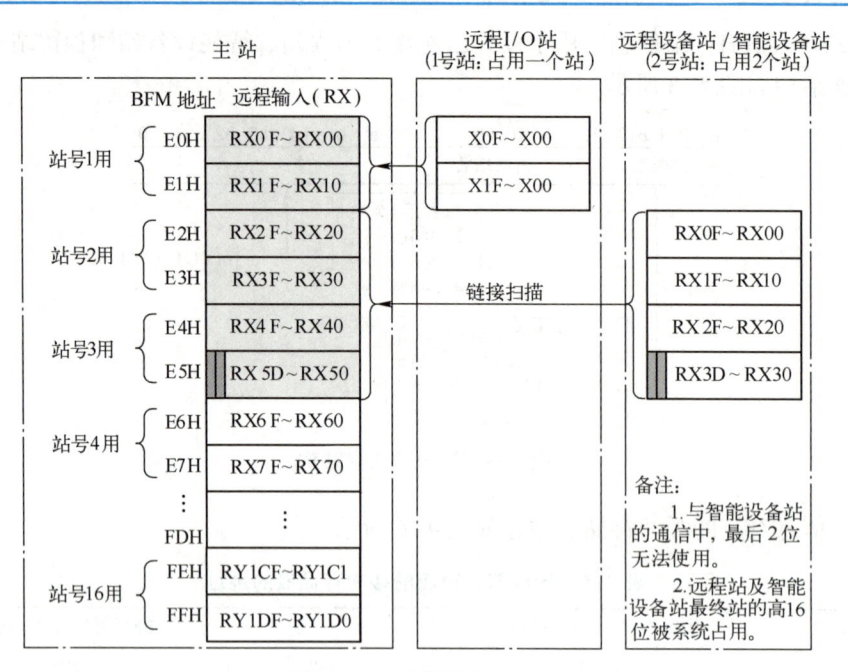

图 4-10 远程输入（RX）

如图 4-11 所示，远程输出（RY）用来将输出到远程 I/O 站和远程设备站的输出（RY）进行保存，每个站使用 2 个字，在链接扫描过程中，主站和本地站之间可以相互传输 32 个 I/O 状态。

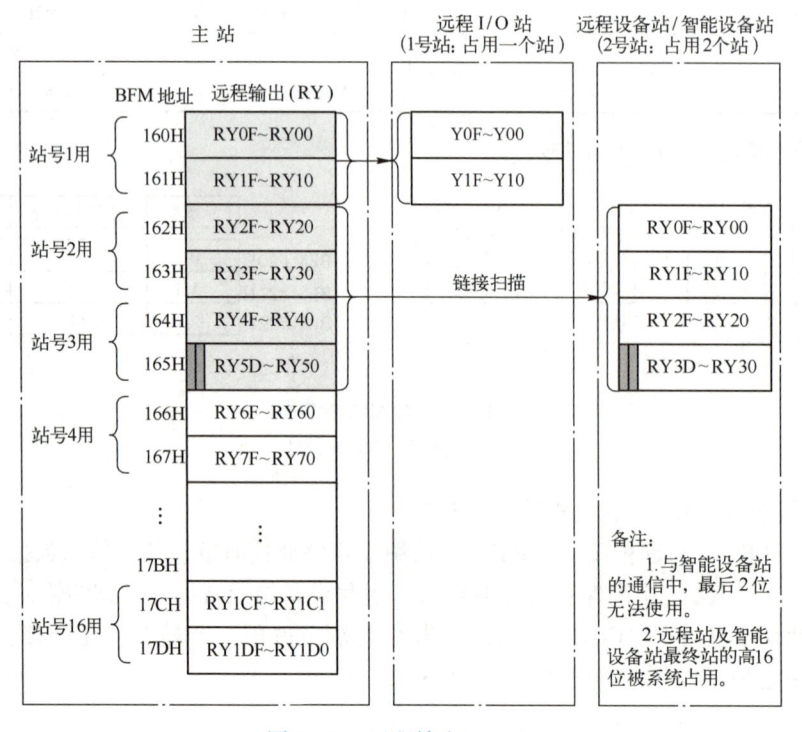

图 4-11 远程输出（RY）

如果远程 I/O 设备只有输入开关量而没有输出开关量，在分配 RX 或 RY 时依然同时分配这两者。例如，1 号站的设备是一个 16 位输入模块，则 1 号站对应的 RX 地址是 E0H 和 E1H，其中 E1H 空闲未用；虽然 1 号站没有输出量，用不到 RY，但其仍然会占用地址 160H 和 161H；如果 2 号站是 16 位输出模块，则其被分配的 RY 地址是 162H 和 163H，其中 163H 空闲未用。

(5) 远程寄存器（RWw/RWr）

远程寄存器（RWw）用于将主站信息传送给远程设备站/智能设备站。被传送到远程设备站/智能设备站的远程寄存器（RWw）中的数据将按图 4-12 保存并传输，每个站使用 4 个字。

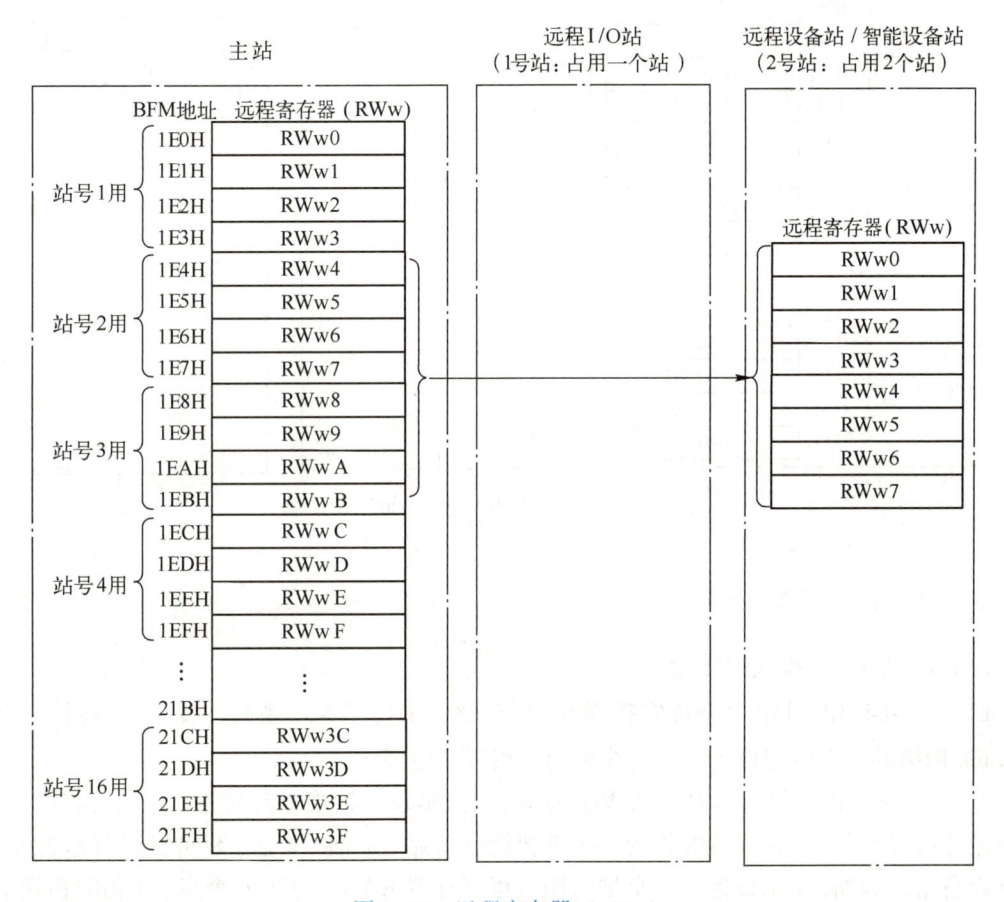

BFM地址	远程寄存器（RWw）
站号1用	1E0H RWw0 / 1E1H RWw1 / 1E2H RWw2 / 1E3H RWw3
站号2用	1E4H RWw4 / 1E5H RWw5 / 1E6H RWw6 / 1E7H RWw7
站号3用	1E8H RWw8 / 1E9H RWw9 / 1EAH RWwA / 1EBH RWwB
站号4用	1ECH RWwC / 1EDH RWwD / 1EEH RWwE / 1EFH RWwF
⋮	21BH ⋮
站号16用	21CH RWw3C / 21DH RWw3D / 21EH RWw3E / 21FH RWw3F

远程 I/O 站（1号站：占用一个站）

远程设备站/智能设备站（2号站：占用2个站）
远程寄存器(RWw)
RWw0 / RWw1 / RWw2 / RWw3 / RWw4 / RWw5 / RWw6 / RWw7

图 4-12 远程寄存器（RWw）

远程寄存器（RWr）用于将远程设备站/智能设备站的信息传送给主站。从远程设备站/智能设备站的远程寄存器（RWr）中传送出来的数据将按图 4-13 保存并传输，每个站使用 4 个字。

与远程输入（RX）/远程输出（RY）相同，不管远程设备站/智能设备站是否用到远程寄存器，其对应的远程寄存器地址关系是固定不变的，系统不能随便使用和占用。

77

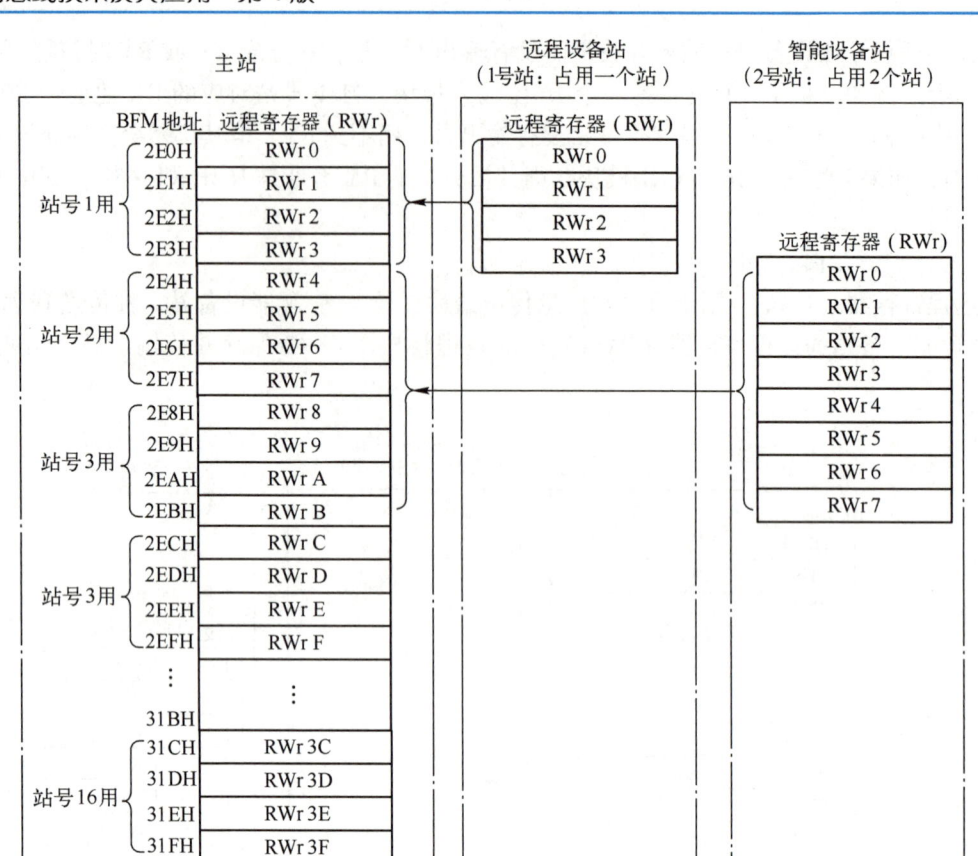

图 4-13 远程寄存器（RWr）

4.2.3 接口模块 FX$_{3U}$-64CCL

1. FX$_{3U}$-64CCL 模块的性能

1）FX$_{3U}$-64CCL 可作为一特殊扩展模块与 FX$_{3G}$/FX$_{3U}$/FX$_{3UC}$ 系列小型 PLC 连接，作为 CC-Link 网络的一个智能设备站，连线采用双绞屏蔽电缆。

2）FX$_{3U}$-64CCL 可对应 CC-Link Ver.1/Ver.2，实现了扩展循环传送。FX$_{3U}$-64CCL 设有扩展循环设置开关，1 倍设置时作为 Ver.1 智能设备站，2 倍、4 倍、8 倍设置时作为 Ver.2 智能设备站。例如，1 倍设置时 1 个站占用远程寄存器 RWw（字）4 个点、2 倍时占用 8 个点、4 倍时占用 16 个点、8 倍时占用 32 个点。

3）使用 FROM/TO 指令通过对 FX$_{3U}$-64CCL 的缓冲存储器进行读/写数据，可实现与 FX$_{3G}$/FX$_{3U}$/FX$_{3UC}$ 系列 PLC 的通信。

4）FX$_{3U}$-64CCL 占用 FX-PLC 中 8 个点；站号为 1~64；占用站数为 1~4 个站。

5）传输速率与最大传输距离之间的关系如表 4-7 所示。

2. FX$_{3U}$-64CCL 模块的认识

FX$_{3U}$-64CCL 接口模块的外形尺寸（单位：mm）及顶盖内部结构如图 4-14 所示。其中，模块工作指示灯的具体作用如表 4-8 所示。

第 4 章　CC-Link 总线及其应用

表 4-7　FX$_{3U}$-64CCL 模块传输速率与最大传输距离

传输速率（bit/s）	最大传输距离/m
156 k	1200
625 k	600
2.5 M	200
5 M	150
10 M	100

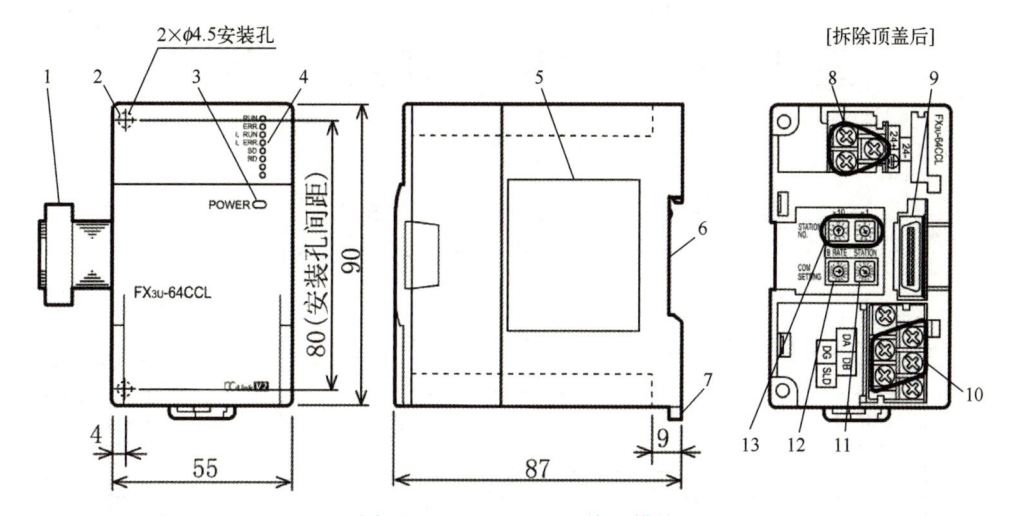

图 4-14　FX$_{3U}$-64CCL 接口模块

1—扩展电缆（与主站 PLC 连接）　2—直接安装孔（安装 M4 螺钉）　3—POWER（模块电源指示灯）
4—模块工作指示灯　5—铭牌（显示模块名称、电源、版本等信息）　6—DIN 导轨安装槽（35 mm 宽）
7—安装 DIN 导轨用的卡扣　8—电源用端子排　9—下段扩展连接器（用于连接扩展模块）
10—CC-Link 通信接线端子排　11—占用站数、扩展循环设置开关
12—传输速率设置开关（取值为 0~4，分别对应 156 kbit/s、625 kbit/s、2.5 Mbit/s、5 Mbit/s、10 Mbit/s）　13—站号设置开关

表 4-8　FX$_{3U}$-64CCL 模块工作指示灯作用

LED 显示	LED 颜色	状态	显 示 内 容
RUN	绿色	ON	模块正常动作
		OFF	模块死机
ERR.	红色	ON	设置异常、参数异常、通信出错、H/W 异常
		OFF	无异常
L RUN	绿色	ON	数据链接执行中
		OFF	离线
L ERR.	红色	常亮	数据链接出错或设置异常时
		闪烁	启动后更改了开关设置、无终端电阻、噪声影响等
		OFF	无通信出错
SD	绿色	ON	数据发送中
		OFF	无数据发送
RD	绿色	ON	数据接收中
		OFF	无数据接收

3. FX$_{3U}$-64CCL 模块的连线

FX$_{3U}$-64CCL 接口模块通过扩展电缆与 PLC 扩展口连接，模块需要外部提供 24 V 直流电源，可由 PLC 的主单元供给，也可以由外部电源供给（见图 4-15）。接口模块的扩展电缆与 PLC 扩展口连接，并通过通信电缆与其他设备连接，接线示例如图 4-16 所示，终端站需要连接终端电阻。接口模块与 PLC 在导轨上的安装如图 4-17 所示，也可以通过螺钉直接安装在面板上。

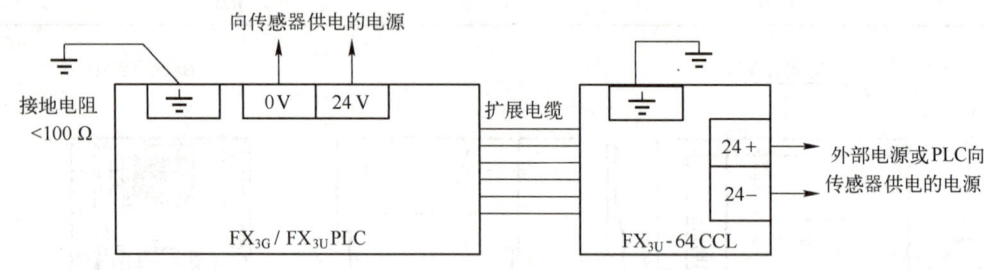

图 4-15 FX$_{3U}$-64CCL 接口模块与 PLC 的连接

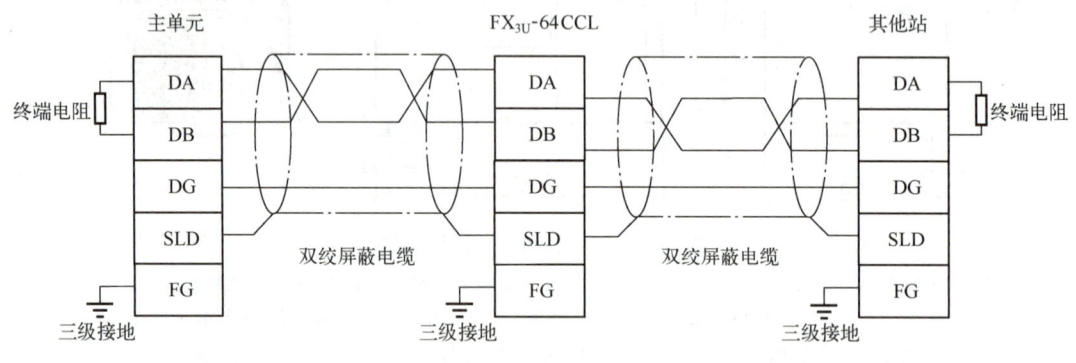

图 4-16 模块之间的通信连接

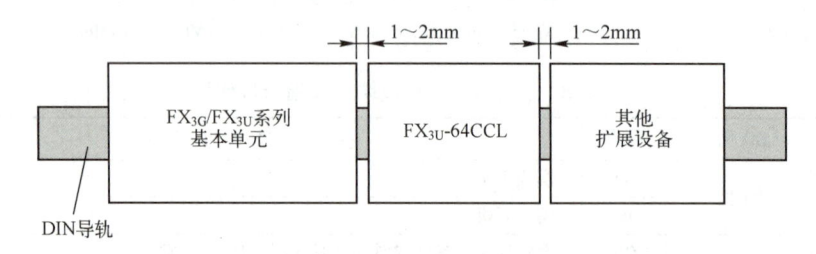

图 4-17 PLC 及接口模块在导轨上的安装示意图

4. FX$_{3U}$-64CCL 模块的缓冲存储器

（1）接口模块与主站的数据通信

FX$_{3U}$-64CCL 接口模块通过内置缓冲存储器（BFM）在 PLC 与 CC-Link 主站之间传送数据。如图 4-18 所示，PLC 与 FX$_{3U}$-64CCL 接口模块之间根据 FROM/TO 指令，通过缓冲存储器进行数据交接，并借助 PLC 内部元件（如辅助继电器 M、数据寄存器 D 等）在 PLC 程序中使用，可与主站之间实现循环传送或扩展循环传送。

（2）缓冲存储器（FROM 指令）

使用在 FX$_{3U}$-64CCL 中的 FROM 指令专用缓冲存储器来保存从主站写入的数据以及

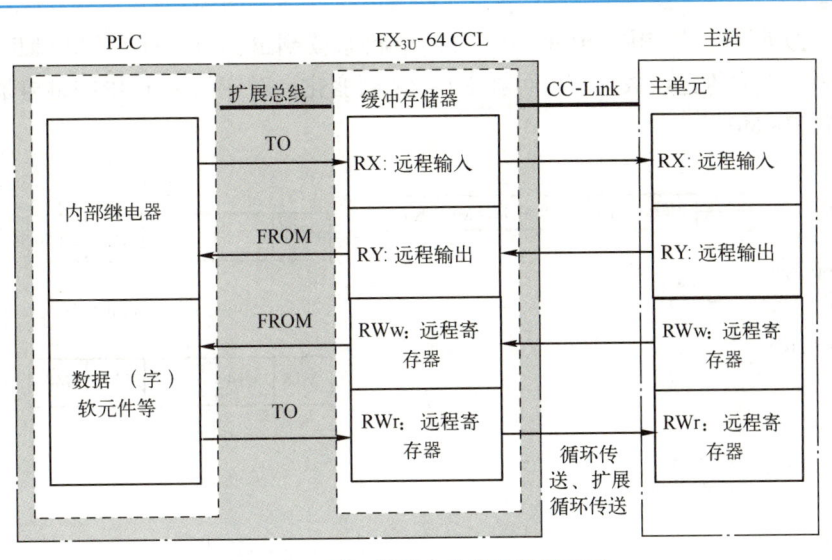

图 4-18 接口模块与主站的数据流动

FX$_{3U}$-64CCL 的系统信息，PLC 可以通过 FROM 指令从缓冲存储器中读出相关内容。

FROM 指令专用缓冲存储器中的内容如表 4-9 所示，其使用说明及使用方法如下。

1) BFM#0~#7（远程输出 RY00~RY7F）。

16 个远程输出点 RY□F~RY□0 被分配给每个缓冲存储器的 b15~b0 位，每位指示的 ON/OFF 状态信息表示主单元写给 FX$_{3U}$-64CCL 的远程输出内容，PLC 通过 FROM 指令将这些信息读进 PLC 的位元件或字元件中；远程输出的点数范围（RY00~RY7F）取决于选择的站数（1~4）；最终站的高 16 点作为 CC-Link 系统专用区，不能作为用户区使用。

表 4-9 FROM 指令专用缓冲存储器中的内容

BFM 编号	功能	BFM 编号	功能
#0	远程输出 RY00~RY0F（设定站）	#16	远程寄存器 RWw8（设定站+2）
#1	远程输出 RY10~RY1F（设定站）	#17	远程寄存器 RWw9（设定站+2）
#2	远程输出 RY20~RY2F（设定站+1）	#18	远程寄存器 RWwA（设定站+2）
#3	远程输出 RY30~RY3F（设定站+1）	#19	远程寄存器 RWwB（设定站+2）
#4	远程输出 RY40~RY4F（设定站+2）	#20	远程寄存器 RWwC（设定站+3）
#5	远程输出 RY50~RY5F（设定站+2）	#21	远程寄存器 RWwD（设定站+3）
#6	远程输出 RY60~RY6F（设定站+3）	#22	远程寄存器 RWwE（设定站+3）
#7	远程输出 RY70~RY7F（设定站+3）	#23	远程寄存器 RWwF（设定站+3）
#8	远程寄存器 RWw0（设定站）	#24	波特率设定值
#9	远程寄存器 RWw1（设定站）	#25	通信状态
#10	远程寄存器 RWw2（设定站）	#26	CC-Link 模块代码
#11	远程寄存器 RWw3（设定站）	#27	本站的站号
#12	远程寄存器 RWw4（设定站+1）	#28	占用站数、扩展循环的设定值
#13	远程寄存器 RWw5（设定站+1）	#29	出错代码
#14	远程寄存器 RWw6（设定站+1）	#30	FX 系列模块代码（K7160）
#15	远程寄存器 RWw7（设定站+1）	#31	保留

如图 4-19 所示，将 BFM#0 的 b15~b0 位状态读到 PLC 的 M15~M0 辅助继电器中，FROM 指令中 K1 为传送点数，其值可在 K1~K8 间变化，对应的 PLC 中间继电器 M 值的变化范围为 M127~M0。

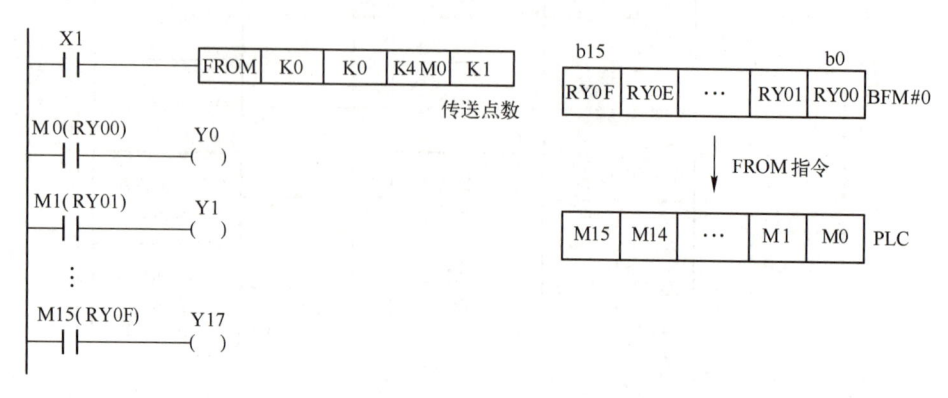

图 4-19 FROM 指令专用缓冲存储器应用示例 1

2）BFM#8~#23（远程寄存器 RWw0~RWwF）。

为每个缓冲存储器#8~#23 分配了一个编号为 RWw0~RWwF 的远程寄存器，缓冲存储器里存储的信息是主单元写给 FX$_{3U}$-64CCL 有关远程寄存器的内容，PLC 通过 FROM 指令将这些信息读进 PLC 的位元件组或字元件中；远程寄存器的点数（RWw0~RWwF）取决于选择的站数（1~4）。

如图 4-20 所示，将 BFM#8、#9 中的内容读到 PLC 的数据寄存器 D50、D51 中去，FROM 指令中的 K2 为传送点数，通过改变传送点数的值 K1~K16，读入 BFM 的点数也会相应变化。

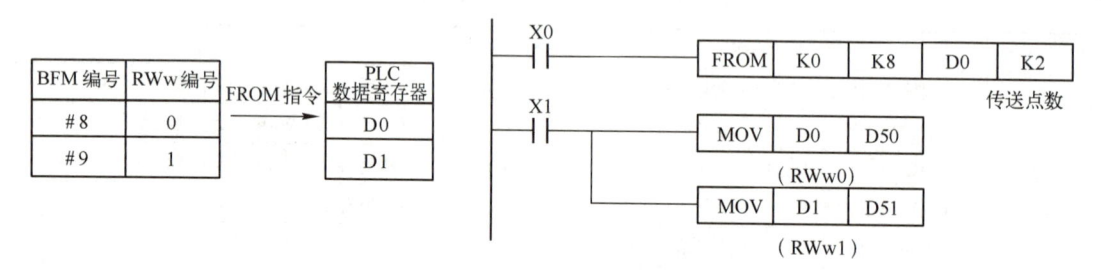

图 4-20 FROM 指令专用缓冲存储器应用示例 2

3）BFM#24（波特率设定值）。

用以保存 FX$_{3U}$-64CCL 模块上波特率设定开关的设定值（或硬件测试设定值），取值为 0~4（或 A~E），分别对应 156 kbit/s、625 kbit/s、2.5 Mbit/s、5 Mbit/s、10 Mbit/s。只有当 PLC 上电时，设定值才起作用，如果是在带电情况下改变设定值，那么改变的值只有在下次重新上电时才有效。

4）BFM#25（通信状态）。

该缓冲存储器的 b15~b0 位以 ON/OFF 的形式保存主站 PLC 的通信状态信息，只有当执行链接通信状态时，主站 PLC 的信息才有效。每位对应的功能如表 4-10 所示。

表 4-10　缓冲存储器#25 中各位对应的功能

位	功 能		说 明
b0	CRC 错误	0	正常
		1	出错
b1	超时出错	0	正常
	64CCL 侧的信息	1	出错
b2～b6	保留	0	未使用
b7	链接执行中	0	链接未执行
		1	链接执行中
b8	主站 PLC 运行中	0	STOP
		1	RUN，仅正常链接时动作
	来自主站的信息		
b9	主站 PLC 异常	0	正常
		1	异常，仅在链接时有异常动作
b10～b15	保留	0	未使用

5）BFM#26（CC-Link 模块代码）。

CC-Link 模块代码被存储，如图 4-21 所示。

6）BFM#27（本站站号设置）。

用以保存 FX$_{3U}$-64CCL 模块上站号设定开关的设定值，取值为 1～64。只有当 PLC 上电时，设定值才起作用，如果是在带电情况下改变设定值，改变的值只有在下次重新上电时才会起作用。

图 4-21　模块代码格式

01　01　H
　　　└─ CC-Link 软件版本号
　└─ CC-Link 识别码（PLC 类型）

7）BFM#28（占用站数、扩展循环的设定值）。

用以保存 FX$_{3U}$-64CCL 模块上占用站数旋转开关设定的值，取值为 0～F，如表 4-11 所示。该值是 FX$_{3U}$-64CCL 启动时被确定的值；启动后，即使更改也不会发生变化。

表 4-11　缓冲存储器#28 占用站数、扩展循环的设定值

值（十六进制）	占用站数	扩展循环设置
0	占用 1 站	1 倍设置
1	占用 2 站	1 倍设置
2	占用 3 站	1 倍设置
3	占用 4 站	1 倍设置
4	占用 1 站	2 倍设置
5	占用 2 站	2 倍设置
6	占用 3 站	2 倍设置
7	占用 4 站	2 倍设置
8	占用 1 站	4 倍设置
9	占用 2 站	4 倍设置
A、B	设置出错	设置出错
C	占用 1 站	8 倍设置
D～F	设置出错	设置出错

8) BFM#29（出错代码）。

将 FX_{3U}-64CCL 检测到的出错代码以 ON/OFF 的形式保存在缓冲存储器#29 的 b15~b0 位。例如，b0=0，表示无设置异常；b0=1，表示旋转开关超出设置范围，通信状态停止。

9) BFM#30（FX 系列模块代码）。

该缓冲存储器用以保存分配给 FX 系列的每一个特殊扩展设备的模块代码。FX_{3U}-64CCL 模块的代码为 K7160。

(3) 缓冲存储器（TO 指令）

使用在 FX_{3U}-64CCL 中的 TO 指令专用缓冲存储器保存 PLC 写给主站的数据。PLC 可以通过 TO 指令将 PLC 中位和字元件的内容写入 TO 指令专用缓冲存储器。

TO 指令专用缓冲存储器中的内容如表 4-12 所示，其使用说明及使用方法如下。

表 4-12 TO 指令专用缓冲存储器中的内容

BFM 编号	功 能	BFM 编号	功 能
#0	远程输入 RX00~RX0F（设定站）	#16	远程寄存器 RWr8（设定站+2）
#1	远程输入 RX10~RX1F（设定站）	#17	远程寄存器 RWr9（设定站+2）
#2	远程输入 RX20~RX2F（设定站+1）	#18	远程寄存器 RWrA（设定站+2）
#3	远程输入 RX30~RX3F（设定站+1）	#19	远程寄存器 RWrB（设定站+2）
#4	远程输入 RX40~RX4F（设定站+2）	#20	远程寄存器 RWrC（设定站+3）
#5	远程输入 RX50~RX5F（设定站+2）	#21	远程寄存器 RWrD（设定站+3）
#6	远程输入 RX60~RX6F（设定站+3）	#22	远程寄存器 RWrE（设定站+3）
#7	远程输入 RX70~RX7F（设定站+3）	#23	远程寄存器 RWrF（设定站+3）
#8	远程寄存器 RWr0（设定站）	#24	未定义（禁止写）
#9	远程寄存器 RWr1（设定站）	#25	未定义（禁止写）
#10	远程寄存器 RWr2（设定站）	#26	未定义（禁止写）
#11	远程寄存器 RWr3（设定站）	#27	未定义（禁止写）
#12	远程寄存器 RWr4（设定站+1）	#28	未定义（禁止写）
#13	远程寄存器 RWr5（设定站+1）	#29	未定义（禁止写）
#14	远程寄存器 RWr6（设定站+1）	#30	未定义（禁止写）
#15	远程寄存器 RWr7（设定站+1）	#31	保留

1) BFM#0~#7（远程输入 RX00~RX7F）。

16 个远程输入点 RX□F~RX□0 被分配给每个缓冲存储器的 b15~b0 位。要从 PLC 写数据到主站，首先要将这些信息传到 TO 指令专用缓冲存储器中，PLC 通过 TO 指令完成这个功能；在 FX_{3U}-64CCL 中，远程输入的点数范围（RX00~RX7F）取决于选择的站数（1~4）；最终站的高 16 点作为 CC-Link 系统专用区，不能作为用户区使用。

如图 4-22 所示，将 PLC 中 M115~M100 的状态送到 BFM#0 的 b15~b0 位中，通过改变 TO 指令中传送点数的值 K1~K8，一次可以写入多个 BFM 点数。

2) BFM#8~#23（远程寄存器 RWr0~RWrF）。

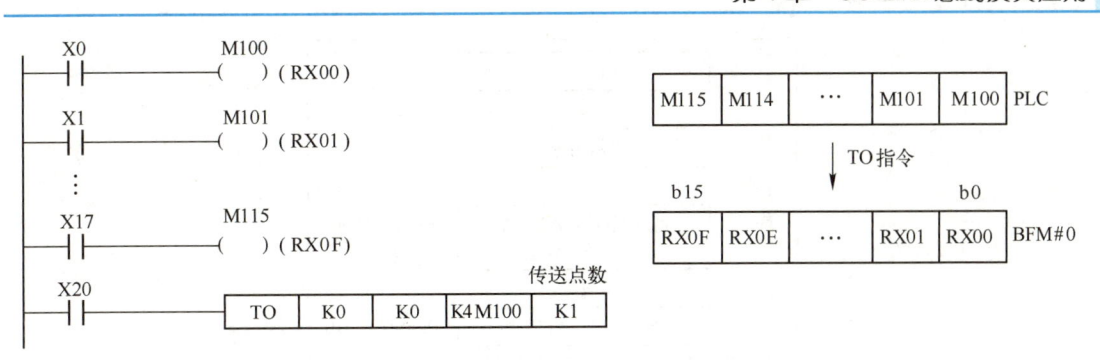

图 4-22　TO 指令专用缓冲存储器应用示例 1

为每个缓冲存储器#8~#23 分配了一个编号为 RWr0~RWrF 的远程寄存器，缓冲存储器里存储的信息是 PLC 要写到主站的信息。PLC 通过 TO 指令将 PLC 中的位元件组和字元件的内容写入这些缓冲存储器中。在 FX_{3U}-64CCL 中，远程寄存器的点数（RWr0~RWrF）取决于选择的站数（1~4）。

如图 4-23 所示，将 PLC 的中 D100、D101 的状态送到 BFM#8、#9 中，通过改变 TO 指令中传送点数的值 K1~K16，一次可以写入 BFM 的点数也会相应变化。

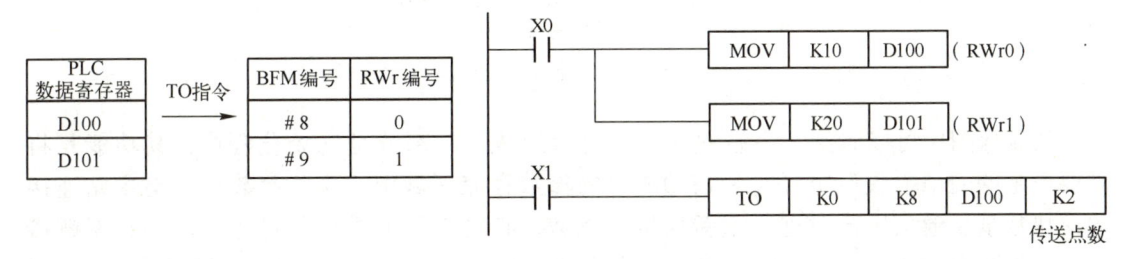

图 4-23　TO 指令专用缓冲存储器应用示例 2

在通信时，FX_{3U}-64CCL 模块的远程输入（RX）、远程输出（RY）、远程寄存器（RWw/RWr）地址与主站通信缓冲存储器单元的对应关系，可参见图 4-10~图 4-13。

4.2.4　基于远程 I/O 站的 CC-Link 现场总线应用

1. 缓冲存储器与 E^2PROM 的关系

数据链接是通过使用存储在内部存储器中的参数信息来执行的，当主模块的电源关闭时，参数信息就会被擦除。

1）缓冲存储器是一个临时的存储空间，暂时存放将要写到 E^2PROM 或者是内部存储器中的一些参数信息。

2）存储在 E^2PROM 中的参数信息可以被保存下来。将系统每次启动都需要装载的通信参数事先记录到 E^2PROM 中，以取消在每一次主站启动时往缓冲存储器里面写入的一些必要参数。如果 TO 指令将 BFM#AH b10 设为 ON，则参数会被写入 E^2PROM 中。

3）当 TO 指令将 BFM#AH b8 设为 ON 时，数据链接能够被启动。

2. 创建主站程序

在创建 CC-Link 主站程序时，可以按照图 4-24 步骤进行。

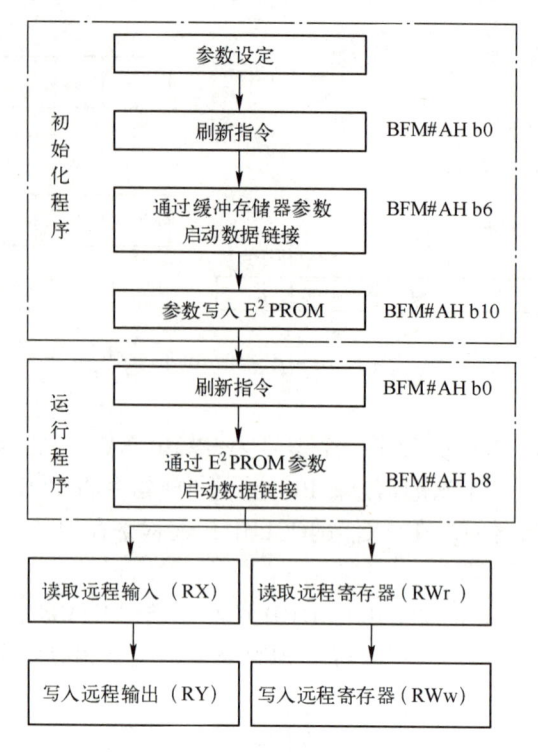

```
                    参数设定
  初              ┌────────────┐
  始              │  刷新指令  │  BFM#AH b0
  化              └────────────┘
  程         ┌──────────────────┐
  序         │通过缓冲存储器参数│  BFM#AH b6
             │  启动数据链接    │
             └──────────────────┘
             ┌──────────────────┐
             │参数写入 E²PROM   │  BFM#AH b10
             └──────────────────┘

  运              ┌────────────┐
  行              │  刷新指令  │  BFM#AH b0
  程              └────────────┘
  序         ┌──────────────────┐
             │通过 E²PROM 参数  │  BFM#AH b8
             │  启动数据链接    │
             └──────────────────┘

     ┌──────────────┐  ┌────────────────┐
     │读取远程输入(RX)│  │读取远程寄存器(RWr)│
     └──────────────┘  └────────────────┘
     ┌──────────────┐  ┌────────────────┐
     │写入远程输出(RY)│  │写入远程寄存器(RWw)│
     └──────────────┘  └────────────────┘
```

图 4-24 创建程序流程图

从流程图中可以看到，主站程序由两部分组成。一部分是初始化程序，其功能是将需要设定的通信参数预先写入 E^2PROM 内的参数存储区域中，这些参数包括与主站连接的模块数量、通信出错时进行重新连接的次数、自动返回的模块数量等。启动数据链接时，如果数据链接正常，就可以实现主从站之间的正常通信；当然这种方法适合于 FX 系列和 A 系列 PLC 组成的 CC-Link 网络，如果是 Q 系列 PLC 网络，只需在编程软件的配置菜单中设置相应的参数即可。另一部分为运行程序，是正常的通信程序和动作控制程序的综合。

在程序设计中，如果不用初始化程序，在主程序中加上这部分参数传送程序也可以，但这样会影响主程序的扫描时间，所以在编制程序时通常采用单独的初始化程序。

3. 应用案例

（1）控制要求

某一控制系统由两个站组成，站地址分别为 0 号和 1 号。0 号站为 PLC 主站，1 号站为远程 I/O 模块。系统控制要求如下。

① 当 PLC 中的 X0 为 ON 时，1 号 I/O 站中的 Y8 为 ON。

② 当 1 号 I/O 站中的 X0 为 ON 时，PLC 的 Y0 为 ON。

③ 当 1 号 I/O 站中的 X1 为 ON 时，1 号 I/O 站中的 Y9 为 ON。

（2）系统配置与接线

系统选用一台 FX_{3U}-48MT PLC、一块 FX_{3U}-16CCL-M 模块、一块 AJ65SBTB1-16DT 模块，配置如图 4-25 所示。

4.2-1 CC-Link 通信系统硬件配置与参数设置

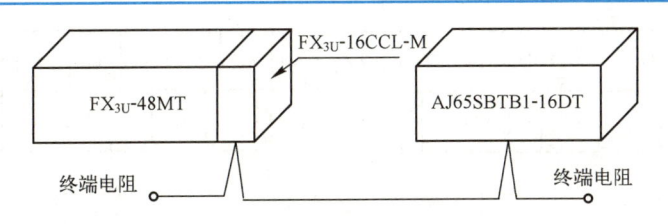

图 4-25 系统配置图

模块之间采用专用的 CC-Link 电缆线连接。主站和从站之间的通信接线如图 4-26 所示，终端站接入 110Ω 的终端电阻；电缆上的屏蔽线连接至各模块的"SLD"接线端子。

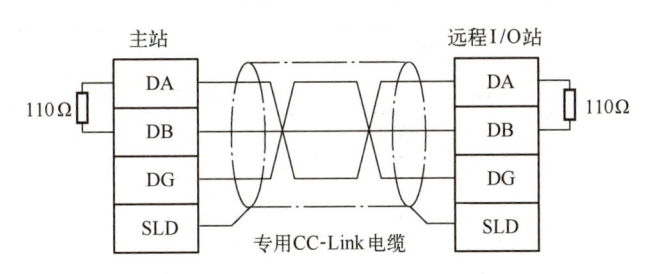

图 4-26 模块之间的通信电缆连接

(3) AJ65SBTB1-16DT 模块简介

该模块为 DC 输入晶体管输出复合模块，面板结构如图 4-27 所示。输入点数为 8，额定输入电压为直流 24 V，工作电压范围为直流 19.2~26.4 V；输出点数为 8，额定负载电压直流 24 V，工作负载电压范围为直流 19.2~26.4 V，每个点的最大负载电流为 0.5 A，公共接线方式为 16 点/1 个公共点。外部接线如图 4-28 所示。

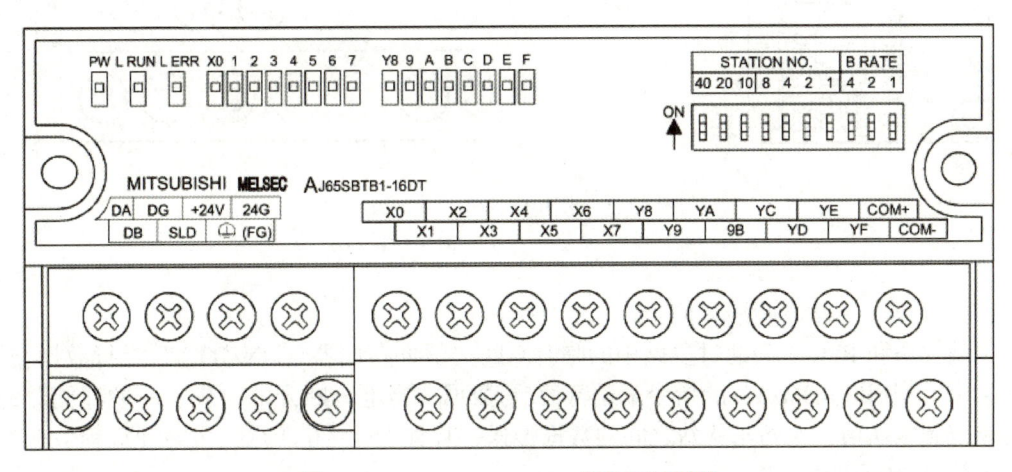

图 4-27 AJ65SBTB1-16DT 模块面板结构

(4) 模块参数设置

主站、远程 I/O 站的参数设定如表 4-13 所示，设置参数时要求各站在同一个系统里保持相同的传输速率。模块的面板操作位置如图 4-29 所示。

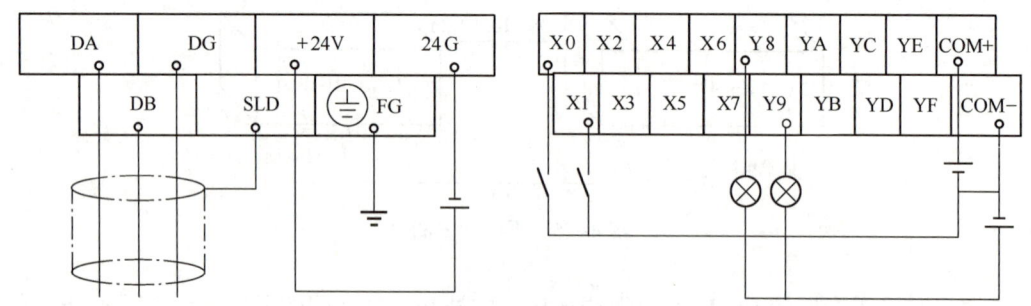

图 4-28 AJ65SBTB1-16DT 的外部接线示意图

表 4-13 模块通信参数设定

模块名称	设定开关名称	设定值	说明
FX$_{3U}$-16CCL-M 模块	站号设定开关	0（×10）；0（×1）	主站设置为 00 站
	传输速率设定开关	2	2.5 Mbit/s
AJ65SBTB1-16DT 模块	站号设定开关	1	站号为 1
	传输速率设定开关	2	2.5 Mbit/s

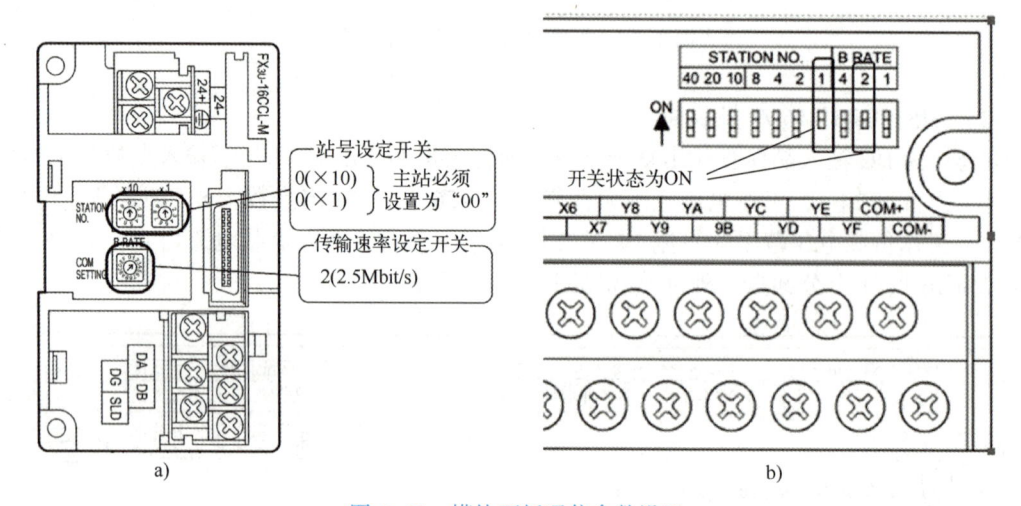

图 4-29 模块面板通信参数设置
a) FX$_{3U}$-16CCL-M 模块　b) AJ65SBTB1-16DT 模块

(5) 主站与从站之间的通信

主站模块和 PLC 之间通过主站中的临时空间"缓冲存储器（RX/RY）"进行数据交换，在 PLC 中，使用 FROM/TO 的指令来进行读/写数据，当电源断开的时候，缓冲存储器的内容会恢复到默认值，主站与从站之间的数据传送过程如图 4-30 所示，主站和远程 I/O 站之间传送的是 ON/OFF 信息。

通信的步骤如下：

1) 远程 I/O 站中 X 的输入状态会在每次链接扫描时自动保存到主站的缓冲寄存器"远程输入（RX）"中；PLC 使用 FROM 指令来接收保存在缓冲寄存器"远程输入（RX）"中的输入状态。在本例中，1 号站的远程输入点、缓冲存储器地址和远程输入（RX）之间的对应关系如表 4-14 所示。

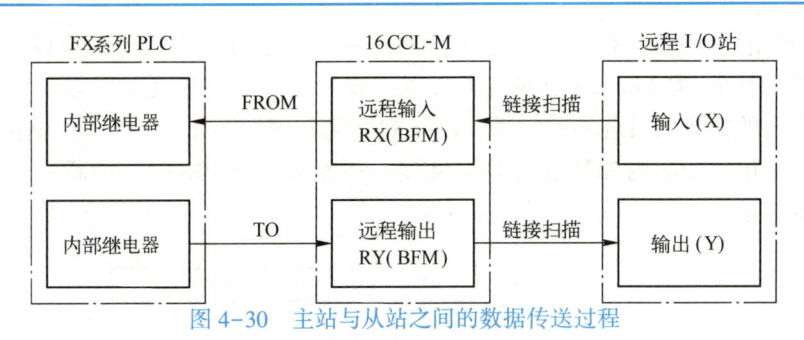

图 4-30　主站与从站之间的数据传送过程

2) PLC 使用 TO 指令，把要传送给远程 I/O 站的 ON/OFF 信息写入到主站的缓冲存储器的"远程输出（RY）"中；在主站中，缓冲存储器的"远程输出（RY）"的输出状态会在每次链接扫描时自动传送到远程 I/O 站的输出（Y）中。在本例中，1 号站的远程输出点、缓冲存储器地址和远程输出（RY）之间的对应关系如表 4-15 所示。

表 4-14　1 号站对应输入关系

站号	BFM 编号	b15~b0
1	E0H	RXF~RX0
	E1H	RX1F~RX10

表 4-15　1 号站对应输出关系

站号	BFM 编号	b15~b0
1	160H	RYF~RY0
	161H	RY1F~RY10

(6) 程序设计

1) 对应关系：本例只涉及位信息的读/写。主站、远程 I/O 站之间位信息的读/写对应关系如图 4-31 所示。

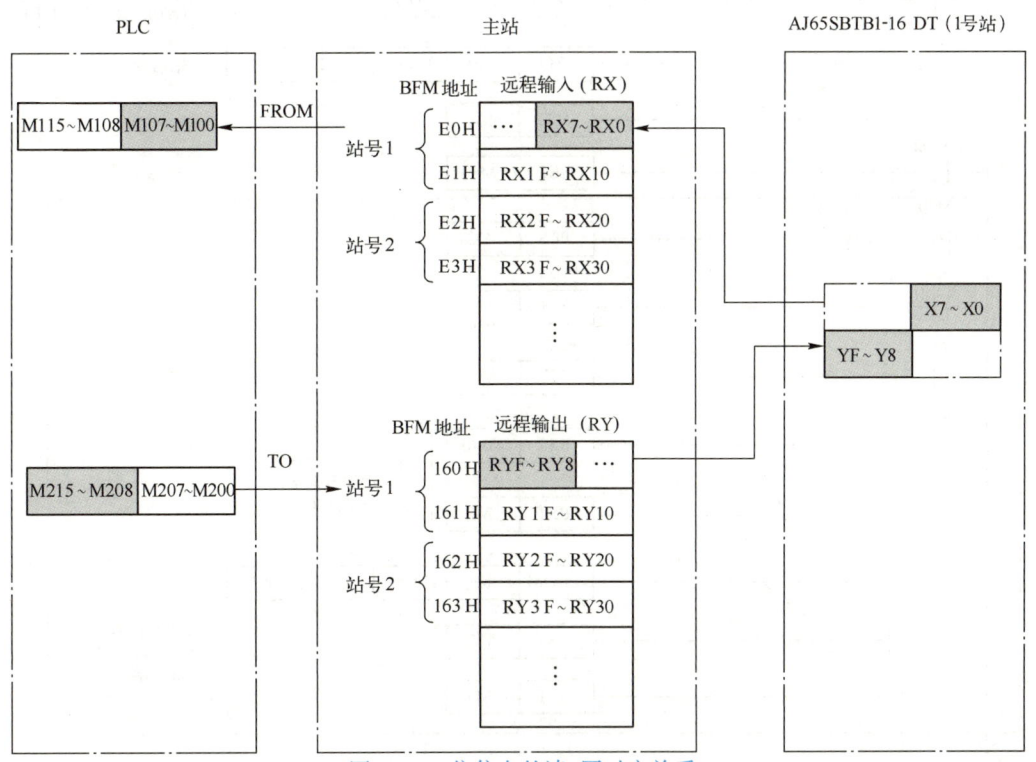

图 4-31　位信息的读/写对应关系

2）通信初始化程序：CC-Link 网络通信的初始化是指对网络进行参数设置。在编写程序时，首先要对整个 CC-Link 现场网络进行统一规划，确定各单元的设备类型、网络单元数、各单元所占的站数以及各站的特性。网络初始化程序如图 4-32 所示。设置步骤为：参数设置→刷新→用缓冲区内参数进行数据链接→写参数到 E²PROM→刷新→用 E²PROM 内参数进行数据链接。

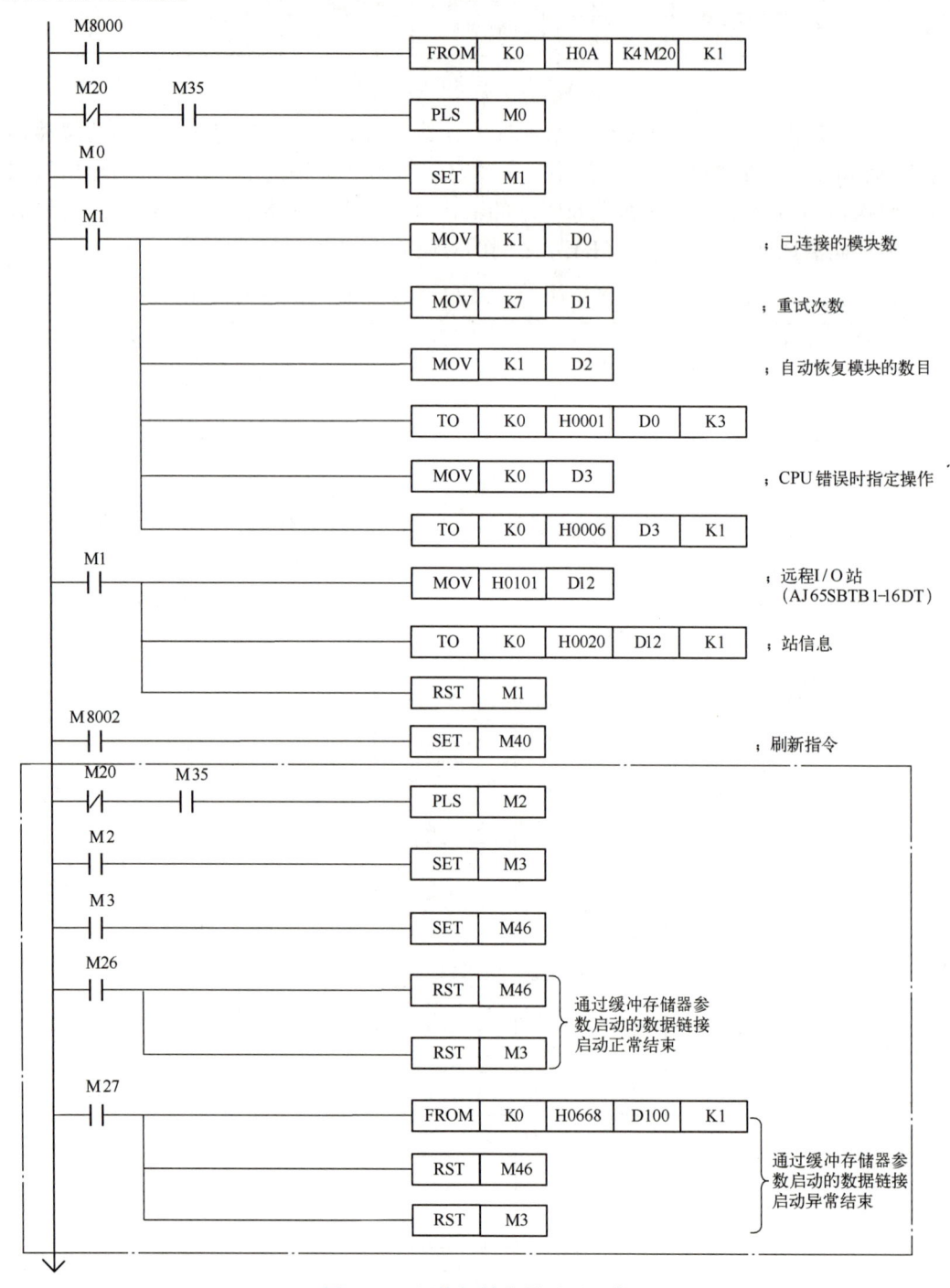

图 4-32 网络初始化梯形图程序

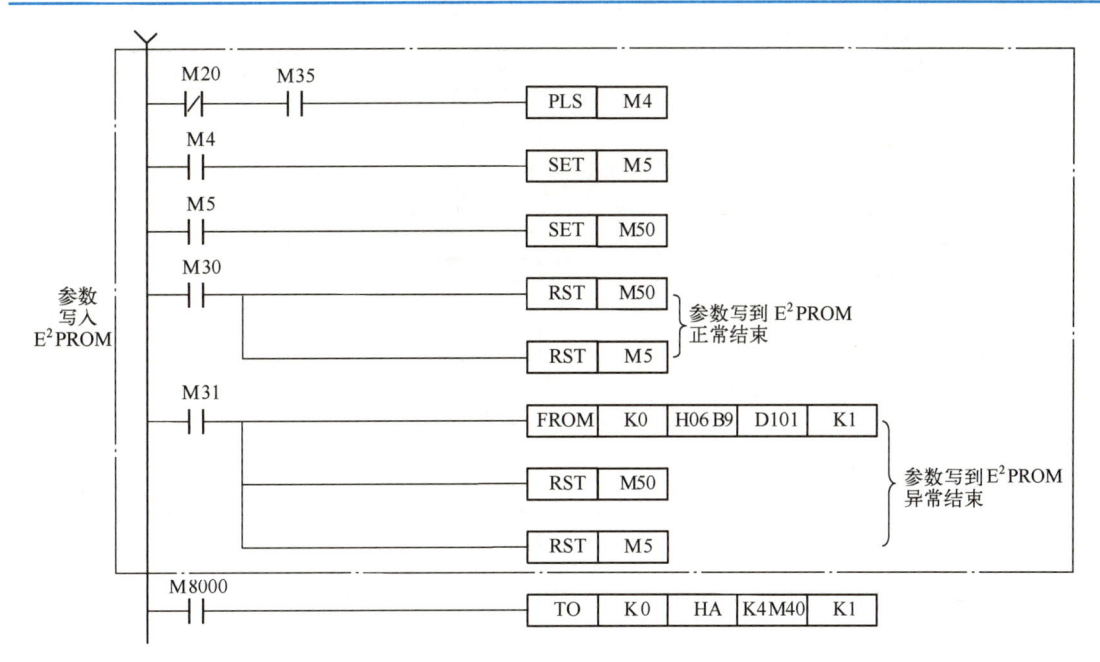

```
           M20    M35
            ├┤────┤├─────────────────[ PLS   M4  ]
            M4
            ├┤───────────────────────[ SET   M5  ]
            M5
            ├┤───────────────────────[ SET   M50 ]
参数         M30
写入         ├┤───────────────────────[ RST   M50 ]     参数写到 E²PROM
E²PROM           ├───────────────────[ RST   M5  ]     正常结束
            M31
            ├┤───────────────[ FROM  K0  H06B9  D101  K1 ]
                 ├───────────────────[ RST   M50 ]     参数写到 E²PROM
                 │                                     异常结束
                 └───────────────────[ RST   M5  ]
           M8000
            ├┤───────────────[ TO    K0  HA  K4M40  K1 ]
```

图 4-32　网络初始化梯形图程序（续）

在梯形图中，当使用 FROM 指令时，是将主站模块缓存器 #AH 中的内容读入 PLC 的辅助继电器 K4M20 中，这时 BFM#AH 中的 b0 位表示模块是否正常；当 b0（M20）位为 OFF 时，表示模块正常。b15 位表示模块准备就绪，当 b15（M35）位为 ON 时，表明模块准备就绪，可以开始工作。

当使用 TO 指令时，是将 PLC 辅助继电器 K4M40 中的内容写入主站模块缓存器 #AH 中，这时 BFM#AH 中的 b0 位表示刷新指令；当 b0（M40）位为 ON 时，写入刷新指令，并且使远程输出 RY 的数据有效。

3）控制程序设计：根据控制要求，设计相应的主站与从站之间通信的梯形图程序，如图 4-33 所示。在梯形图中，使用 FROM 指令时，#AH 的 b1 位表示上位站的数据链接状态，当 b1（M21）位为 ON 时，表明数据链接正常；b8 位表示通过 E²PROM 的参数来启动数据链接的正常完成，b8（M28）位为 ON 时，说明读取通过 E²PROM 参数启动数据链接正常完成。使用 TO 指令时，#AH 的 b8 位表示通过 E²PROM 的参数来启动数据链接，当 b8（M48）位为 ON 表明通过 E²PROM 参数启动数据链接。

当模块准备就绪且数据链接正常时，执行主控指令 MC/MCR 之间的指令，完成主站、远程 I/O 站之间数据传输任务，以满足控制要求。

（7）系统调试

分别将网络初始化程序、主站与从站之间的通信程序下载至主站 PLC 中，并将 PLC 状态切换至 RUN，PLC 在线运行状态如图 4-34 所示。从梯形图可见，通信模块没有错误（M20=0），且模块准备就绪（M35=1）、数据链接正在进行（M21=1）。

根据前面提到的控制要求①：当 PLC 中的 X0 为 ON 时，1 号 I/O 站中的 Y8 为 ON。功能实现如图 4-35 所示，程序中 M208 的值通过通信模块的缓冲存储器传给远程 I/O 模块的 Y8。

4.2-2　系统运行与监控

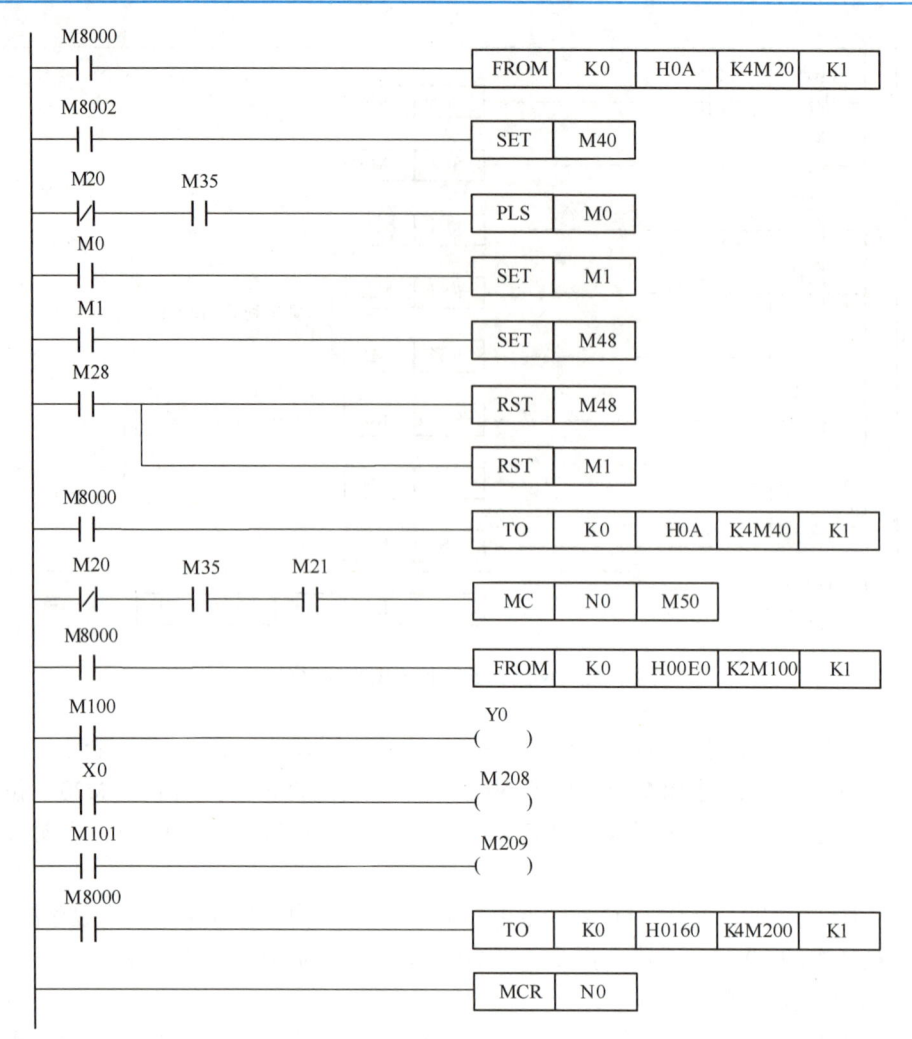

图 4-33　主站与从站之间通信的梯形图程序

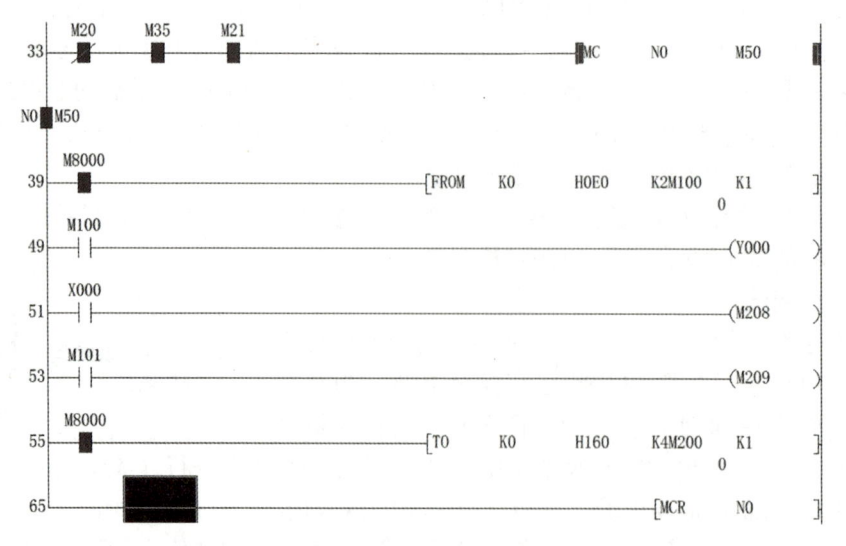

图 4-34　PLC 处在 RUN 状态

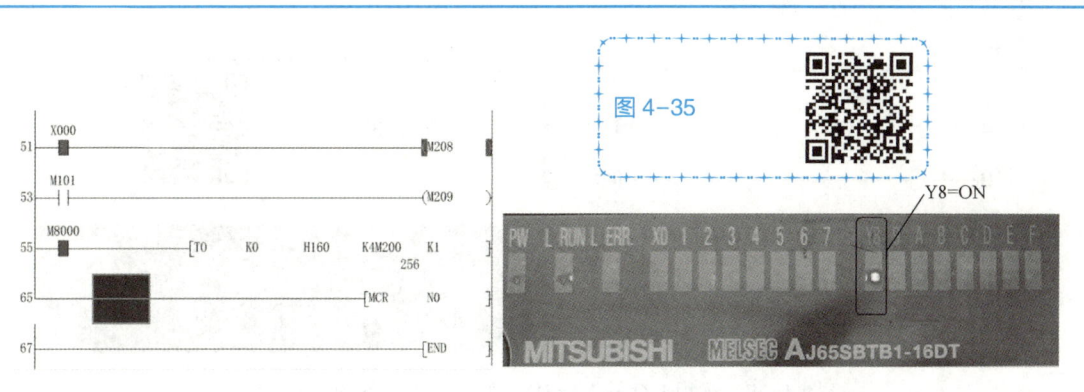

图 4-35　主站 X0=ON，则远程 I/O 站的 Y8=ON

根据前面提到的控制要求②：当 1 号 I/O 站中的 X0 为 ON 时，PLC 的 Y0 为 ON。功能实现如图 4-36 所示，远程 I/O 模块 X0 的值通过通信模块的缓冲存储器传给程序中 M100。

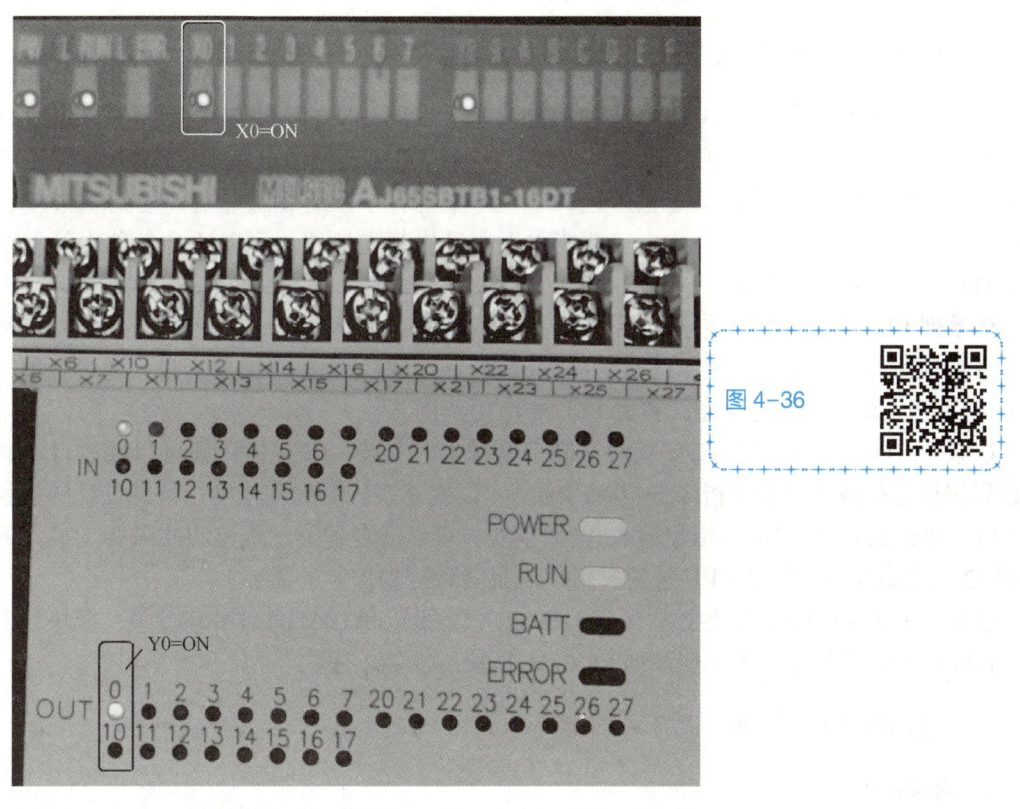

图 4-36　远程 I/O 站 X0=ON，则 PLC 站的 Y0=ON

根据前面提到的控制要求③：当 1 号 I/O 站中的 X1 为 ON 时，1 号 I/O 站中的 Y9 为 ON。功能实现如图 4-37 所示，远程 I/O 模块 X1 的值通过通信模块的缓冲存储器传给程序中 M101，M101 驱动 M209，M209 的值通过通信模块的缓冲存储器传给远程 I/O 模块的 Y9。

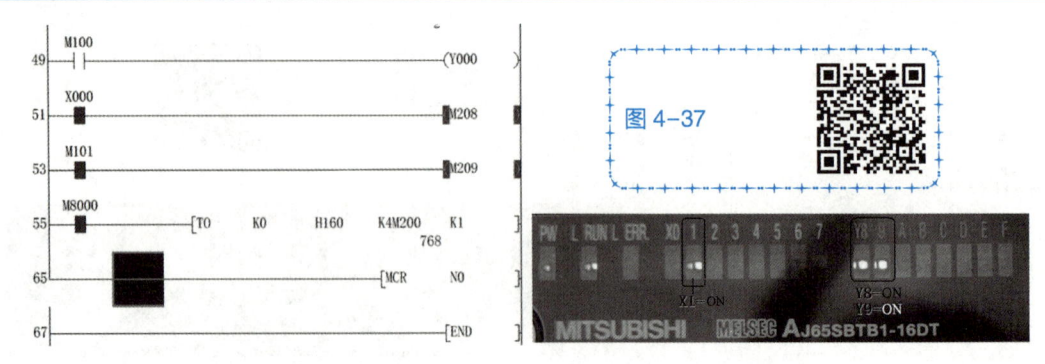

图 4-37　远程 I/O 站 X1=ON，则远程 I/O 站的 Y9=ON

4.3　Q 系列 CC-Link 总线系统的构建

4.3.1　Q 系列 PLC 介绍

Q 系列 PLC 是三菱公司从原 A 系列 PLC 基础上发展而来的大中型 PLC 系列产品，Q 系列 PLC 采用了模块化的结构形式，该系列产品的组成与规模灵活可变，最大输入/输出点数达到 4096 点；最大程序存储器容量可达 252K 步[⊖]，采用扩展存储器后可以达到 32M 步；基本指令的处理速度可以达到 34 ns；其性能水平居世界领先地位，可以适合各种中等复杂机械、自动生产线的控制场合。

Q 系列 PLC 的基本组成包括电源模块、CPU 模块、基板、I/O 模块等。通过扩展基板与 I/O 模块可以增加 I/O 点数，通过扩展存储器卡可以增加程序存储器容量，通过各种特殊功能模块可以提高 PLC 的性能，扩大 PLC 的应用范围。

Q 系列 PLC 可以实现多 CPU 模块在同一基板上的安装，CPU 模块间可以通过自动刷新来进行定期通信或通过特殊指令进行瞬时通信，以提高系统的处理速度。特殊设计的过程控制 CPU 模块与高分辨率的模拟量输入/输出模块，可以适合各类过程控制的需要。最大可以控制 32 轴的高速运动控制 CPU 模块，可以满足各种运动控制的需要。

Q 系列 PLC CC-Link 模块主要有 QJ61BT11（V1.0）和 QJ61BT11N（V2.0）模块，下面以 QJ61BT11 模块为例，介绍 Q 系列 CC-Link 模块的性能、用法。

4.3.2　QJ61BT11 模块

1. 模块认识

QJ61BT11 是三菱 Q 系列的主站模块或本地模块。图 4-38 是具有 QJ61BT11 主站模块的 CC-Link 系统示意图，在购买模块时会随模块配备终端电阻 110 Ω、220Ω 各两个以及 QJ61BT11 硬件手册 1 份；使用的编程和组态软件为 GX Developer（SW4D5C-GPPW-E 或更高版本）。

⊖ 三菱 PLC 特有的存储单位。例如，一个 PLC 程序步用量 8K 表示程序步能写到 8000 步。

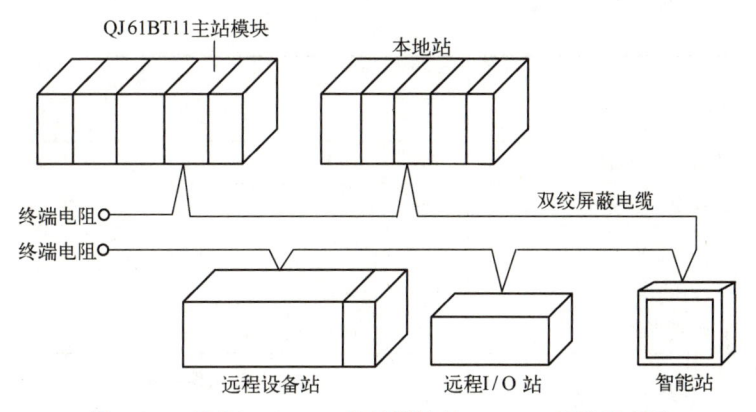

图 4-38　具有 QJ61BT11 主站模块的 CC-Link 系统示意图

QJ61BT11 模块外观结构如图 4-39 所示，参照结构图中的标注，说明各个部分的作用如下。

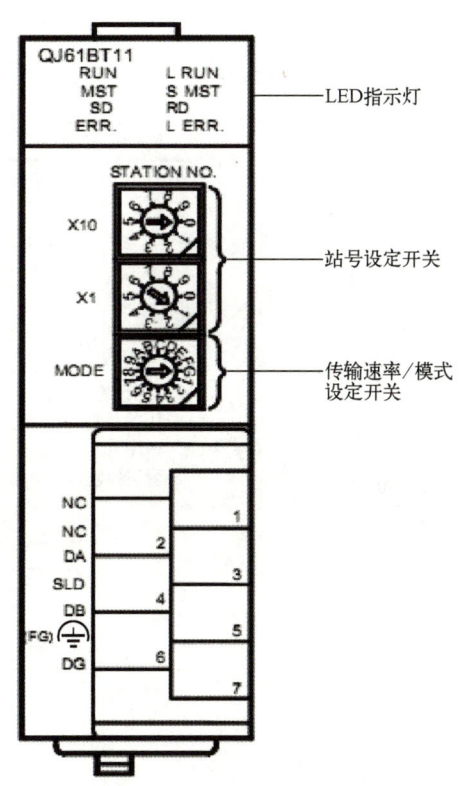

图 4-39　QJ61BT11 模块外观结构

1) LED 指示灯。其作用如表 4-16 所示。

表 4-16　LED 指示灯的作用

LED 名称	描　　述	LED 状态	
^	^	正常	异　　常
RUN	模块工作状态	ON	OFF：模块异常

(续)

LED 名称	描　述	LED 状态	
		正常	异常
L RUN	数据链接开始执行	ON	OFF
MST	设置为主站	ON	OFF
S MST	待机主站状态	ON	OFF
SD	传送通信数据	ON	OFF
RD	接收通信数据	ON	OFF
ERR.	通过参数设置站的通信状态	OFF	ON：通信错误出现在所有站 闪烁：通信错误出现在某些站
L ERR.	出现通信错误	OFF	ON：出现错误通信（主站） 固定间隔闪烁：电源为 ON 时更改开关设置 不固定间隔闪烁：终端电阻未链接或通信电缆受到干扰

2）站号设定开关。其设置情况如表 4-17 所示。

3）传输速率/模式设定开关。其设置情况如表 4-18 所示。

表 4-17　模块站号设置

功　能	设 置 说 明
用于设置模块的站号	主站：0
	本地站：1~64
	待机主站：1~64
	备注：若站号设置在 0~64 之外，则 "ERR." 灯亮

表 4-18　传输速率/模式设置情况

功　能	编号	传输速率/(bit/s)	模　式
用于设置模块的传输速率和运行速度	0	156 k	在线
	1	625 k	
	2	2.5 M	
	3	5 M	
	4	10 M	
	5	156 k	线路测试
	⋮	⋮	
	A	156 k	硬件测试
	⋮	⋮	
备注：编号 F 为系统保留，不必设置			

2. 模块功能

QJ61BT11 模块的基本功能如表 4-19 所示。

表 4-19　QJ61BT11 模块基本功能一览表

通信项目	通信内容	通信方式
与远程 I/O 站通信	开关量的通信	远程网络模式、远程 I/O 网络模式
与远程设备站通信	开关量和数字数据的通信	自动刷新方式
与本地站通信	开关量和数字数据的通信	自动刷新方式、瞬时传送方式
与智能设备站通信	开关量和数字数据的通信	自动刷新方式、瞬时传送方式

其中，主站模块与远程 I/O 站通信时可以选择远程网络模式和远程 I/O 网络模式。如果总线系统设备只包括主站和远程 I/O 站，则可选择远程 I/O 网络模式，这种模式允许高速的循环传送，从而缩短链接扫描时间。

3. 模块的规格

QJ61BT11 模块的控制规格如表 4-20 所示，通信规格如表 4-21 所示。

表 4-20 QJ61BT11 模块的控制规格

项目名称	规 格
最大链接点数	远程 I/O（RX/RY）：每个 2048 点
	远程寄存器（RWw）：256 点（主站→远程站、本地站）
	远程寄存器（RWr）：256 点（远程站→本地站、主站）
每个站的链接点数	远程 I/O（RX/RY）：每个 32 点（本地站 30 点）
	远程寄存器（RWw）：4 点（主站→远程站、本地站）
	远程寄存器（RWr）：4 点（远程站→本地站、主站）
占用的最大站数（关于本地站）	1~4 个站（在设置 4 个站时：126 个 I/O 点，32 个链接寄存器点）
瞬时传送	最大 480 个字/站

表 4-21 QJ61BT11 模块的通信规格

项目名称	规 格
传输速率/(bit/s)	10M、5M、2.5M、625k、156k
通信系统	轮询
同步系统	帧同步系统
加密系统	NRZI 系统
传送路径形式	总线（RS-485）
传送格式	HDLC 顺应
出错控制系统	CRC（$X^{16}+X^{12}+X^5+1$）
最高模块数目	64 个模块，但需要满足以下条件： ① $(1×a)+(2×b)+(3×c)+(4×d) \leqslant 64$ 　其中，a 为占用 1 个站的模块数目；b 为占用 2 个站的模块数目；c 为占用 3 个站的模块数目；d 为占用 4 个站的模块数目。 ② $(16×A)+(54×B)+(88×C) \leqslant 2304$ 　其中，A 为远程 I/O 站数目$\leqslant 64$；B 为远程设备站数目$\leqslant 42$；C 为本地站、待机主站和智能设备站数目$\leqslant 26$
远程站数	1~64
⋮	⋮

4.3.3 QJ61BT11 模块的应用

1. 控制要求

采用 QJ61BT11 模块搭建一个简单 CC-Link 系统，实现控制要求如下。

1）用主站输入信号控制 2 号从站输出动作。

2）用 1 号从站的输入信号控制主站的输出。

2. 系统的构成

根据控制要求，搭建 CC-Link 系统如图 4-40 所示。

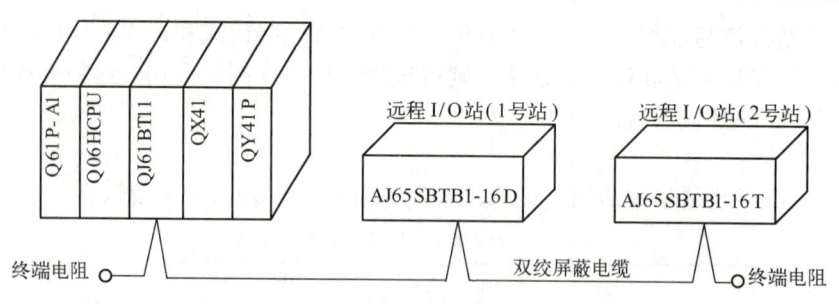

图 4-40　QJ61BT11 模块搭建的简单 CC-Link 系统

(1) 主站配置模块

1) Q61P-A1：三菱 Q 系列 PLC 电源模块，可向安装在基板上的可编程序控制器的各模块提供 5 V 电源；输入电压为（交流 100~120 V），输出电压为 5 V，输出电流为 6 A。

2) Q06HCPU：三菱 Q 系列 PLC 高性能 CPU 模块，程序容量 60K 步，I/O 点数 4096 个点，内置标准 RAM 及 ROM、可插存储卡，支持结构化编程。

3) QX41：DC 输入模块，32 个输入点，正极公共端型，额定输入电流为 4 mA，输入阻抗约为 5.6 kΩ。

4) QY41P：三菱晶体管输出模块，直流 12~24 V，32 点，带短路保护；最大负载电流为每个点 0.1 A、公共端 2 A。

(2) 远程输入模块（AJ65SBTB1-16D）

该模块为小型远程输入模块，输入点数为 16，额定输入电压为直流 24 V，工作电压范围是直流 19.2~26.4 V，公共接线方式为 16 个输入点/1 个公共端（2 点）。其面板结构如图 4-41 所示，外部接线可参考图 4-28 中的输入回路接线方式或三菱公司提供的《CC-Link 网络系统用户参考手册：远程 I/O 站》。

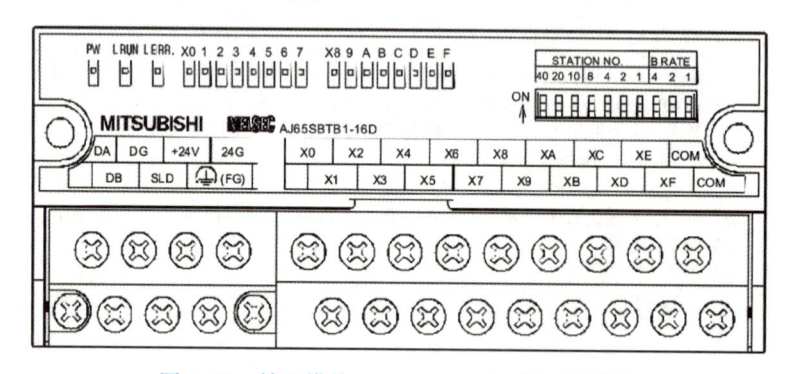

图 4-41　输入模块 AJ65SBTB1-16D 的面板结构

(3) 远程输出模块（AJ65SBTB1-16T）

该模块为小型远程晶体管输出模块，输出点数为 16，额定负载电压为直流 12~24 V，工作负载电压范围是直流 10.2~26.4 V，每个点最大负载电流为 0.5 A，公共接线方式为 16 点/1 个公共点，公共点上最大负载电流为 3.6 A。其面板结构如图 4-42 所示，外部接线可参考图 4-28 中的输出回路接线方式或三菱公司提供的《CC-Link 网络系统用户参考手册：远程 I/O 站》。

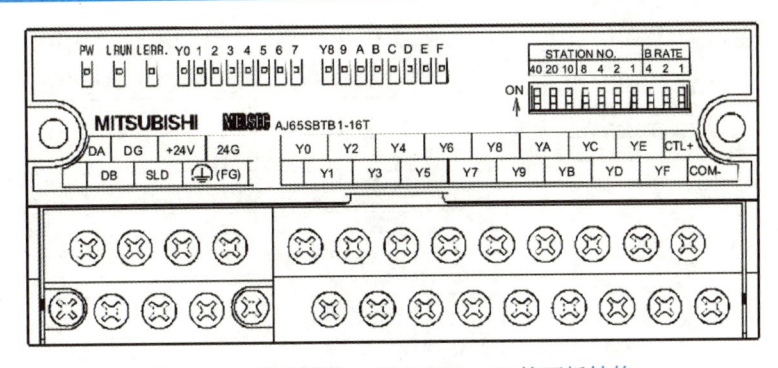

图 4-42 输出模块 AJ65SBTB1-16T 的面板结构

3. 站开关的设定

QJ61BT11 主站模块参数设置如表 4-22 所示，AJ65SBTB1-16D 模块通信参数设置如表 4-23 所示，AJ65SBTB1-16T 模块通信参数设置如表 4-24 所示。

表 4-22 主站（QJ61BT11）参数的设置

设定开关名称	设 定 值	说　明
站号设定开关	0（×10）；0（×1）	主站设置为 00 站
传输速率/模式设定开关	0	0（156 kbit/s）/在线

表 4-23 1 号远程 I/O 站（AJ65SBTB1-16D）参数的设置

设定开关名称	设 定 值	说　明
站号设定开关	0（×10）；1（×1）	站号为 1
传输速率/模式设定开关	0	0（156 kbit/s）/在线

表 4-24 2 号远程 I/O 站（AJ65SBTB1-16T）参数的设置

设定开关名称	设 定 值	说　明
站号设定开关	0（×10）；2（×1）	站号为 2
传输速率/模式设定开关	0	0（156 kbit/s）/在线

4. 主站网络参数的设置

主站网络参数的设置如图 4-43 所示。

主要参数设置说明如下。

1）模块数设置：CC-Link 模块的数量。

默认值：无。设置范围：0~4。

2）起始 I/O 号：CC-Link 模块的起始 I/O 地址，CPU 为每个 CC-Link 模块的输入/输出分配 32 个地址，该地址与模块的安装位置有关。

默认值：无。设置范围：0000~0FE0。

3）动作设置。

默认值：操作设置。设置范围：8 个字母或少于 8 个字母（即使没有设置参数名也不会影响 CC-Link 系统的运行）。

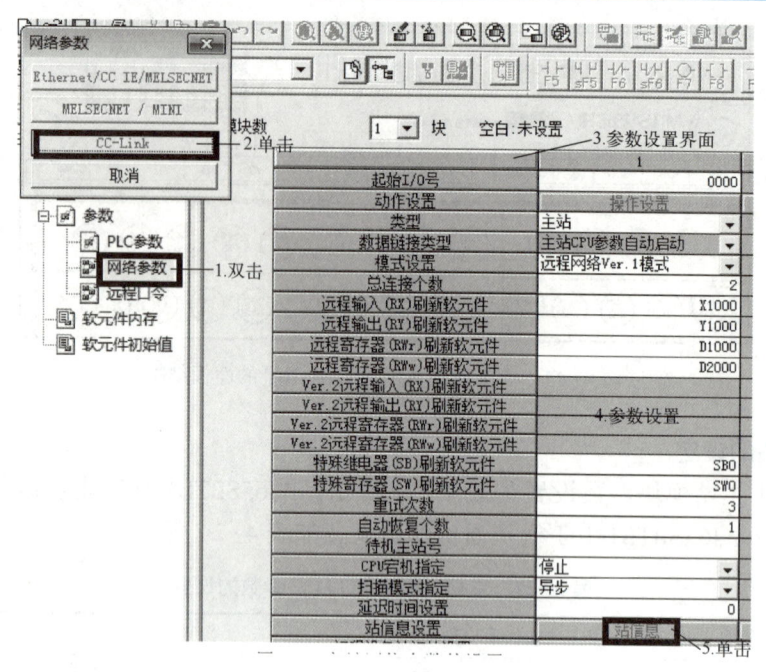

图 4-43 主站网络参数的设置

4）类型：设置站类型。

默认值：主站。设置范围：主站、主站（双工功能）、本地站、备用主站。

5）模式设置：设置 CC-Link 网络模式。

默认值：远程网络 Ver.1 模式。设置范围：远程网络 Ver.1 模式、远程 I/O 网络模式、离线。

6）总连接个数：设置包含保留站在内的 CC-Link 系统中连接的站的总数。

默认值：64。设置范围：1~64。

7）重试次数：设置发生错误时的重试次数。

默认值：3 次。设置范围：1~7 次。

8）自动恢复个数：设置通过一次链接扫描可以恢复到系统运行的模块数。

默认值：1。设置范围：1~10。

9）待机主站号：设备备用主站的站号。

默认值：无（未指定备用主站）。设置范围：无/1~64。

10）CPU 宕机指定：设置主站 PLC 的 CPU 发生错误时的数据链接状态。

默认值：停止。设置范围：停止/继续。

11）扫描模式指定：设置顺控扫描的链接扫描是同步的还是异步的。

默认值：异步。设置范围：异步/同步。

12）延迟时间设置：设置链接扫描间隔。

默认值：0（未指定）。设置范围：0~100 50 μs。

单击如图 4-43 所示的"站信息"，弹出如图 4-44 所示界面，进行站信息设置。

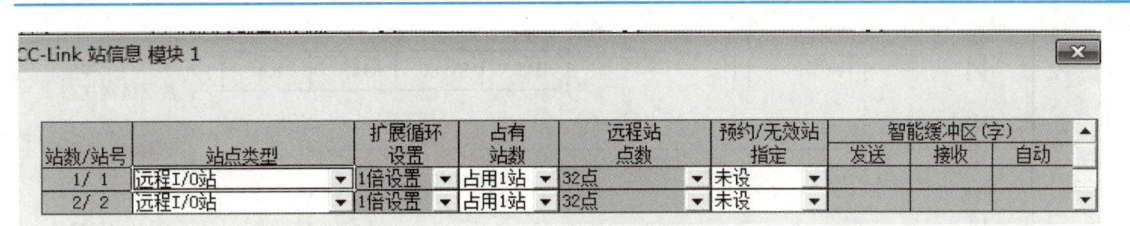

站数/站号	站点类型	扩展循环设置	占有站数	远程站点数	预约/无效站指定	智能缓冲区（字）发送	接收	自动
1/ 1	远程I/O站	1倍设置	占用1站	32点	未设			
2/ 2	远程I/O站	1倍设置	占用1站	32点	未设			

图 4-44 站信息的设置

经过以上步骤设置，主站和两个远程 I/O 站间的通信缓冲存储区（BFM）配置完毕。

5. 程序的编写

（1）位信息的读/写对应关系

在本例中，主站、远程 I/O 站之间位信息的读/写对应关系如图 4-45 所示。

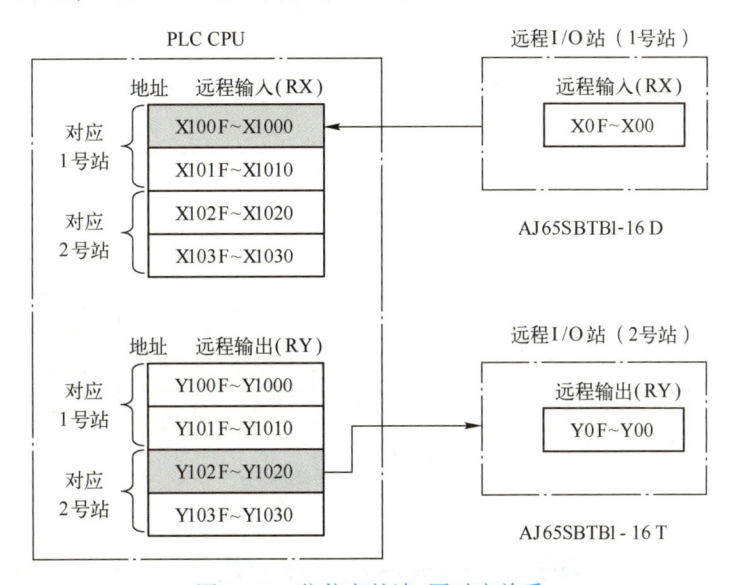

图 4-45 位信息的读/写对应关系

（2）控制功能的实现

根据控制要求，系统梯形图程序如图 4-46 所示。程序阅读要点如下。

1）在网络参数设置中，将"起始 I/O 号"设置为"0000"。

这个设置意味着主站模块的第一个 I/O 地址是 X00/Y00。X00 代表"模块出错"信号；X01 代表"上位机数据链接状态"；X0F 代表"模块准备好"信号。

2）主站各个模块从左到右，QX41 地址为 X20~X3F；QY41P 地址为 Y40~Y5F。

3）将主站的"特殊继电器（SB）刷新软元件"参数设置为 SB0，将主站的"特殊寄存器（SW）刷新软元件"参数设置为 SW0。特殊继电器刷新软元件 SB/SW 是 CC-Link 诊断继电器/ CC-Link 诊断寄存器，用于检查数据链接状态。

其中，SB80 用于表示其他站（远程站/本地站/智能设备站/备用主站）数据链接的状态。当其为 OFF 时，表示所有站正常；当其为 ON 时，表明系统存在异常站，同时将具体信息存储在 SW80~SW83 中，其中 SW80 存放 1~16 个站的信息。

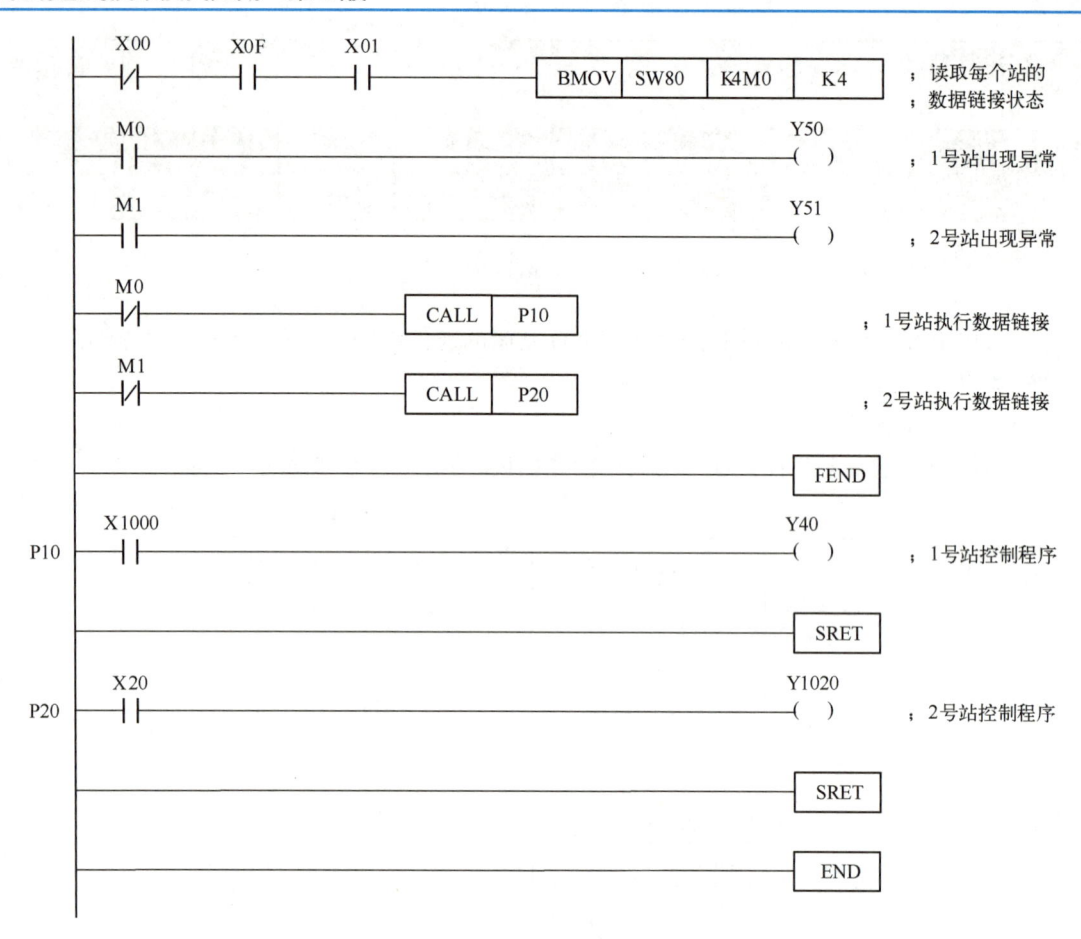

```
         X00      X0F      X01
       ──┤/├─────┤├───────┤├──────────────────[BMOV  SW80  K4M0  K4]     ;读取每个站的
                                                                         ;数据链接状态
         M0                                                      Y50
       ──┤├───────────────────────────────────────────────────────( )    ;1号站出现异常

         M1                                                      Y51
       ──┤├───────────────────────────────────────────────────────( )    ;2号站出现异常

         M0
       ──┤├─────────────────────────────[CALL  P10]                      ;1号站执行数据链接

         M1
       ──┤├─────────────────────────────[CALL  P20]                      ;2号站执行数据链接

                                                               [FEND]

         X1000                                                   Y40
  P10──┤├───────────────────────────────────────────────────────( )     ;1号站控制程序

                                                               [SRET]

         X20                                                     Y1020
  P20──┤├───────────────────────────────────────────────────────( )     ;2号站控制程序

                                                               [SRET]

                                                               [END]
```

图 4-46　系统梯形图程序

4.3.4　基于 Q 系列 PLC 的 CC-Link 现场总线应用

1. 系统的构成

系统结构如图 4-47 所示，它由主站和本地站组成，实现控制要求如下。

1）当主站 X20 = 1 时，本地站 Y41 = 1。
2）当本地站 X21 = 1 时，主站 Y40 = 1。

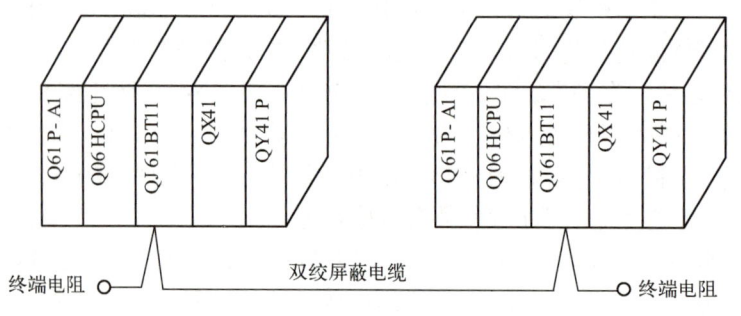

图 4-47　系统结构

2. 网络参数设置

（1）QJ61BT11 模块的开关设置

主站和本地站 QJ61BT11 模块的开关设置如表 4-25 和表 4-26 所示。

表 4-25　主站模块开关的设置

设定开关名称	设定值	说　明
站号设定开关	0（×10）；0（×1）	站号：00
传输速率/模式设定开关	0	0（156 kbit/s）/在线

表 4-26　本地站模块开关的设置

设定开关名称	设定值	说　明
站号设定开关	0（×10）；1（×1）	站号：01
传输速率/模式设定开关	0	0（156 kbit/s）/在线

（2）主站/本地站网络参数设置

主站网络参数设置如图 4-48 所示，其中模式设置中的远程网络 Ver.1 和 Ver.2 模式是针对不同的 CC-Link 模式，对于 QJ61BT11 来说，是 Ver.1 模式；对于 QJ61BT11N 是 Ver.2 模式。

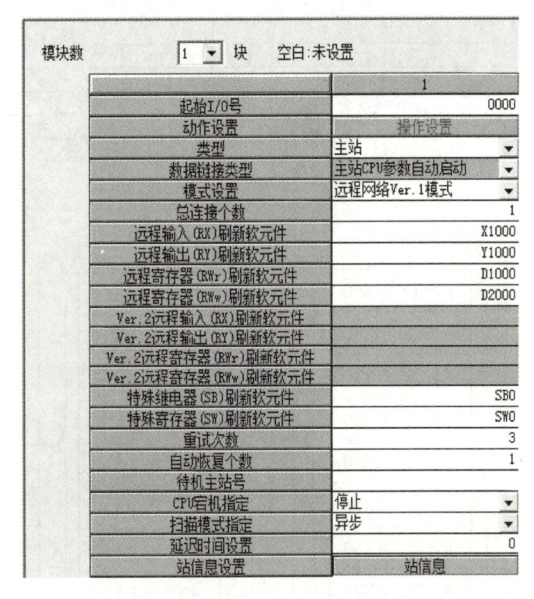

图 4-48　主站网络参数设置

本地站网络参数设置时也要像主站一样分配输入地址、输出地址和远程读写寄存器，如图 4-49 所示。

主站和本地站网络参数设置完毕后就可以分别下载至对应的 PLC 中。

3. 主站和本地站间软元件对应关系

（1）位信息的读/写对应关系

由于本地站只能通过主站控制其他从站，因此，本地站和除主站之外的其他从站分配的地址是不可用的，即本地站只能通过和主站相对应的 X、Y 或远程寄存器控制其他从站。

另外，由于本地站也具有 CPU，因此本地站和主站相对应的缓冲存储器（BFM）关系是，本地站的输入区 X 对应主站的输出区 Y，本地站的输出区 Y 对应主站的输入区 X。

主站和本地站之间位信息的读/写对应关系如图 4-50 所示，最后两位不能用于主站和本地站之间的通信。

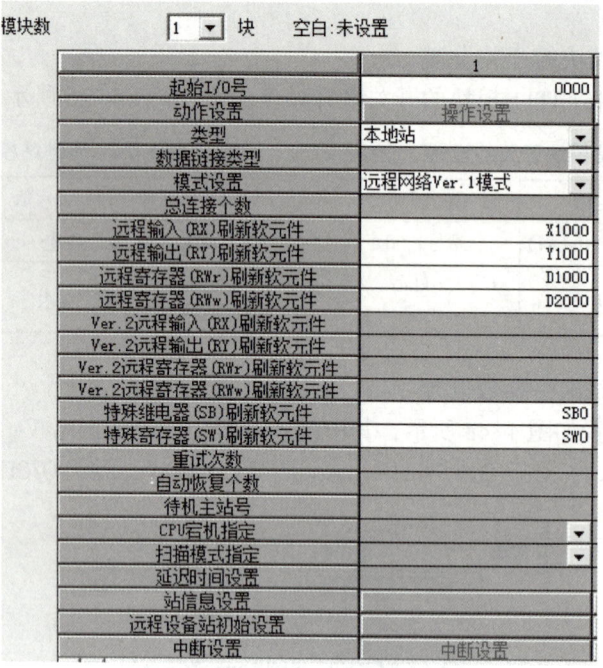

图 4-49 本地站网络参数设置

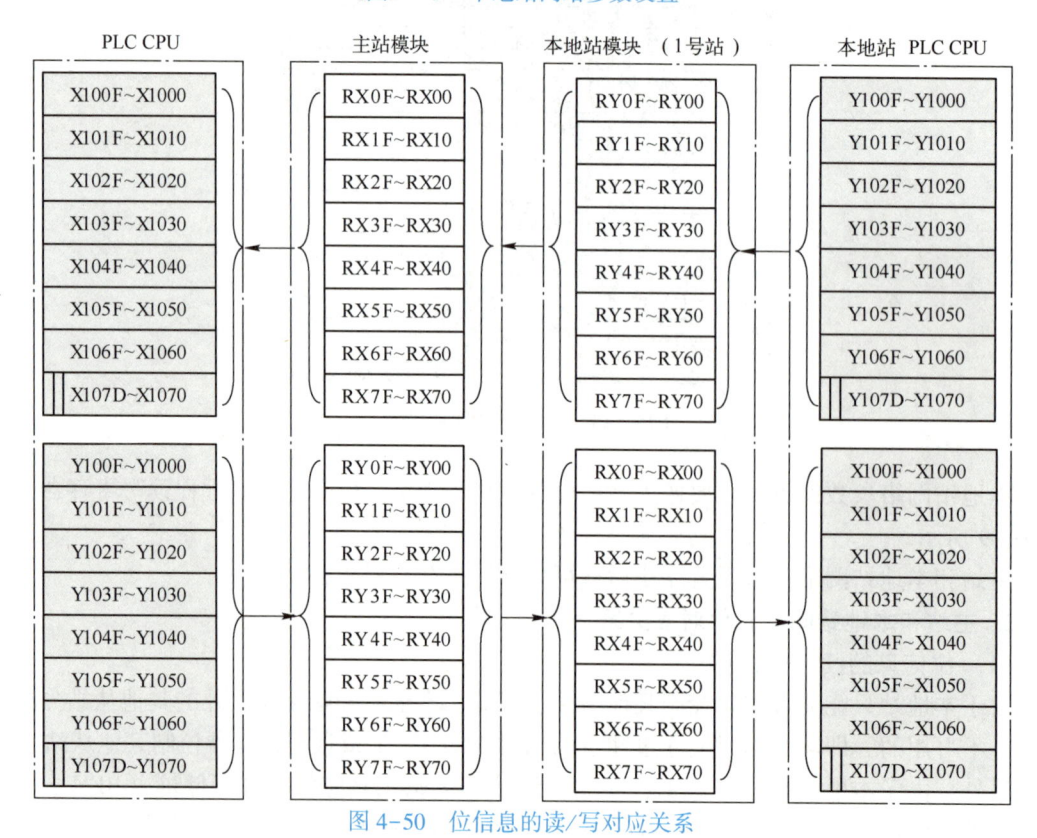

图 4-50 位信息的读/写对应关系

(2) 字信息的读/写对应关系

主站与本地站字信息之间的对应关系如图 4-51 所示。

第4章 CC-Link 总线及其应用

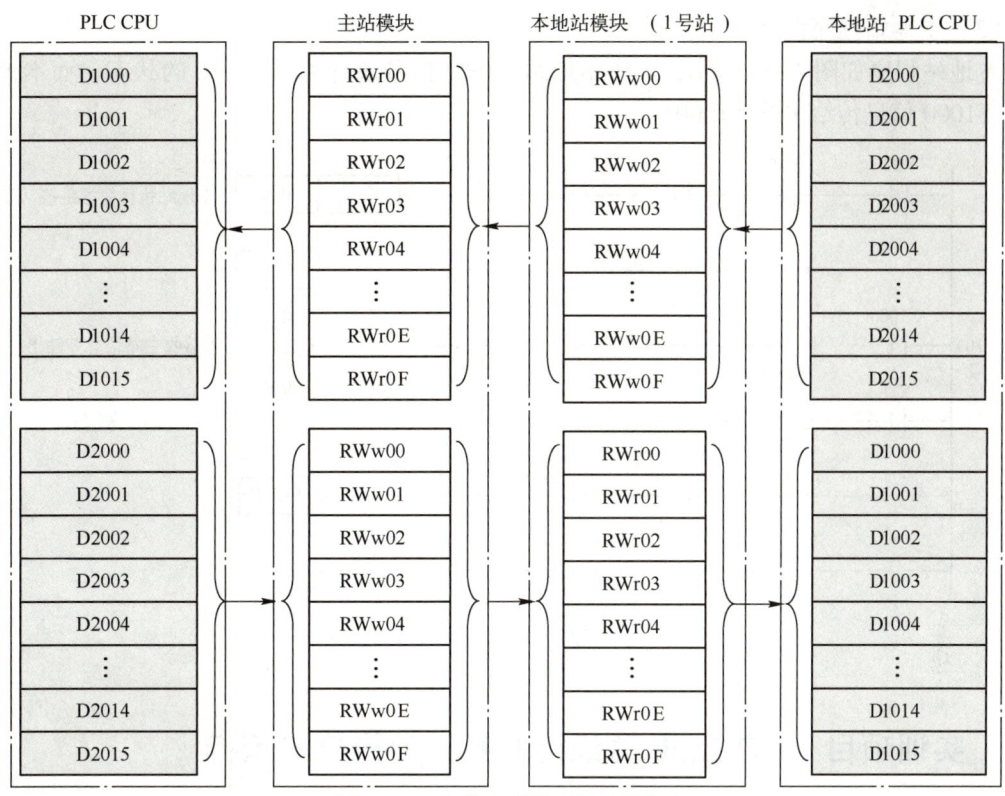

PLC CPU	主站模块	本地站模块（1号站）	本地站 PLC CPU
D1000	RWr00	RWw00	D2000
D1001	RWr01	RWw01	D2001
D1002	RWr02	RWw02	D2002
D1003	RWr03	RWw03	D2003
D1004	RWr04	RWw04	D2004
⋮	⋮	⋮	⋮
D1014	RWr0E	RWw0E	D2014
D1015	RWr0F	RWw0F	D2015
D2000	RWw00	RWr00	D1000
D2001	RWw01	RWr01	D1001
D2002	RWw02	RWr02	D1002
D2003	RWw03	RWr03	D1003
D2004	RWw04	RWr04	D1004
⋮	⋮	⋮	⋮
D2014	RWw0E	RWr0E	D1014
D2015	RWw0F	RWr0F	D1015

图 4-51 字信息的读/写对应关系

4. 控制功能的实现

（1）主站程序设计

主站程序如图 4-52 所示，其中主站 X1000 信号来自本地站 Y1000 的状态，而主站则将 Y1000 信息传给本地站 X1000。

```
 X00   X0F   X01
──┤/├──┤├──┤├──────────[BMOV  SW80  K4M0  K4]   ;读取每个站的
                                                 ;数据链接状态
  M0
──┤├────────────────────────────────(Y50)        ;1号站出现异常

  M0
──┤├────────────────────[CALL  P10]              ;1号站执行数据链接

                                        [FEND]

      X1000
P10 ──┤├────────────────────────────(Y40)        ;本地站信号控制
                                                 ;主站输出
      X20
    ──┤├──────────────────────────(Y1000)        ;主站输入信号控
                                                 ;制本地站

                                        [SRET]

                                        [END]
```

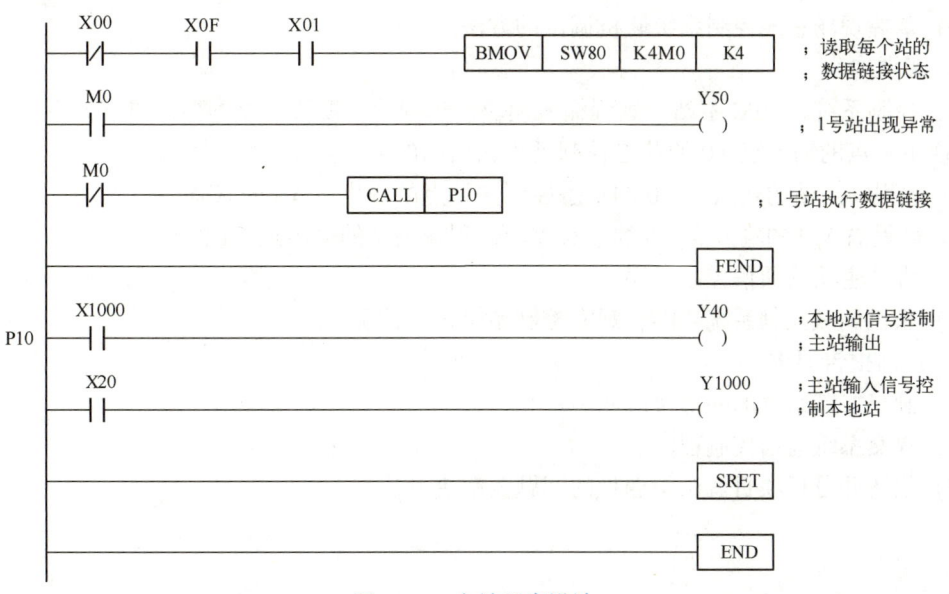

图 4-52 主站程序设计

105

(2) 本地站程序设计

本地站程序如图 4-53 所示，其中本地站 X1000 信号来自主站 Y1000 的状态，而本地站则将 Y1000 信息传给主站 X1000。

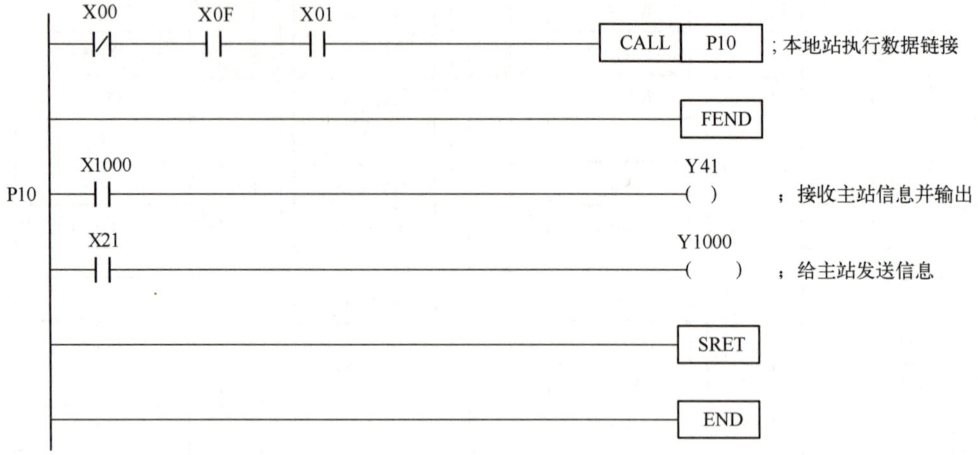

```
    X00   X0F   X01
────┤/├───┤ ├───┤ ├──────────────────[CALL  P10]   ;本地站执行数据链接

                                            [FEND]

       X1000                                  Y41
P10 ───┤ ├───────────────────────────────────( )    ;接收主站信息并输出
       X21                                   Y1000
    ───┤ ├───────────────────────────────────( )    ;给主站发送信息
                                            [SRET]

                                            [END]
```

图 4-53　本地站程序设计

4.4　实训项目　CC-Link 总线控制系统的构建与运行

1. 实训目的

1）了解 CC-Link 现场总线控制系统结构。
2）了解 CC-Link 总线通信的原理。
3）学会 CC-Link 现场总线控制系统的硬件连接与参数设置。
4）学会使用编程软件来编写通信控制程序。
5）掌握现场总线控制系统联机调试的方法。

2. 实训内容

1）控制系统由 PLC 主站、远程输入模块、远程输出模块组成，控制要求如下。
① 主站点的输入点 X0 的状态控制远程输出站的输出点 Y0 的状态。
② 远程输入站的输入点 X0 的状态控制主站点的输出点 Y0 的状态。
③ 远程输入站的输入点 X1 的状态控制远程输出站的输出点 Y1 的状态。
2）设计主从站通信控制程序。
3）联机调试控制系统功能，观察控制系统运行情况。

3. 实训报告要求

1）画出控制系统的外部接线图。
2）提交系统通信控制程序。
3）描述并分析项目调试中遇见的问题及解决办法。

4.5 思考与练习

1. CC-Link 现场总线有什么特点？
2. CC-Link 采用什么通信协议？提供了哪两种通信方式？
3. 循环传送方式和瞬时传送方式有什么区别？
4. 为什么要在网络的终端站连接终端电阻，如何选择终端电阻？
5. 什么是远程 I/O 站？什么是远程设备站？
6. 什么是本地站？什么是智能设备站？
7. 试阐述主站模块缓冲存储器所起的作用。
8. 远程寄存器的作用是什么？每个站可以使用几个字？
9. 远程设备站（或智能设备站）是如何实现字数据的发送与接收的？
10. 试阐述主站模块中缓冲存储器和 E^2PROM 的关系。
11. 分析在 FX_{3U}-64CCL 接口模块中读/写缓冲寄存器的作用。
12. 阐述 CC-Link 现场总线中，PLC、主站缓冲存储器和远程 I/O 站之间的关系。
13. 主站模块中 BFM #AH b0 的作用是什么？
14. 画出主单元、FX_{3U}-64CCL 模块和远程 I/O 单元之间的接线图。
15. 设计一个控制系统，采用循环传送通信方式，满足主站能读取远程 1 号智能设备站的两个输入信号，并能控制远程 1 号站的两个输出信号。
16. 设计一个控制系统，采用远程 I/O 网络模式，满足主站能读取远程 1 号输入站的两个输入信号，并能控制 2 号远程输出站的两个输出信号。

第 5 章　Modbus 总线及其应用

Modbus 是 Modicon 公司于 1979 年开发的一种通用串行通信协议，是国际上第一个真正用于工业控制的现场总线协议。由于其功能完善且使用简单、数据易于处理，因而在各种智能设备中被广泛采用，得到了诸如 GE、SIEMENS 等大公司的应用，并把它作为一种标准的通信接口提供给用户。

许多工业设备包括 PLC、智能仪表等都在使用 Modbus 协议作为它们之间的通信标准。由于施耐德公司的推动，加上相对低廉的实现成本，Modbus 现场总线在低压配电市场上所占的份额大大超过了其他现场总线，成为低压配电领域应用最广泛的现场总线。Modbus 尤其适用于小型控制系统或单机控制系统，可以实现低成本、高性能的主从式计算机网络监控。1996 年，施耐德公司又推出了基于以太网 TCP/IP 的 Modbus TCP。2008 年 3 月，Modbus 正式成为我国工业通信领域现场总线技术国家标准 GB/T 19582—2008。

学习目标

◇ 了解 Modbus 总线的发展、特点及应用范围。
◇ 了解 Modbus RTU 协议的特点及信息帧结构。
◇ 熟悉 Modbus 协议常用功能码的含义及用法。
◇ 掌握简单 Modbus RTU 协议通信的系统构建方法，了解程序结构及设计要点。

5.1　Modbus 协议

Modbus 协议是一种应用层报文传输协议（OSI 模型第 7 层），它定义了一个与通信层无关的协议数据单元（Protocol Data Unit，PDU），PDU=（功能码+数据）。Modbus 协议只定义了通信消息的结构，对物理端口没有做具体规定，支持 RS-232、RS-422、RS-485 和以太网接口，可以作为各种智能设备、仪表之间的通信标准，方便地将不同厂商生产的控制设备连接成工业网络。

Modbus 分为串口协议和网口协议，可用于不同的总线或网络。对应于不同的总线或网络，Modbus 协议引入一些附加域映射成应用数据单元（Application Data Unit，ADU），ADU=（附加域+PDU），它包括 RTU、ASCII 和 TCP 三种报文类型。

Modbus 的数据通信采用主从方式。网络中只有一个主设备，通信采用查询-回应的方式进行，主设备初始化系统通信设置，并向从设备发送消息，从设备正确接收消息后响应主设备的查询或根据主设备的消息做出响应。主设备可以是 PC、PLC 或其他工业控制设备，可以单独和从设备通信，也可以通过广播方式和所有从设备通信。单独通信时，从设备需要返回一消息作为回应，从设备的回应消息也由 Modbus 信息帧构成，而以广播方式查询的，则不做任何回应。主从设备查询-回应周期如图 5-1 所示。

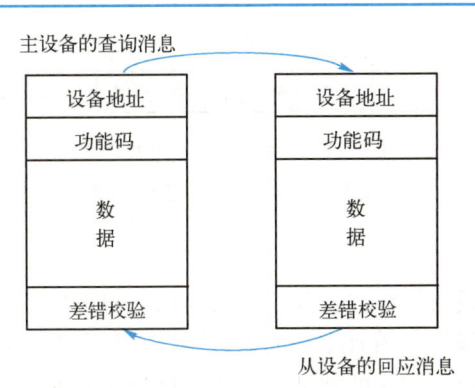

图 5-1　主从设备查询-回应周期

在图 5-1 中，查询消息中的功能码表示被选中的从设备要执行何种功能，例如，指定的从设备地址为 1，功能码为 03，则含义是要求读取 1 号从站的多个寄存器值并返回它们的内容。数据段包括了从设备要执行功能的任何附加消息，例如，从哪个寄存器地址开始读数据、要读的寄存器数量是多少个。差错校验域为从设备提供了一种验证消息内容是否正确的方法。

如果从设备产生正常的回应，则回应消息中的功能码是对查询消息中的功能码的回应。数据段包括了从设备收集的数据：寄存器的数据或状态。如果在消息接收过程中发生错误，或从设备不能执行其命令，从设备将建立一个错误的消息并把它作为回应发送，功能码将被修改以指出回应消息是错误的。此外，数据段还包含了描述此错误信息的代码。差错校验域允许主设备确认消息内容是否可用。

Modbus 串口通信主要在 RS-485、RS-232 等物理接口上实现 Modbus 协议，传输模式有 RTU（远程终端单元）和 ASCII（美国标准信息交换代码）两种可选。这两种模式只是信息编码不同。RTU 模式采用二进制表示数据的方式，而 ASCII 模式使用的字符是 RTU 模式的两倍，即在相同传输速率下，RTU 模式比 ASCII 模式传输效率要提高一倍。但 RTU 模式对系统的时间要求较高，而 ASCII 模式允许两个字符发送的时间间隔达到 1 s 而不产生错误。

在一个 Modbus 串口通信系统中只能选择一种传输模式，不允许两种模式混合使用，即被设置为 RTU 通信方式的节点不会和设置为 ASCII 通信方式的节点进行通信，反之亦然。通信系统选用哪种传输模式可由主设备来选择。Modbus RTU 是一种较为理想的串口通信协议，也是得到最为广泛应用的工业化协议，常见的通信速率为 9600 bit/s 和 19200 bit/s。

本章主要介绍 Modbus RTU 的基本概念和应用，Modbus 的网口通信协议 Modbus TCP 的基本概念和应用将在第 6 章中讲述。

5.2　Modbus RTU 通信

Modbus 在串行链路上的信息帧结构如图 5-2 所示，为了与从设备进行通信，主设备会发送一段包含地址域、功能码、数据、差错校验的信息。

图 5-2 Modbus 信息帧结构

1. 地址域

信息帧的第一字节是设备地址码,此字节表明由用户设置地址的从设备将接收由主设备发送来的信息。每个从设备都必须有唯一的地址码,并且只有符合地址码的从设备才能响应回送。当从设备回送信息时,相应的地址码表明该信息来自何处。设备地址从 0~247,发送给地址 0 的信息可以被所有从设备接收到,但是数字 1~247 是特定设备的地址,相应地址的从设备总是会对 Modbus 信息做出反应,这样主设备就知道这条信息已经被从设备接收到了。

2. 功能码

定义了从设备应该执行的命令,例如读取数据、接收数据、报告状态等(见表 5-1),有些功能码还拥有子功能码。主设备请求发送,通过功能码告诉从设备执行什么动作;作为从设备响应,从设备发送的功能码与从主设备得到的功能码一样,并表明从设备已响应主设备进行操作。功能码的范围是 1~255,有些代码适用于所有控制器,有些代码只能应用于某种控制器,还有些代码保留以备后用。

表 5-1 功能码

功能码	作用	数据类型
01	读开关量输出状态	位
02	读开关量输入状态	位
03	读取保持寄存器	整型、字符型、状态字、浮点型
04	读输入寄存器	整型、状态字、浮点型
05	写单个线圈	位
06	写单个寄存器	整型、字符型、状态字、浮点型
07	读异常状态	—
08	回送诊断校验	重复回送信息
15	写多个线圈	位
16	写多个寄存器	整型、字符型、状态字、浮点型
××	根据设备的不同,最多可以有 255 个功能码	—

3. 数据

不同的功能码,数据区的内容会有所不同。数据区包含需要从设备执行的动作或由从设备采集的返送信息,这些信息可以是数值、参考地址等。对于不同的从设备,地址和数据信息都不相同。例如,功能码告诉从设备读取寄存器的值,则数据区必须包含要读取寄存器的起始地址及读取长度。

4. 差错校验

RTU 模式采用循环冗余校验码(CRC),该校验方式包含 2 字节的差错校验码,由传输设备计算后加入消息中，接收设备重新计算收到消息的 CRC，并与接收到的 CRC 域中的值比较，如果两值不同，则表明有错误。在有些系统里面，还需对数据进行奇偶校验，奇偶校验对每个字符都可用，而帧检测 CRC 应用于整个消息。

典型的 RTU 报文帧没有起始位，也没有停止位，而是以至少 3.5 个字符时间的停顿间隔标志一帧的开始或结束。报文帧由地址域、功能域、数据域和 CRC 校验域构成；所有字符位由十六进制 0~9、A~F 组成。

需要注意的是，在 RTU 模式中，整个消息帧必须作为一个连续的数据流进行传输，如果在消息帧完成之前有超过 1.5 个字符时间的停顿间隔发生，接收设备将刷新未完成的报文并假定下一字节将是一个新消息的地址域。同样地，如果一个新消息在小于 3.5 个字符时间内紧跟前一个消息开始，接收设备将认为它是前一个消息的延续。如果在传输过程中有以上两种情况发生的话，就会导致 CRC 校验产生一个错误消息，并反馈给发送方设备。

网络设备不断侦测网络总线，即使在停顿间隔时间内也不例外。当接收到第一个域（地址域）时，每个设备都会进行解码，以判断是否是发给自己的；在最后一个传输字符之后，一个至少 3.5 个字符时间的停顿标定了消息的结束；一个新的消息可在此停顿后开始。

5.3 实现 S7-200 PLC 之间的 Modbus RTU 通信

在 S7-200 PLC 中，Modbus RTU 的通信协议可以通过专用指令实现，PLC 可自动生成响应帧。

5.3.1 Modbus 协议的安装

Modbus 协议包含在 S7-200 PLC 的编程软件 STEP7-Micro/WIN 指令库（Libraries）中。在 STEP7-Micro/WIN 中安装了指令库以后，通过指令库可以打开相应的通信编程指令（见图 5-3）。用 Modbus 协议指令，可将 S7-200 PLC 设定为 Modbus 主站或从站进行工作。

指令库中有针对端口 0 和端口 1 的主站指令 Modbus Master Port0 和 Modbus Master Port1，也有针对端口 0 的从站指令 Modbus Slave Port0，故利用指令库可实现 S7-200 PLC 端口 0 的 Modbus RTU 主/从站通信。

西门子 Modbus RTU 协议库支持的 8 条最常用功能码的含义如表 5-2 所示。

图 5-3 Modbus Protocol 指令库

表 5-2 西门子 Modbus RTU 协议库常用功能码

功能码	描述	说明
1	读取单个/多个线圈的实际输出状态	返回任意数量输出点的接通/断开状态（Q）
2	读取单个/多个线圈的实际输入状态	返回任意数量输入点的接通/断开状态（I）
3	多个保持寄存器	返回 V 存储器的内容，在一个请求中最多可读 120 个字

（续）

功能码	描　述	说　　明
4	读单个/多个输入寄存器	返回模拟输入值
5	写单个线圈（实际输出）	将实际输出点设置为指定值，用户程序可以重写由 Modbus 的请求而写入的值
6	写单个保持寄存器	将单个保持寄存器的值写入 S7-200 的 V 存储器
15	写多个线圈（实际输出）	写多个实际输出值到 S7-200 的 Q 映像区。起始输出点必须是一个字节的开始（如 Q0.0 或 Q1.0），并且要写的输出数量是 8 的倍数，用户程序可以重写由 Modbus 的请求而写入的值
16	写多个保持寄存器	将多个保持寄存器写入 S7-200 的 V 存储器，在一个请求中最多可写 120 字

使用 Modbus 指令库编写程序需要注意几点。

1）使用 Modbus 指令库前，必须将其安装到 STEP7-Micro/WIN V3.2 或以上版本的软件中。

2）S7-200 PLC 的 CPU 版本必须为 2.00 或者 2.01（即订货号为 6ES721*-***23-0BA*），1.22 版本之前（包括 1.22 版本）的 CPU 不支持 Modbus 指令库。

3）如果 CPU 端口被设为 Modbus 通信，该端口就无法用于其他任何用途，包括用 STEP7-Micro/WIN 软件下载程序。

5.3.2　Modbus 地址

Modbus 地址由 5 个字符组成，包含数据类型和地址的偏移量，第 1 个字符用来指出数据类型，后 4 个字符用来选择数据类型内的适当地址。

1. 主站寻址

Modbus 主站指令根据地址进行分类，以便完成相应的功能，并发送至从站设备。Modbus 主站指令支持下列 Modbus 地址。

- 00001~09999：离散输出（线圈）。
- 10001~19999：离散输入（触点）。
- 30001~39999：输入寄存器（通常是模拟量输入）。
- 40001~49999：保持寄存器。

所有 Modbus 地址都是从地址 1 开始编号。有效地址范围取决于从站设备的参数设置。不同的从站设备将支持不同的数据类型和地址范围。

2. 从站地址

Modbus 从站指令支持的通信内容及相应地址如下。

- 00001~00128：实际输出，对应于 Q0.0~Q15.7。
- 10001~10128：实际输入，对应于 I0.0~I15.7。
- 30001~30032：模拟输入寄存器，对应于 AIW0~AIW62，注意地址为偶数。
- 40001~4××××：保持寄存器，对应于 V 区。

与主站相同，所有 Modbus 地址是从地址 1 开始编号的。表 5-3 为 Modbus 地址与从站 S7-200 PLC 地址的对应关系。

表 5-3　Modbus 地址与从站 S7-200 PLC 地址的对应关系

序　号	Modbus 地址	S7-200 PLC 地址
1	00001	Q0.0
	00002	Q0.1
	⋮	⋮
	00127	Q15.6
	00128	Q15.7
2	10001	I0.0
	10002	I0.1
	⋮	⋮
	10127	I15.6
	10128	I15.7
3	30001	AIW0
	30002	AIW2
	⋮	⋮
	30031	AIW60
	30032	AIW62
4	40001	HoldStart
	40002	HoldStart+2
	⋮	⋮
	4××××	HoldStart+2×(××××-1)

Modbus 从站指令 MBUS_INIT（见图 5-7）可以对 Modbus 主站要访问的输入、输出、模拟量输入和保持寄存器的数量、位置等进行限定。例如，指令中的参数 MaxIQ 可以限定 Modbus 主站要访问的 I、Q 的最大数量；参数 MaxHold 可以限定 Modbus 主站要访问的保持寄存器的最大数量，而参数 HoldStart 则可以确定主站要访问的保持寄存器的初始位置。有关参数的用法可参考 5.3.3 节内容。

5.3.3　Modbus 通信的建立

1. 硬件配置与参数设定

如图 5-4 所示，Modbus 通信在两个 S7-200 PLC 的 Port0 通信口之间进行。选择具有两个通信口的 CPU 构成通信系统较为方便，一个作为通信口用，另一个与计算机连接。在主站侧选择 Port0 或 Port1 作为 Modbus 通信口都可以，这取决于在主站指令库中对相关指令的选择。在这里 Port1 通信口与 PC 连接，便于实现程序编制、下载和在线监控，两个 CPU 的 Port0 通信口通过 PROFIBUS 电缆进行连接，实现两台 PLC 的 Modbus 通信传输。

对于 Modbus 通信，主站侧需要使用 MBUS_CTRL 和 MBUS_MSG 指令，从站侧需要使用 MBUS_INIT 和 MBUS_SLAVE 指令。

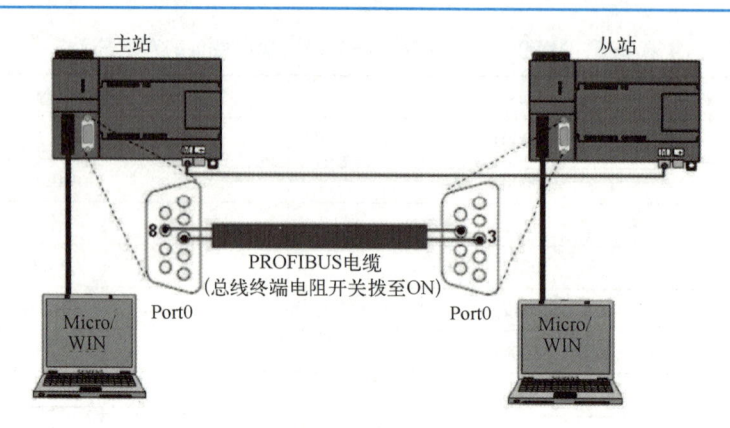

图 5-4　硬件连接

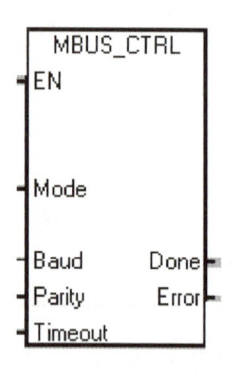

2. 主站侧 MBUS_CTRL 指令

MBUS_CTRL 指令如图 5-5 所示，各个参数选项及其意义如表 5-4 所示。该指令用于初始化主站通信，可初始化、监视或禁用 Modbus 通信。

图 5-5　MBUS_CTRL 指令

表 5-4　MBUS_CTRL 参数选项及其意义

参数	意义	选项及说明	数据类型
EN	使能	—	BOOL
Mode	协议选择	0——PPI，1——Modbus	BOOL
Baud	传输速率/(bit/s)	1200，2400，4800，9600，19200，38400，57600，115200	DWORD
Parity	校验选择	0——无校验，1——奇校验，2——偶校验	BYTE
Timeout	从站的最长响应时间	1~32767 ms；典型值是 1000 ms（1 s）。"超时"参数应该设置得足够大，以便从站有时间对所选的波特率做出应答	INT
Done	完成标志位	若完成输出为 1，否则为 0	BOOL
Error	错误代码	Done=1 有效时：0——无错误，1——奇偶校验选择无效，2——波特率选择无效，3——超时选择无效，4——模式选择无效	BYTE

MBUS_CTRL 指令必须在每次扫描且"EN"输入使能时被调用，以允许监视随 MBUS_MSG 指令启动的任何突发消息的进程。指令完成后立即设定"Done"位，才能继续

执行下一条指令。在使用 MBUS_MSG 指令之前，必须正确执行 MBUS_CTRL 指令。

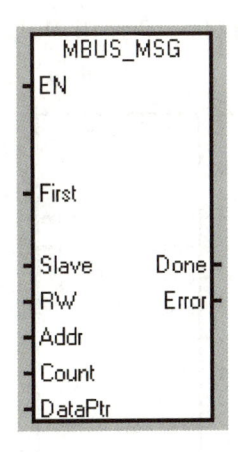

3. 主站侧 MBUS_MSG 指令

MBUS_MSG 指令如图 5-6 所示，各个参数选项及其意义如表 5-5 所示，该指令用于启动对 Modbus 从站的请求并处理应答。当"EN"输入和"First"输入都为 1 时，MBUS_MSG 指令启动对 Modbus 从站的请求；通常需要多次扫描完成发送请求、等待应答和处理应答。

图 5-6 MBUS_MSG 指令

表 5-5 MBUS_MSG 参数选项及其意义

参　数	意　义	选项及说明	数　据　类　型
EN	使能	—	BOOL
First	读/写请求位	在有新请求要发送时打开，以进行一次扫描	BOOL
Slave	从站地址	0~247；其中地址 0 是广播地址	BYTE
RW	读/写	0——读，1——写	BYTE
Addr	读/写从站的数据地址	00001~00128：数字量输出（Q0.0~Q15.7） 10001~10128：数字量输入（I0.0~I15.7） 30001~30032：模拟量输入（AIW0~AIW62） 40001~49999：保持寄存器	DWORD
Count	位/字的个数	地址 0××××：读取/写入的位数 地址 1××××：读取的位数 地址 3××××：读取的输入寄存器字数 地址 4××××：读取/写入的保持寄存器字数	INT
DataPtr	V 存储区起始地址指针	对于读取请求，DataPtr 指向用于存储从 Modbus 从站读取的数据的第一个 CPU 存储器位置；对于写入请求，DataPtr 指向要发送到 Modbus 从站的数据的第一个 CPU 存储器位置	DWORD
Done	完成标志位	完成输出在发送请求和接收应答时关闭；完成输出在应答完成或 MBUS_MSG 指令因错误而中止时打开	BOOL
Error	错误代码	0——无错误，1——应答时奇偶校验错误，2——未使用，3——接收超时，4——请求参数出错，5——Modbus 主设备未启用，6——Modbus 忙于处理另一个请求	BYTE

115

MBUS_MSG 指令一次只能激活一条，如果启用了多条 MBUS_MSG 指令，则将处理所执行的第一条 MBUS_MSG 指令，其后的所有 MBUS_MSG 指令将被中止并产生错误代码 6。

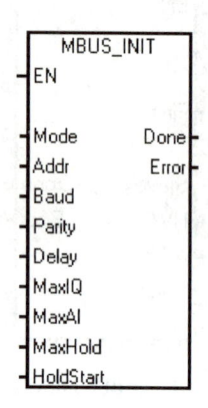

4. 从站侧 MBUS_INIT 指令

MBUS_INIT 指令如图 5-7 所示，各个参数选项及其意义如表 5-6 所示，该指令用于启用和初始化或禁止 Modbus 通信。指令完成后立即设定"Done"位，才能继续执行下一条指令。应当在每次通信状态改变时执行 MBUS_INIT 指令，因此"EN"输入采用一个上升沿或下降沿打开，或者仅在首次扫描时执行。在使用 MBUS_SLAVE 指令之前，必须正确执行 MBUS_INIT 指令。

图 5-7 MBUS_INIT 指令

表 5-6 MBUS_INIT 参数选项及其意义

参　数	意　义	选项及说明	数据类型
EN	使能	—	BOOL
Mode	接口通信模式选择	0——PPI，1——Modbus	BOOL
Addr	从站地址	1~247	BYTE
Baud	传输速率/(bit/s)	1200，2400，4800，9600，19200，38400，57600，115200	DWORD
Parity	奇偶校验设定	0——无校验，1——奇校验，2——偶校验	BYTE
Delay	报文延迟时间	0~32760 ms；默认值为 0	WORD
MaxIQ	可使用的最大数字输入输出点数	0~128，建议使用的 MaxIQ 数值是 128，该数值可在 S7-200 中存取所有的 I 和 Q 点	WORD
MaxAI	可使用的最大模拟量输入（AI）字数	最大 AI 字数，参与通信的最大 AI 通道数，可为 16 或 32	WORD
MaxHold	最大保持型变量寄存器字数	例如，为了允许主设备存取 2000 个字节的 V 存储器，将 MaxHold 设为 1000 个字的数值（保持寄存器）	WORD
HoldStart	保持型变量寄存器的起始地址	该数值一般被设为 VB0，因此 HoldStart 参数对应设为 &VB0（VB0 地址）	WORD
Done	初始化完成标志位	初始化成功后置 1	BOOL
Error	出错代码	0——无错误；1——内存范围错误； ⋮ 10——从属功能未启用	BYTE

5. 从站侧 MBUS_SLAVE 指令

MBUS_SLAVE 指令如图 5-8 所示，各个参数选项及其意义如表 5-7 所示，该指令用于为 Modbus 主设备发出请求服务。在每次扫描且"EN"输入使能时执行该指令，以便检查和回答 Modbus 请求。MBUS_SLAVE 指令无输入参数，当 MBUS_SLAVE 指令对 Modbus 请求做出应答时，"Done"置为 1，如果没有需要服务的请求，"Done"置为 0。"Error"输出包含执行指令的结果，该输出只有在"Done"为 1 时才有效，否则错误参数不会改变。

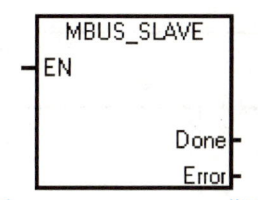

图 5-8 MBUS_SLAVE 指令

表 5-7 MBUS_SLAVE 参数选项及其意义

参　数	意　义	选项及说明	数　据　格　式
EN	使能	—	BOOL
Done	完成标志位	Modbus 执行通信中时置 1，无 Modbus 通信活动时为 0	BOOL
Error	错误代码	0——无错误；1——内存范围错误； ⋮ 10——从属功能未启用	BYTE

5.3.4 应用示例

1. 控制要求

两台型号为 S7-200 CPU226 CN 的 PLC 进行 Modbus 通信，其中一台作为 Modbus 通信主站，另一台作为 Modbus 通信从站。当主站 I0.1 为 ON 时，主站给从站发送信息，并使从站的输出 Q0.0~Q0.7 随主站 &VB1000 的值变化。

2. 硬件配置

一台 PC、两台 PLC、一根 PROFIBUS 网络电缆（含有两个网络总线连接器）。

3. 实现步骤

1）编写 Modbus 主站的 S7-200 CPU 的 PLC 程序，将程序下载到主站 PLC 中。

如图 5-9 所示，主站程序——网络 1 用于每次扫描时调用 MBUS_CTRL 指令，初始化和监视 Modbus 主站设备。将 Modbus 主设备设置为 9600 bit/s、奇校验、允许从站延时 1 ms 应答时间。

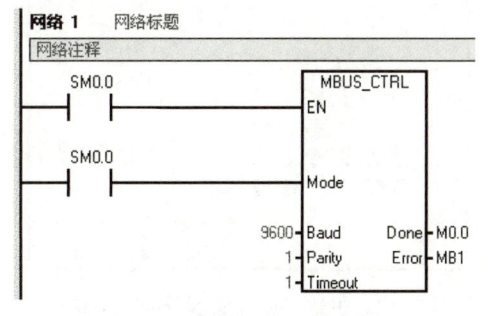

图 5-9 主站程序——网络 1

如图 5-10 所示，主站程序——网络 2 实现在 I0.1 正跳变时执行 MBUS_MSG 指令，将地址 VB1000 的值写入从站 5 的保持寄存器中。参数"DataPtr"代表了 V 区被读的起始地址，设为 VB1000，即主站读取 VB1000 的值并写入从站地址为"40001"的保持寄存器中。保持寄存器以字为单位，与从站的 V 区地址对应。

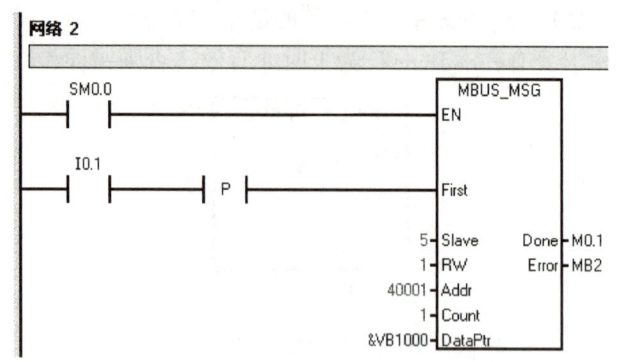

图 5-10 主站程序——网络 2

如图 5-11 所示，主站程序——网络 3 为给 VB1000 存储器赋初值，使其低 4 位为 1，以便监视从站的变化。

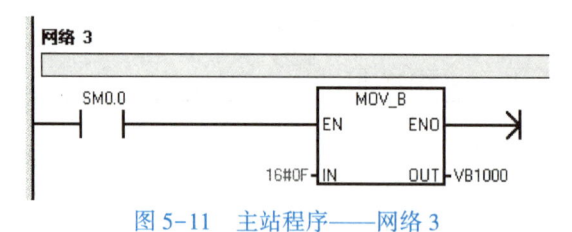

图 5-11 主站程序——网络 3

需要注意的是，利用指令库编程前首先应为其分配存储区，否则 STEP7-Micro/WIN 编译时会报错。具体方法如下。

① 执行 STEP7-Micro/WIN 菜单命令"文件"→"库存储区"，打开主站"库存储区分配"对话框，如图 5-12 所示。

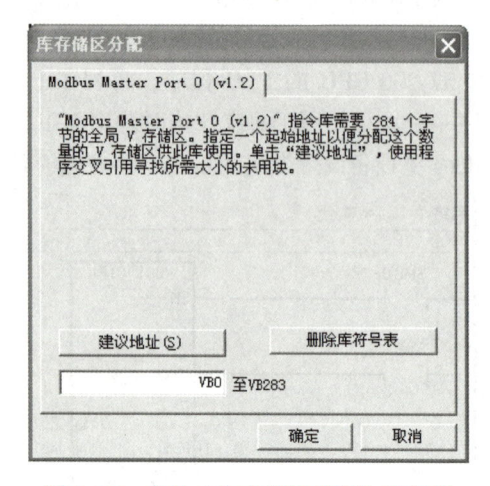

图 5-12 主站"库存储区分配"对话框

② 在"库存储区分配"对话框中输入库存储区的起始地址 VB0，注意避免该地址和程序中已经采用或准备采用的其他地址重复。

③ 单击"建议地址"按钮，系统将自动计算存储区的截止地址。

④ 单击"确定"按钮确认分配，关闭对话框。

2) 编写 Modbus 从站的 S7-200 CPU 的 PLC 程序，将程序下载到从站 PLC 中。

如图 5-13 所示，从站程序——网络 1 用于初始化 Modbus 从站，即将从站地址设为 5，将端口 0 的波特率设为 9600 bit/s、奇校验、延迟时间为 0；MaxIQ 取值 128、MaxAI 取值 32，表明允许存取所有的 I、Q 和 AI 数值；将可以使用的 V 区寄存器地址字数设为 1000，起始地址为 VB1000，即主站的保持寄存器 40001 的值写入从站的 &VB1000 中。

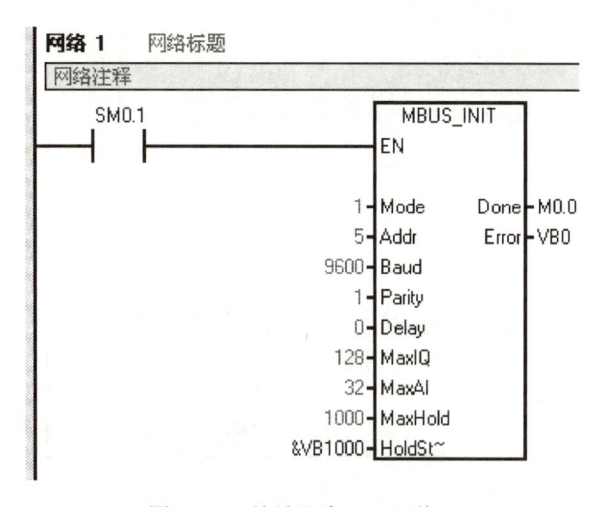

图 5-13　从站程序——网络 1

如图 5-14 所示，从站程序——网络 2 用于在每次扫描时执行 MBUS_SLAVE 指令，以便响应主站报文。

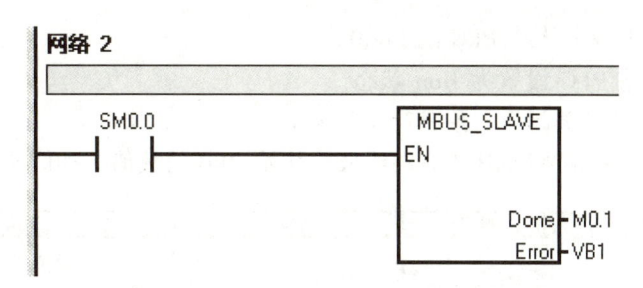

图 5-14　从站程序——网络 2

如图 5-15 所示，从站程序——网络 3 用于将主站传给从站的值传给 QB0，使得输出 Q0.0~Q0.7 受主站的控制，满足控制要求。

同样需要注意的是，利用指令库编程前也应为其分配存储区，否则 STEP7-Micro/WIN 编译时会报错，如图 5-16 所示。

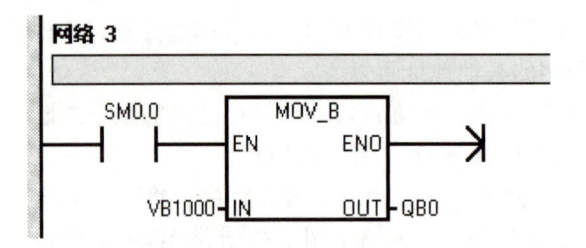

图 5-15 从站程序——网络 3

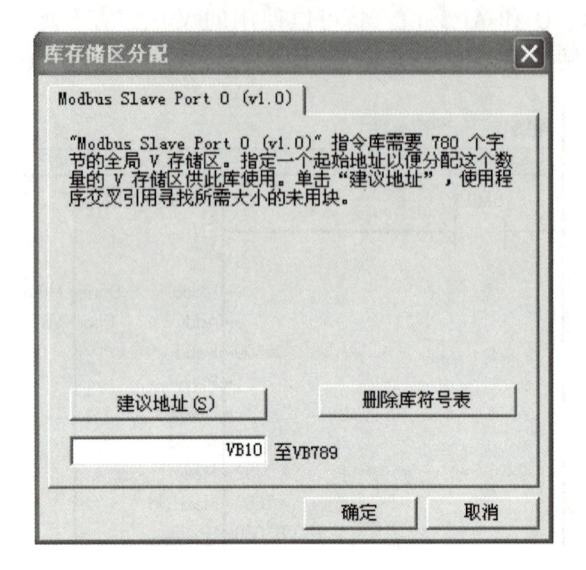

图 5-16 从站"库存储区分配"对话框

3）用串口电缆连接 Modbus 主从站通信口，观察 Modbus 从站 PLC 的 Q0.0~Q0.7 输出指示灯，或者在 Modbus 从站的 STEP7-Micro/WIN 状态表中观察 Q0.0~Q0.7 的数值。操作步骤如下。

① 用串口电缆连接主从站 PLC 的 Port0。
② 将主站和从站 PLC 设置为 Run 状态。
③ 将主站 I0.1 的开关闭合，使其状态为 ON。
④ 利用 STEP7-Micro/WIN 状态表在线监控从站 QB0 的数值，如图 5-17 所示。

	地址	格式	当前值	新值
1	VB1000	十六进制	16#0F	
2	QB0	十六进制	16#0F	
3		有符号		
4		有符号		
5		有符号		

图 5-17 从站状态监控表

从图 5-17 中可以看出，当主站的 I0.1 使能后，主站 VB1000 中的数据就被发送到从站，并写入从站的 VB1000 中。

4. 操作要点

1）必须保证主站与从站的"Baud"和"Parity"的参数设置一致，并且 MBUS_MSG 指令中的"Slave"参数要与 MBUS_INIT 中的"Addr"参数设置一致。

2）注意在 STEP7-Micro/WIN 中定义库的存储地址。

3）在从站的 MBUS_INIT 指令中，参数"HoldStart"确定了与主站保持寄存器起始地址 40001 相对应的 V 存储区初始地址。从站的 V 区目标指针可以这样计算：

$$2\times(Addr-40001)+HoldStart=2\times(40001-40001)+\&VB1000=\&VB1000$$

在从站的 MBUS_INIT 指令中，参数"MaxHold"设置的数据区要能够包含主站侧所要写入的全部数据。

5.4 实现 FX_{3U} PLC 与智能仪表之间的 Modbus RTU 通信

由于 Modbus 的报文简单、开发成本低，许多现场仪表采用 Modbus RTU 协议通信，实现现场仪表的远程监控。Modbus RTU 通信协议是目前国际上智能化仪表普遍采用的主流通信协议之一。

FX_{3U} PLC 可通过添加 FX_{3U}-485-BD 通信模块及 FX_{3U}-485ADP-MB 通信适配器，并利用 Modbus 通信指令，实现 Modbus 主站或从站与多个设备之间的通信。

5.4.1 控制要求及硬件配置

1. 控制要求

采用 Modbus RTU 通信方式，实现 PLC 实时读取两台智能仪表检测的现场环境温度和湿度值。

> 5.4-1 Modbus RTU 通信系统硬件配置与参数设置

2. 系统配置

系统选用型号为 FX_{3U}-32MT/ES-A 的 PLC 1 台，并配有 FX_{3U}-485-BD 通信模块 1 块，FX_{3U}-485ADP-MB 通信适配器 1 个，作为 Modbus RTU 通信系统的主站。使用时需要注意，只有当 PLC 和编程软件版本号均达到要求时才可进行 Modbus 通信；要求 PLC 版本号必须在 Ver. 2.40 以上（FX_{3U} 系列），版本号可通过监控 PLC 特殊数据寄存器 D8001 查看，本例 PLC 版本号为 Ver. 3.12；编程软件 GX Works2 要求 Ver. 1.08J 以上；GX Developer 要求 Ver. 8.45X 以上。

Modbus 通信模块（见图 5-18a）安装在 PLC 的左侧，先打开 PLC（见图 5-18b）左侧盖板，将通信模块（通信功能扩展板）FX_{3U}-485-BD 安装并固定；然后，在扩展板中装入通信适配器 FX_{3U}-485ADP-MB（见图 5-18c）；使用通道 2 进行 Modbus 通信。FX_{3U} PLC 的通信配置如表 5-8 所示。

表 5-8 FX_{3U} PLC 通信配置

通信适配器 通道 2	通信模块 通道 1	PLC	最远通信距离
FX_{3U}-485ADP-MB	FX_{3U}-485-BD	FX_{3U}-32MT/ES-A	500 m

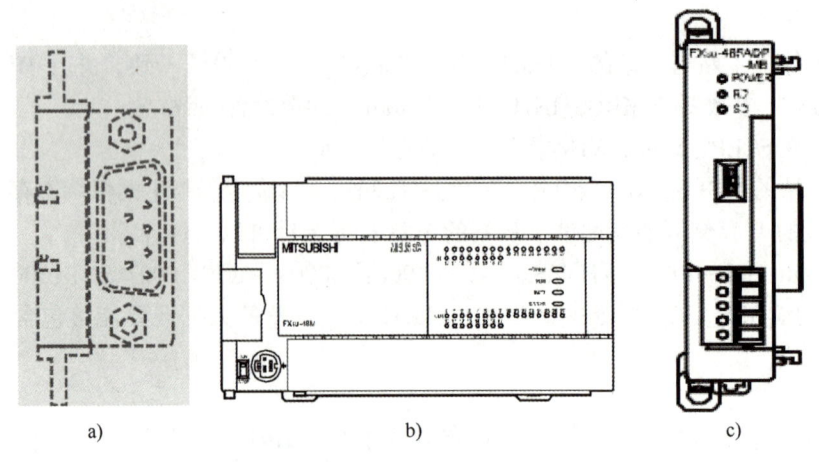

图 5-18　系统配置

a) FX$_{3U}$-485-BD 通信模块　b) FX$_{3U}$ PLC　c) FX$_{3U}$-485ADP-MB 通信适配器

选用两台智能仪表，型号分别为 KCM-91WRS 智能温度调节仪和 KCM-91WAS 智能湿度调节仪，作为 Modbus RTU 通信系统的从站；Modbus 从站站号可任意分配（1~127），本例中使用 1#、2# 从站。

系统网络结构如图 5-19 所示。为保证通信质量，请使用带屏蔽的双绞线电缆进行连接，SG 端子需要可靠接地，保证接地电阻小于 100Ω。

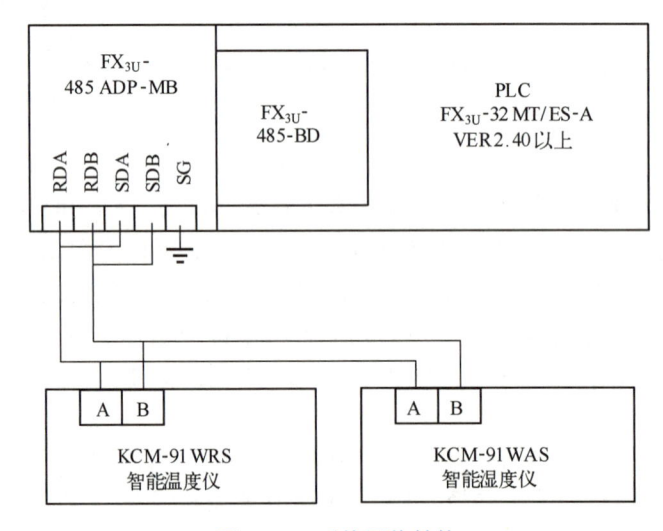

图 5-19　系统网络结构

5.4.2　智能仪表介绍

KCM 系列智能温度、湿度调节仪由单片机控制，带有 RS-232/RS-485 通信接口，可接入多种传感器信号；具有手动/自动切换模式及报警输出等功能。

1. 面板结构

智能仪表面板结构如图 5-20 所示。

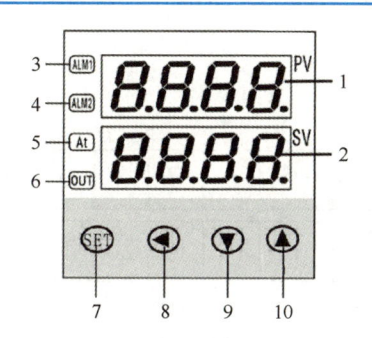

图 5-20　智能仪表面板结构

1—PV 显示窗　2—SV 显示窗　3—ALM1 指示灯　4—ALM2 指示灯　5—At 指示灯
6—OUT 指示灯　7—SET 按键　8—移位键　9—数字减小键　10—数字增加键

1 为 PV 显示窗，用于显示温度、湿度测量值，在参数修改状态时显示参数符号。

2 为 SV 显示窗，用于显示温度、湿度给定值，在参数修改状态下显示参数值。

3~6 为指示灯，位于面板左侧。ALM1、ALM2 指示灯亮时，仪表对应 ALM1、ALM2 继电器有输出；At 指示灯亮时，表示仪表正在进行 PID 自整定；OUT 指示灯亮时，仪表控制端有输出。

7~10 为功能键，位于面板下部，可对仪表参数进行修改、调整。7 为 SET 按键，长按 3s 可进入参数修改状态，轻按一下进入给定值修改状态；8 为移位键，在修改参数状态下按此键可实现修改数字的位置移动，按 3s 可进入或退出手动调节；9、10 分别为数字减小键、增加键，在参数修改、给定值修改或手动调节状态下可实现数字的增减调节。

2. 接口规格

为与 PC 或 PLC 等联机以实现集中监控仪表测量值，仪表提供 RS-485 通信接口。通信接口光电隔离、最多能连接 64 台仪表，传输距离约 1000 m。

3. 通信协议

采用 Modbus RTU 通信方式，波特率为 1200 bit/s、2400 bit/s、4800 bit/s、9600 bit/s 四档可调，数据格式为 1 个起始位、8 个数据位、1 个停止位、无校验位，可进行单字（双字节）读写通信。

4. 仪表主要参数对应通信地址

温度、湿度给定值的参数首地址：0000H（十进制：0）。

温度、湿度测量值的参数首地址：1001H（十进制：4097）。

主控输出状态的参数首地址：1101H（十进制：4353）。

报警输出状态的参数首地址：1200H（十进制：4608）。

5. 接线端子

KCM 系列智能仪表接线端子分布如图 5-21 所示。智能仪表输入电源可采用交流 220 V 电压；信号输入可连接外部热电阻、热电偶或湿度传感器等检测元件；通信采用 RS-485 两线制模式接线；输出（OUT）具有继电器、模拟量模式可选，以及上、下限报警输出（AL1）等。

6. 通信参数设置

如图 5-22 所示，智能仪表通信参数设置主要包括通信波特率（Baud）、从站地址（Addr）。本项目设置通信波特率为 9600 bit/s（见图 5-22a），智能温度仪从站地址为 1（见

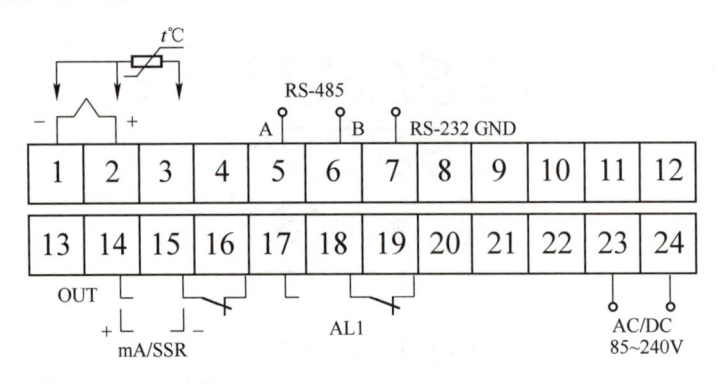

图 5-21　KCM 智能仪表接线端子

图 5-22b)，智能湿度仪从站地址为 2。

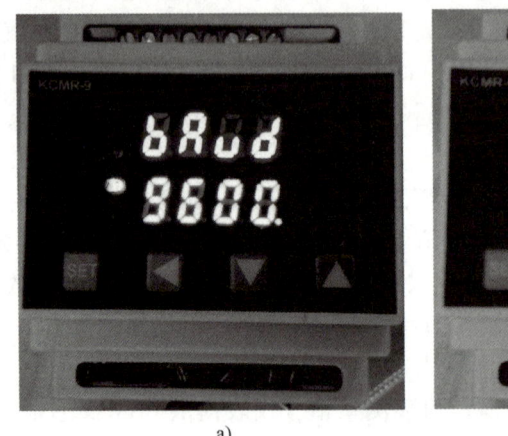

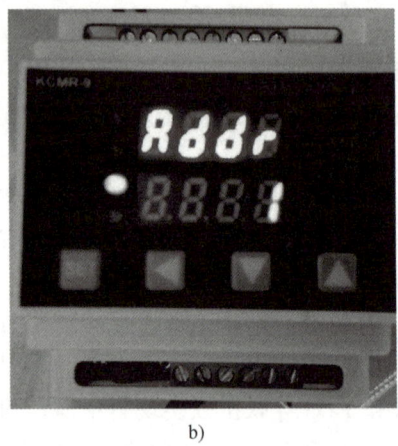

图 5-22　KCM 智能仪表通信参数设置
a) 设置通信波特率　b) 设置智能温度仪从站地址

5.4.3　FX$_{3U}$ 系列 PLC 通信参数及指令介绍

5.4-2　FX3U PLC 通信参数及指令介绍

三菱 PLC 的 Modbus 通信参数是通过对特殊数据寄存器进行赋值来设置的，使用 MOV 指令和常数（K 或 H）设定 Modbus 通信参数。

1. 通信格式设定

通信格式可在特殊数据寄存器 D8400 或 D8420 中进行设定，使用通信端口（通道 1）时设定 D8400，使用通信端口（通道 2）时设定 D8420。本例使用通道 2 进行 Modbus 通信，故设置 D8420 即可。通信格式的内容如表 5-9 所示。

表 5-9　D8420（通道 2）通信格式内容

位	名称	内　　容	
		0（bit=OFF）	1（bit=ON）
b0	数据长度	7 位	8 位

(续)

位	名称	内容	
		0（bit=OFF）	1（bit=ON）
b1 b2	奇偶性	b2、b1 (0,0)：无 (0,1)：奇数 (1,1)：偶数	
b3	停止位	1 位	2 位
b4 b5 b6 b7	波特率/(bit/s)	b7, b6, b5, b4 (0,0,1,1)：300 (0,1,0,0)：600 (0,1,0,1)：1200 (0,1,1,0)：2400 (0,1,1,1)：4800 (1,0,0,0)：9600	b7, b6, b5, b4 (1,0,0,1)：19200 (1,0,1,0)：38400 (1,0,1,1)：57600 (1,1,0,0)：不可以使用 (1,1,0,1)：115200
b8~b11	不可以使用	—	—
b12	H/W 类型	RS-232C	RS-485
b13~b15	不可以使用	—	—

本例中，智能仪表（从站 1、2）采用的数据格式为：8 个数据位、1 个停止位、无校验位，波特率设为 9600 bit/s，且为 RS-485 通信。由于同一网络需要保持数据格式一致，因此 PLC 侧按照表 5-9 内容，应将 D8420（通道 2）设置为 H1081（二进制数 0001，0000，1000，0001）。

1）b0=1，8 个数据位。

2）(b2,b1)=(0,0)，无校验。

3）b3=0，停止位 1 位。

4）(b7,b6,b5,b4)=(1,0,0,0)，将波特率设为 9600 bit/s。

5）b12=1，设定 PLC 为 RS-485 通信。

2. Modbus 通信协议设定

FX_{3U} 系列 PLC 的 Modbus 通信协议可在特殊数据寄存器 D8401 或 D8421 中进行设定。使用通道 1 时设定 D8401，使用通道 2 时设定 D8421。本例使用通道 2 进行 Modbus 通信，故设置 D8421 即可。通信协议的内容如表 5-10 所示。

表 5-10 D8421（通道 2）通信协议内容

位	名称	内容	
		0（bit=OFF）	1（bit=ON）
b0	选择协议	其他通信协议	Modbus 协议
b1~b3	不可以使用		
b4	主站/从站设定	Modbus 主站	Modbus 从站
b5~b7	不可以使用		
b8	RTU/ASCII 模式设定	RTU	ASCII
b9~b15	不可以使用		

本例中，PLC 作为主站与智能仪表（从站 1、2）进行 Modbus RTU 通信，按照表 5-10 内容，应将 D8421（通道 2）设置为 H1（二进制数 0000，0000，0000，0001）。

1) b0 = 1，采用 Modbus 协议。

2) b4 = 0，将该台 PLC 设为主站。

3) b8 = 0，选择 Modbus RTU 通信方式。

还需要注意，如果 D8401（通道 1）的 b0 和 D8421（通道 2）的 b0 都设为 ON，则通道 1 优先而有效，通道 2 会无效。

3. Modbus 其他通信参数设定

通信中涉及的其他 Modbus 通信参数，可通过采用 MOV 指令对特殊数据寄存器赋值来进行详细设置。常用的特殊数据寄存器如表 5-11 所示，详细的介绍可参阅三菱公司的《FX 系列微型可编程序控制器用户手册：Modbus 通信篇》。

表 5-11 常用的 Modbus 其他通信参数设定

通道 1	通道 2	名称	详细内容	有效站
D8409	D8429	从站响应超时	主站发送请求后，从站在该设定时间内没有响应时，主站会再次发送文本，或者根据设定的重试次数（D8412、D8432）判断为超时出错，然后结束该指令的处理	主站
D8410	D8430	播放延迟	将主站从发送播放文本后到发送下一个请求的等待时间进行储存。从站通过该等待时间可处理播放文本，并做好接收下一个请求的准备	主站
D8411	D8431	请求间延迟	该延迟是从发送请求文本后到发送下一个请求文本的等待时间，通过这段时间可检测出文本结束 设定范围：0~16382 ms	主站/从站
D8412	D8432	重试次数	从站未在从站响应超时中设定的时间内响应时，主站发送文本直到达到所设定的重试次数后，会因超时出错而结束指令处理	主站
D8414	D8434	从站本站号	储存从站号。设定范围 1~247。初始化中检测出设定范围外的值时，本设定会无效	从站
D8415	D8435	通信计数器或通信事件日志储存软元件	指定用于储存通信计数器或通信事件日志的软元件	主站/从站
D8416	D8436	通信计数器或通信事件日志储存位置	指定用于储存通信计数器或通信事件日志的软元件模块的可编程控制器起始软元件地址	主站/从站

本例中，特殊数据寄存器 D8429~D8432 未进行赋值，选择默认设置，如有需要可参考手册单独设置；D8435 赋值为 H11，即选择通信计数器、储存通信事件日志；D8436 赋值为 K100，即将通信计数器计数值存入 D100 起始的多个数据寄存器中。详细信息可参阅三菱公司的《FX 系列微型可编程序控制器用户手册：Modbus 通信篇》。

在 Modbus 通信时，还需要使用一些特殊辅助继电器用于显示通信状态、通信信息等。具体介绍如下。

1) M8411：用于设定 MODBUS 通信参数的标志位。

2) M8029：指令结束标志位。

3) M8401/M8421：Modbus 通信中标志位。

4. 三菱 PLC Modbus 通信指令

(1) Modbus 通信指令格式

三菱 FX_{3U} 系列 PLC 主站和所对应从站进行基于 Modbus 通信的数据交互时，是通过 ADPRW 指令实现的。其指令格式如图 5-23 所示，对应参数含义如表 5-12 所示。

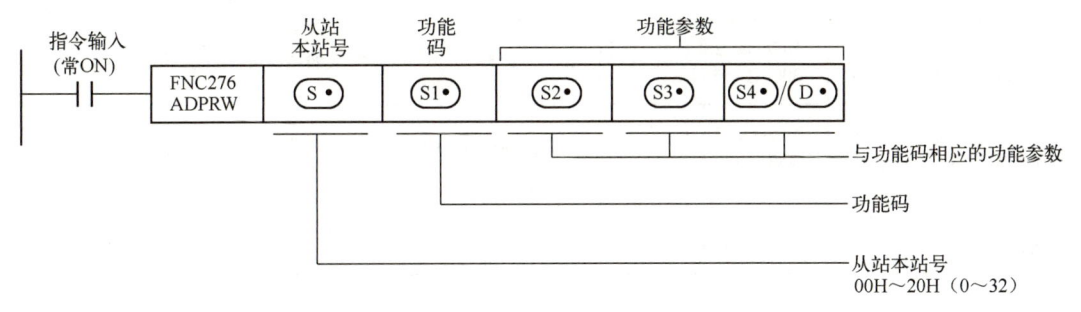

图 5-23 ADPRW 指令格式

表 5-12 ADPRW 指令参数含义

操作数种类	内　　容	数 据 类 型
S·	从站本站号	BIN16 位
S1·	功能码	BIN16 位
S2·	与功能码相应的功能参数	BIN16 位
S3·	与功能码相应的功能参数	BIN16 位
S4·/D·	与功能码相应的功能参数	位/BIN16 位

(2) Modbus 通信功能码

通信功能码主要用来定义从设备应该执行的命令，如读取数据、接收数据、报告状态等。主站发送指令后，通过功能码告诉从站执行什么动作；作为从站响应，从站发送的功能码与从主站得到的功能码一样，并表明从站已响应主站进行操作。FX_{3U} 系列 PLC 主站常用的通信功能码及对应的功能参数如表 5-13 所示。

表 5-13 通信功能码及对应的功能参数

S1·：功能码	S2·：Modbus 地址	S3·：访问点数	S4·/D·：数据储存软元件起始地址
01 线圈读出	Modbus 地址： 0000H~FFFFH	访问点数：1~2000	读出对象软元件（起始地址）
02 输入读出	Modbus 地址： 0000H~FFFFH	访问点数：1~2000	读出对象软元件（起始地址）
03 保持寄存器读出	Modbus 地址： 0000H~FFFFH	访问点数：1~125	读出对象软元件（起始地址）

(续)

S1●：功能码	S2●：Modbus 地址	S3●：访问点数	S4●/D●：数据储存软元件起始地址
04 输入寄存器读出	Modbus 地址：0000H~FFFFH	访问点数：1~125	读出对象软元件（起始地址）
05 1 线圈写入（仅一个点）	Modbus 地址：0000H~FFFFH	0（固定）	写入对象软元件（起始地址）
06 1 寄存器写入（仅一个点）	Modbus 地址：0000H~FFFFH	0（固定）	写入对象软元件（起始地址）
15 批量线圈写入	Modbus 地址：0000H~FFFFH	访问点数：1~1968	写入对象软元件（起始地址）
16 批量寄存器写入	Modbus 地址：0000H~FFFFH	访问点数：1~123	写入对象软元件（起始地址）

（3）Modbus 通信程序应用示例

主站通信参数设置程序如图 5-24 所示，主站采用 FX_{3U} 系列 PLC，要求采用通道 1 进行 Modbus RTU 通信，采用数据格式为 8 个数据位、偶校验、1 个停止位，设置波特率为 19200 bit/s，RS-485 通信。

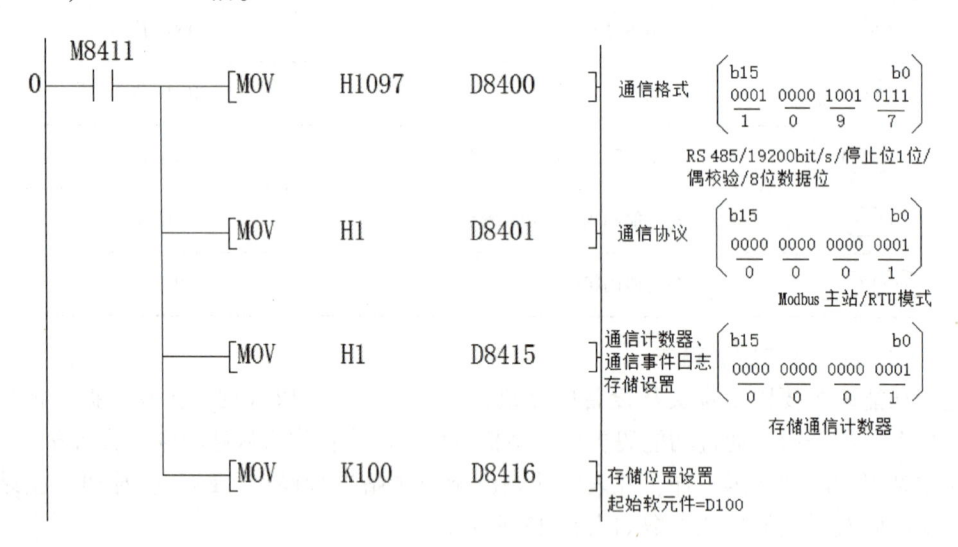

图 5-24 主站通信参数设置程序

在指令编写时，需要注意的是，通道 1 或通道 2 进行 Modbus 通信设定时，必须通过通信参数设定标志位（M8411）进行参数设置。

通信参数设置完成后，就可利用 ADPRW 指令对从站进行读写操作。通信指令应用示例如图 5-25 所示，实现主站读取 1 号从站 10 个寄存器数据，将 5 个数据写入 2 号从站寄存器中的数据交互。

程序说明如下。

1）特殊辅助继电器 M8029 为指令执行结束标志位，当 ADPRW 指令执行结束后置为

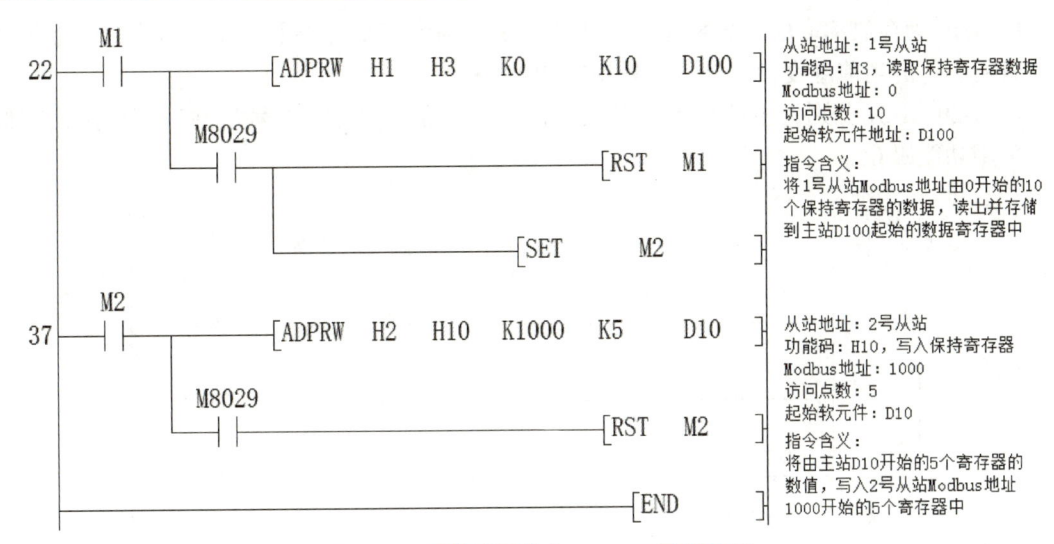

```
     M1
22 ──┤├──────────[ADPRW  H1   H3   K0    K10   D100]    从站地址：1号从站
     │                                                    功能码：H3，读取保持寄存器数据
     │  M8029                                             Modbus地址：0
     ├──┤├────┬─────────────────────[RST   M1]           访问点数：10
     │        │                                          起始软元件地址：D100
     │        │                                          指令含义：
     │        │                                          将1号从站Modbus地址由0开始的10
     │        └─────────────────────[SET   M2]           个保持寄存器的数据，读出并存储
     │                                                    到主站D100起始的数据寄存器中
     M2
37 ──┤├──────────[ADPRW  H2   H10  K1000  K5    D10]    从站地址：2号从站
     │                                                    功能码：H10，写入保持寄存器
     │  M8029                                             Modbus地址：1000
     ├──┤├──────────────────────────[RST   M2]           访问点数：5
     │                                                    起始软元件：D10
     │                                                    指令含义：
     │                                                    将由主站D10开始的5个寄存器的
     └───────────────────────────────[END]               数值，写入2号从站Modbus地址
                                                          1000开始的5个寄存器中
```

图 5-25 通信读写指令 ADPRW 示例程序

ON，当程序开始执行下一条 ADPRW 指令时，M8029 会自动恢复为 OFF；当驱动多个 ADPRW 指令时，一次只能执行 1 条指令，只有当前指令结束后，才能执行下一个 ADPRW 指令。所以，程序中采用指令执行结束标志位 M8029 来复位 ADPRW 指令驱动接点。

2) 在 Modbus 主站中使用 ADPRW 指令时，需要将指令驱动接点保持 ON 状态直到 ADPRW 指令结束，M8029 为 ON。

3) 当 M1 置 ON 后，主站通过 ADPRW 指令读取 1 号从站 Modbus 地址由 0 开始的 10 个保持寄存器的数据，并存储到主站数据寄存器 D100~D109 中；完成后，M8029 置 ON，复位 M1，置位 M2，开始执行第二条 ADPRW 指令，同时 M8029 复位；将主站 D10~D14 数据寄存器的数据写入 2 号从站 Modbus 地址 1000~1004 的 5 个保持寄存器中。

5.4.4 系统通信功能的实现

1. 参数设置

本例要求采用 Modbus RTU 通信方式，实现 PLC 实时读取两台智能仪表检测到的现场环境温度和湿度值，并将需要设定的温度或湿度值写入智能仪表。

因智能仪表采用 Modbus RTU 通信方式，可选波特率为 1200 bit/s、2400 bit/s、4800 bit/s、9600 bit/s 四档，数据格式为 1 个起始位、8 个数据位、1 个停止位、无校验位，可进行单字（双字节）读写通信。故本系统选择通信波特率为 9600 bit/s，数据格式为 1 个起始位、8 个数据位、1 个停止位、无校验位，与 FX_{3U}-32MT 型主站 PLC 进行单字读写通信。

智能仪表读写地址如下。

温度（湿度）给定值的参数首地址：0（十六进制：0000）。

温度（湿度）测量值的参数首地址：4097（十六进制：1001）。

2. 编写主站程序

根据控制要求编写 PLC 程序，如图 5-26 所示。

1）D10 为存放读取的 1 号智能仪表所测得的当前温度值存储器，D11 为读取的 2 号智能仪表所测得的当前湿度值存储器；采用功能码 03。

2）D20、D21 分别为主站写入 1 号从站温度设定值存储器、2 号从站湿度设定值存储器；采用功能码 06。

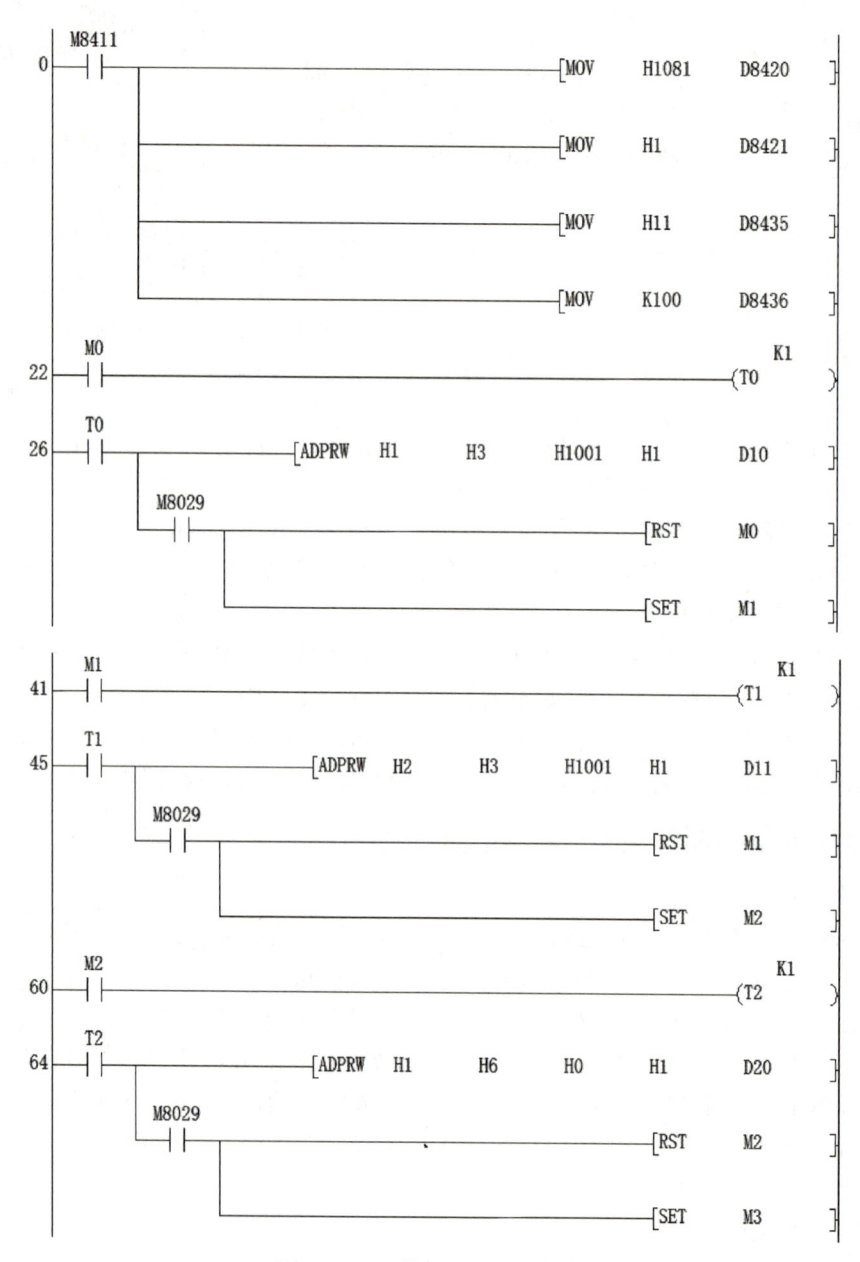

```
   M8411
0  ─┤├──────────────────────────[MOV   H1081   D8420]
           │
           ├──────────────────────[MOV   H1      D8421]
           │
           ├──────────────────────[MOV   H11     D8435]
           │
           └──────────────────────[MOV   K100    D8436]

     M0                                           K1
22 ─┤├─────────────────────────────────────────(T0  )

     T0
26 ─┤├────────[ADPRW  H1   H3   H1001  H1   D10]
         │
         │  M8029
         └──┤├──────────────────────────[RST   M0]
                    │
                    └──────────────────[SET   M1]

     M1                                           K1
41 ─┤├─────────────────────────────────────────(T1  )

     T1
45 ─┤├────────[ADPRW  H2   H3   H1001  H1   D11]
         │
         │  M8029
         └──┤├──────────────────────────[RST   M1]
                    │
                    └──────────────────[SET   M2]

     M2                                           K1
60 ─┤├─────────────────────────────────────────(T2  )

     T2
64 ─┤├────────[ADPRW  H1   H6   H0     H1   D20]
         │
         │  M8029
         └──┤├──────────────────────────[RST   M2]
                    │
                    └──────────────────[SET   M3]
```

图 5-26　通信控制功能的实现

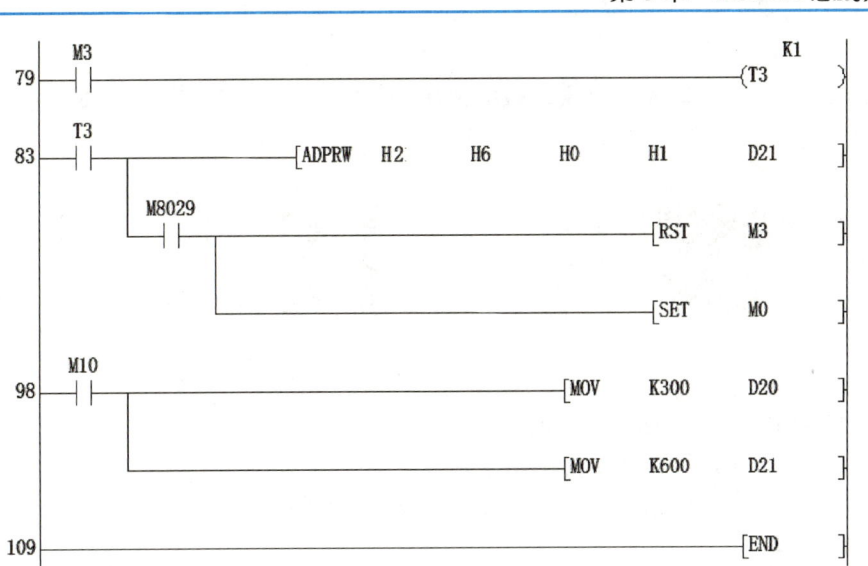

图 5-26 通信控制功能的实现（续）

3. 系统调试运行

程序编写完成后，进行编译并下载到 PLC 中。

运行 GX Developer 编程软件，选择菜单栏中的"在线"→"监视"→"软元件登录监视"命令，添加需要监控的变量，监控读取到的实时温度、湿度数值，如图 5-27 所示。D10 中的值为 320，对应 1 号智能仪表所测得的当前环境温度值为 32.0℃；D11 中的值为 569，对应 2 号智能仪表所测得的当前环境湿度值为 56.9%RH；同理，监控表中 D20 中的值表示设定 1 号从站的温度值为 30.0℃；D21 中的值表示设定 2 号从站的湿度值为 60.0%RH。

5.4-4 系统运行与监控

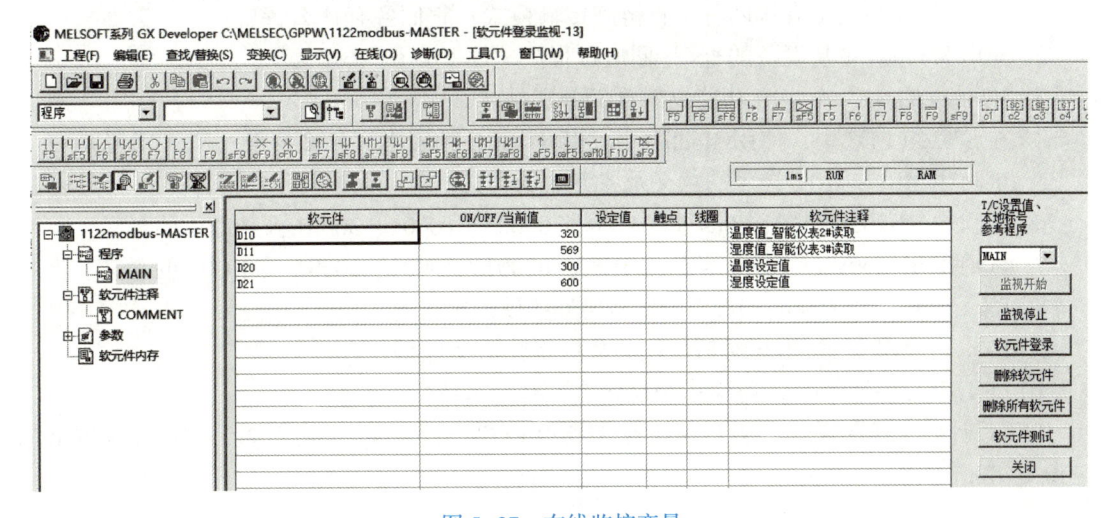

图 5-27 在线监控变量

5.5 实训项目 基于 PLC Modbus RTU 通信系统的构建与运行

5.5-1 FX5U PLC 之间 Modbus RTU 通信系统介绍

5.5-2 FX5U PLC 之间 Modbus RTU 通信程序编写

5.5-3 主从站通信参数设置及调试运行

1. 实训目的

1) 了解 Modbus RTU 通信方式的工作原理。
2) 了解 Modbus 地址含义及应用。
3) 熟悉 Modbus 通信指令的通信参数设置及程序编写方法。

2. 实训内容

1) 控制要求：实现两台 PLC 之间或 PLC 与智能仪表间的数据交换。
2) 设计主/从站程序（或设置从站通信参数）实现控制要求。
3) 联机调试控制系统功能，观察控制系统运行情况。

3. 实训报告要求

1) 列出 PLC 之间或 PLC 与智能仪表间交换信息的变量表。
2) 编写实现控制功能的 PLC 程序。
3) 描述并分析项目调试中遇见的问题及解决办法。

5.6 思考与练习

1. 在 Modbus 系统中有哪两种串行链路传输模式？它们各有什么特点？
2. 写出 Modbus 主从设备的查询-回应过程。
3. Modbus 的 03、06、16 功能码的含义分别是什么？
4. 在 S7-200 PLC 中，使用 Modbus 指令库对 CPU 的版本有什么要求？
5. 试阐述 MBUS_INIT 指令的意义及各参数的含义。
6. 试阐述 S7-200 PLC Modbus 主站中地址 00001、10001、30001 及 40001 的含义。
7. 试阐述 S7-200 PLC Modbus 从站中地址 00001、10001、30001 及 40001 的含义。
8. FX_{3U} PLC 作为 Modbus RTU 主站需要哪些硬件配置？
9. FX_{3U} PLC 设置 Modbus 通信协议的数据寄存器地址是什么？
10. FX_{3U} PLC 的 Modbus 通信指令是什么？有什么特性？
11. 设计一个控制系统，满足在两台 S7-200 PLC 进行 Modbus 通信时，主站能读取从站的 I0.0~I0.7 状态。

第6章 工业以太网及其应用

工业以太网技术以其高速的数据传输以及网络拓展能力等优势，成为工业过程控制领域的又一热点。

PROFINET 支持 TCP/IP 标准、实时（RT）通信和等时同步实时（IRT）三种通信方式，支持通过分布式自动化和智能现场设备的成套装备和机器的模块化，从而简化了成套设备和机器部件的重复使用和标准化。MC 协议用于实现通信设备经由以太网模块对 PLC 软元件数据的读出/写入功能，由于以太网模块是根据对方设备发出的指令（协议）进行数据收发的，因此 PLC 侧不需要特定的指令。Modbus TCP 是运行在 TCP/IP 上的 Modbus 报文传输协议，通过此协议，控制器之间通过网络和其他设备之间通信。

学习目标

◇ 了解工业以太网的概念、特点及发展趋势。
◇ 了解 PROFINET 技术特点及其应用系统的硬件配置及组态方法。
◇ 了解 MC 协议的技术特点及其应用系统的硬件配置及组态方法。
◇ 了解 Modbus TCP 技术特点及其应用系统的硬件配置及组态方法。

6.1 工业以太网基础知识

1. 以太网

以太网起源于 Xerox 公司于 1973 年建造的网络系统，它是一种总线型局域网，以基带同轴电缆作为传输介质，采用 CSMA/CD 协议。其核心思想是使用共享的公共传输信道，即遵循 IEEE 802.3 标准，是可以在光缆和双绞线上传输的网络。以太网也是当前主要应用的一种局域网（Local Area Network，LAN）类型。目前的以太网按照传输速率大致分为以下4种。

1) **10Base-T 以太网**：传输速率为 10 Mbit/s，传输介质是双绞线。

2) **100Base 以太网**：也称快速以太网，传输速率为 100 Mbit/s，采用光缆或双绞线作为传输介质，兼容 10Base-T 以太网。

3) **Gigabit 以太网**：扩展的以太网协议，传输速率为 1 Gbit/s，采用光缆或双绞线作为传输介质，基于当前的以太网标准，兼容 10 Mbit/s 以太网和 100 Mbit/s 以太网。

4) **10 Gigabit 以太网**：是一种速度更快的以太网技术，传输速率达到百亿比特每秒，采用光缆作为传输介质。主要用于局域网（LAN）、广域网（WAN）以及城域网（MAN）之间的相互连接。

随着信息技术的发展，信息交换技术涉及的领域越来越广，控制网络与普通计算机网络、互联网的联系也更为密切。控制网络技术需要考虑与计算机网络连接的一致性，需要提高对现场设备通信能力的要求,这些都是控制网络设备的开发者与制造商把目光转向以太网技术的重要原因。

工业网络与传统的办公室网络相比,有其自己的要求和特点,详见表6-1。

表 6-1 工业网络与传统办公室网络的比较

比较项目	办公室网络	工业网络
应用场合	普通办公场合	用于工业现场,环境恶劣,存在各种干扰
用途	办公、通信	设备通信、远程监控、故障诊断等
拓扑结构	支持总线型、环形、星形等结构	支持总线型、环形、星形等结构,便于各种结构的组合和转换,具有一定的柔性安装和扩展能力
实时性	一般的实时性需求	对数据传输的快速性和系统响应的实时性要求高
信息特征	信息量大且综合、多样	数据量小
网络监控和维护	网络监控必须有专职人员使用专用工具完成	网络监控成为工厂监控的一部分,网络模块可以被 HMI 软件监控,故障模块易于更换

可见,以太网要用于工业控制中,在设计与制造中必须充分考虑并满足工业网络应用的特点和需求。经过多年的发展,特别是在互联网中的广泛应用,使得以太网技术更为成熟,得到了广大开发商与用户的认同。因此,无论从技术上还是产品价格上,以太网较之其他类型网络技术都具有明显的优势。

工业以太网在技术上和商业以太网(即 IEEE 802.3 标准)兼容,传输对象主要为工厂控制信息,要求有很强的实时性与可靠性;在使用上,要满足工业现场的环境要求。但作为传统意义上用于办公室和商业用途的以太网,在引入工业控制领域时,仍然由于以太网的不确定性而引起了有关从业人员很大的争议,主要是如何解决工业控制网络的实时性和可靠性问题。

2. 以太网应用于工业现场的关键问题

(1) 通信的实时性

以太网采用 CSMA/CD 的总线访问机制,遇到碰撞时无法保证信息及时发送出去,这种平等竞争的介质访问控制方式不能满足工业自动化领域对通信的实时性要求,因此需要有针对这一问题的切实可行的解决方案。

(2) 对环境的适应性与可靠性

以太网是按办公环境设计的,将它用于工业控制环境,其环境适应能力、抗干扰能力等是许多从事自动化的专业人士所关注的问题。例如,像 RJ45 一类的连接器,在工业上应用非常容易损坏,应该采用带锁紧机构的连接件,使设备具有更好的抗振动、抗疲劳能力;在产品的设计时要考虑各种环境因素,使得参数能够满足工业现场的要求。

(3) 总线供电

在控制网络中,现场控制设备的位置分散性使得它们对总线有提供工作电源的要求。现有的许多控制网络技术都可以利用网线对现场设备供电。工业以太网目前还没有对网络节点供电做出规定。一种可能的方案是利用现有的 5 类双绞线中另一对空闲线供电。一般在工业应用环境下,要求采用直流 10~36 V 电压供电。

（4）本质安全

工业以太网如果要用在一些易燃易爆的危险工业场所，就必须考虑本安防爆问题，这是在总线供电解决之后要进一步解决的问题。

虽然将以太网技术用于工业现场还存在上述一些问题，但这并不意味着以太网就不能用于现场控制层。事实上，以太网在很多对时间要求不是非常苛刻的现场层已有很多成功应用范例。而且随着以太网技术的发展和标准的进步，以太网在工业环境中应用存在的问题也在逐渐完善和解决，例如：采用专用的工业以太网交换机、定义不同的以太网帧优先等级，让用户所希望的信息能够以最快的速度传递出去；网络采用双绞线电缆、光缆等传输介质，以提高网络的抗干扰能力和可靠性。

事实上，在工业数据通信与控制网络中，直接采用以太网作为控制网络的通信技术只是工业以太网发展的一个方面，现有的许多现场总线控制网络都提出了与以太网结合，用以太网作为现场总线网络的高速网段，从而使控制网络能与互联网融为一体。

在控制网络中采用以太网技术无疑有助于控制网络与互联网的融合，使控制网络不必经过网关转换即可直接与互联网连接，使测控节点也能成为互联网络的节点。在控制器、测量变送器、执行器、I/O卡等设备中，嵌入以太网通信接口、嵌入TCP/IP、嵌入Web服务器便可形成支持以太网、TCP/IP和Web服务器的互联网现场节点。在应用层协议尚未统一的环境下，借助IE等通用的网络浏览器实现对生产现场的监视与控制，进而实现远程监控，也是人们提出且正在实现的一种有效的解决方案。

3. 实时以太网

根据设备应用场合，按照实时性要求将工业自动化系统划分为以下3个范围。

1）信息集成和较低要求的过程自动化应用场合，实时响应时间要求是100 ms或更长。

2）绝大多数的工厂自动化应用场合实时响应时间的要求最少为5~10 ms。

3）对于高性能的同步运动控制，特别是在100个节点以下的伺服运动控制应用场合，实时响应时间要求低于1 ms，同步传送和抖动小于1 μs。

研究表明，工业以太网的响应时间可以满足绝大多数工业过程控制要求，但对于响应时间少于4 ms的应用，工业以太网已不能胜任。为了满足工业控制实时性能的要求，各大公司和标准组织纷纷提出各种提升工业以太网实时性的技术解决方案，这些方案建立在IEEE 802.3标准的基础上，通过对其相关标准的实时扩展，提高实时性，并且做到与标准以太网的无缝连接，这就是实时以太网（Real Time Ethernet，RTE）。

为了规范RTE工作的行为，2003年5月，IEC/SC65C专门成立了WG11实时以太网工作组，负责制定IEC 61784-2"基于ISO/IEC 8802.3的实时应用系统中工业通信网络行规"国际标准，在该标准中包括Ethernet/IP、PROFINET、P-NET、Interbus、VNET/IP、TCNET、EtherCAT、Ethernet Powerlink、EPA、Modbus TCP及SERCOS共11种实时以太网行规集。

例如，我国制定的GB/T 20171—2006《用于工业测量与控制系统的EPA系统结构与通信规范》，规定了网络的时间同步精度为8个等级，具体如表6-2所示。

表6-2 我国规定的网络时间同步精度等级

等级	0	1	2	3	4	5	6	7
时间同步精度	无要求	<1 s	<100 ms	<10 ms	<1 ms	<100 μs	<10 μs	<1 μs

6.2 工业以太网的现状与发展前景

6.2.1 工业以太网的现状

1. 技术改造

针对以太网在工业现场使用方面所面临的问题，现已出现了不少解决方案。如对以太网的数据链路层进行改进来实现实时性和确定性的要求，当然只是对其进行小改进或者变相的改进，而不能改动最基本的 CSMA/CD 介质访问方式，不然就改变了以太网的性质；采用能满足工业现场要求的连接方式来满足现场设备的安装和可靠性要求。至于在以太网上实现总线供电和防爆等技术还在进一步的开发和研究之中。

2. 大公司增加开发力度

许多大公司都提出了工业以太网的实现方案，并且也陆续推出了自己的产品。比较有影响的如现场总线基金会（FF）的高速以太网（HSE）、Rockwell 公司的以太网工业协议 Ethernet/IP、西门子公司的 PROFINET、施耐德（Schneider）公司的 Modbus TCP，以及 IDA 集团的分布式自动化接口（Interface for Distributed Automation，IDA）等。

3. 几种主要的工业以太网

1) Ethernet/IP：由 ODVA、CI 和 IEA 三个国际组织于 2000 年联合推出，Rockwell 公司是它的主要支持者。基于以太网技术、TCP/IP 技术以及控制和信息协议（Control and Information Protocol，CIP）技术，因此它兼具工业以太网和 CIP 网络的优点。

2) 高速以太网（HSE）：现场总线基金会（FF）于 2000 年发布了 HSE 的技术规范，定位于实现控制网络与 Internet 的集成，由 HSE 链接设备将 H1 网段信息传送到以太网的主干上并进一步送到企业的 ERP 和管理系统。

3) PROFINET：德国西门子公司于 2001 年发布。PROFINET 的基础是组件技术，每一个设备都被看成是具有 COM 接口的自动化设备，简化了编程。PROFINET IO 技术规范是我国推荐性国家标准，标准号：GB/T 25105.1~3—2014。

4) Modbus TCP：施耐德公司于 1999 年公布，以一种非常简单的方式将 Modbus 框架嵌入到 TCP/IP 结构中，基本上没有对 Modbus 协议本身做修改，只是为了满足控制网络实时性的需要，改变了数据的传输方法和通信速率。Modbus TCP 是我国推荐性国家标准，标准号：GB/T 19582.3—2008。

5) EtherCAT：由德国倍福（Beckhoff）公司开发，并由 EtherCAT 技术组（EtherCAT Technology Group，ETG）支持。它采用以太网帧，并以特定的环状拓扑发送数据；EtherCAT 保留了标准以太网功能，并与传统 IP 兼容。EtherCAT 是我国推荐性国家标准，标准号：GB/T 31230—2014。

6.2.2 工业以太网的发展前景

由于各个国家各个公司的利益之争，虽然早在 1984 年国际电工技术委员会/国际标准协会（IEC/ISA）就着手开始制定现场总线的标准，但至今仍是多种总线标准并存的格局。随着以太网技术的不断发展与进步，呈现出逐步取代传统现场总线的趋势；以太网的传输速率以及其标准化和开放性对于有高速传输要求的现场总线也是一种提速，而工业自动化产品制造商也同样对以太网技术融合在不断进行探索。

因此可以说，工业以太网在工业通信网络中的使用将构建从底层的现场设备到控制层、再到企业管理决策层的综合自动化网络平台，从而消除企业内部的各种自动化孤岛。以太网作为 21 世纪未来工业网络的首选，它将在控制层和现场设备级成为标准的高速工业网络，有着广泛的应用和发展前景。

以太网所具有的低成本、全开放、传输速率高及应用广泛等优点，使它在工业控制系统应用中拥有无可比拟的优势。应用于工业控制现场的固有缺陷（如通信实时性、互操作性、网络安全性等）都已得到了很大程度的改善。

据美国权威调查机构报告，今后以太网不仅将继续垄断商业计算机网络和工业控制系统的上层网络通信市场，还将领导未来现场控制设备的发展，以太网和 TCP/IP 将成为器件总线和现场设备总线的基础协议。

由于以太网有"一网到底"的美誉，即它可以一直延伸到企业现场设备控制层，所以被人们认为是未来控制网络的最佳解决方案。

6.3 PROFINET 技术及其应用

6.3.1 PROFINET 技术介绍

PROFINET 是由 PROFIBUS International（PI）推出的开放式以太网标准，用于实现基于工业以太网的集成自动化方案，其标准涵盖了控制器各个层次的通信，其中包括 I/O 设备的普通自动控制领域和功能更加强大的运动控制领域。

德国西门子公司 1998 年发布工业以太网白皮书，并于 2001 年发布其工业以太网的规范，称为 PROFINET。PROFINET 基于工业以太网技术，使用 TCP/IP 和 IT 标准，是一种实时以太网技术，同时它无缝地集成现有的现场总线系统，从而实现现有的现场总线技术与工业以太网的有机融合。

作为国际标准 IEC 61158 的重要组成部分，PROFINET 是完全开放的协议，和标准以太网完全兼容。根据实时性，可按照 TCP/UDP 和 IP（100 ms）、SRT（10 ms）、IRT（<1 ms）三种性能等级进行传输，以满足对实时性有不同要求的应用领域，PROFINET 的技术模型如图 6-1 所示；由于 SRT/IRT 省略了网际层（IP）与传输层（TCP/UDP），缩短了通信栈所占用的时间，提高了过程数据刷新速率方面的性能，且 RT 数据通过优先级、预留通信通道来优化和确保数据传输，因此传输效率提高。

三种性能等级的 PROFINET 通信覆盖了自动化应用的全部范围。TCP 通信方式可用于工厂控制级的通信，如控制器、HMI 的通信；SRT 通信可用于诸如远程 I/O 设备与执行机构之间的数据交换等，系统对访问时间更为严格；IRT 通信用于现场对实时性要求最高的运动控制通信，由于运动控制应用要求刷新速率在 1 ms、100 节点的连续循环的抖动精度为 1 μm，因此 IRT 传输方法确保了即使在通信拥堵的情况下也绝不能影响苛求时间的数据通信。

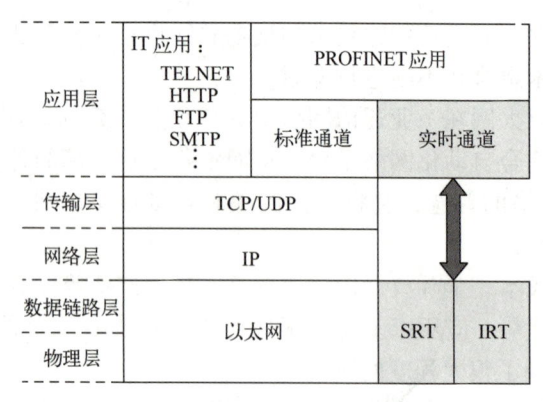

图 6-1　PROFINET 的技术模型

集成 IRT 功能的交换机和一个普通交换机在平时工作起来是完全一样的，也就是说，IRT 交换机可以和普通交换机一样使用，即使在使用实时通道时，它同样可以在自己的开放通道使用其他标准功能。

为了给不同类型的自动化应用提供最佳的技术支持，PROFINET 标准提供了两种基于工业以太网的自动化集成解决方案：PROFINET IO（分布式 IO）和 PROFINET CBA（基于组件的分布式自动化系统）。其中，PROFINET IO 是使用以太网连接和 PROFINET 通信的分散的外部设备，它关注的是采用简单的通信设备实现适合的数据传输；PROFINET CBA 以工艺技术模块[○]的面向对象的模块化为基础，这些模块的功能采用统一的 PROFINET 定义方式进行封装，它能满足成套装备构造者和操作者对于系统级的工程设计过程与制造商无关的要求。

PROFINET 支持用以太网通信的简单分散式现场设备和严格要求时间的应用的集成，以及基于组件的分布式自动化系统集成。

6.3.2　PROFINET 与 PROFIBUS 的比较

PROFINET 与 PROFIBUS 是 PNO 组织推出的两种总线。PROFINET 基于工业以太网，而 PROFIBUS 基于 RS-485 串行总线，两者协议不同、介质不同。

同 PROFIBUS 相比，PROFINET 在传输速率、网络结构的灵活性等方面都有明显的优势，两者部分通信性能对比详见表 6-3。

表 6-3　PROFINET 与 PROFIBUS 部分通信性能对比

功 能 特 性	PROFIBUS	PROFINET
最大传输速率	12 Mbit/s	100 Mbit/s
数据传输方式	半双工	全双工
网络拓扑结构	总线型	星形/总线型/树形
设备描述	GSD 文件（text）	GSD 文件（XML）
最大一致性数据	32 B	254 B
最大用户数据	244 B	1400 B
设备之间的长度	100 m	100 m

○　许多自动化系统可分为多个自治工作段，在 PROFINET 中，这些工作段称为工艺技术模块。——编辑注

(续)

功能特性	PROFIBUS	PROFINET
主站个数	多主站会影响循环周期速度	无限制，多个控制器不会影响 IO 响应速度
组态和诊断功能	需要专门的接口模块	可以使用标准的以太网网卡
网络诊断	特殊工具	IT 相关工具
设备的网络位置	不能确定	可以通过拓扑信息确定
通信介质	光缆、双绞线	可以用无线
运动控制	响应速度慢	响应速度快
使用成本	高	低

由于两种总线都使用了精简的网络模型，因此都具有很好的实时性。由于市场上基于标准以太网的解决方案远远多于 PROFIBUS 的解决方案，因此，可以有更多的可用资源去开拓市场和开发新技术。

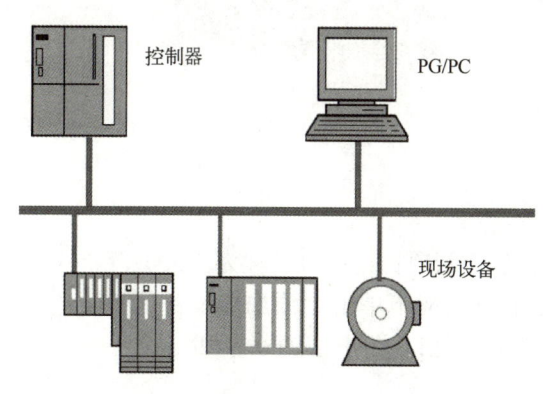

6.3.3　PROFINET IO 系统结构

分散式现场设备通过 PROFINET IO 集成。PROFINET IO 采用 RT 通信方式，数据格式详见表 6-4；当类型选择 0x8892 时，代表着 PROFINET 报文，"帧 ID+数据+状态"构成传输的 PROFINET 数据。

表 6-4　PROFINET IO 数据通用格式　　（单位：B）

前导码	开始标志	目的 MAC	源 MAC	类型与 VALN ID	以太网类型	帧 ID	数据	状态	校验
7	1	6	6	4	2	2	(40~1440)	4	4

PROFINET IO 体系结构类似于 PROFIBUS-DP 结构，如图 6-2 所示。PROFINET IO 分为 3 种设备类型。

图 6-2　PROFINET IO 系统结构

1) IO 控制器：运行自动化程序的控制器，如 PLC。
2) IO 监视器：具有投入运行和诊断功能的编程装置，如 PC。
3) IO 设备：分配给某个 IO 控制器的远程指定的现场设备，如分布式 I/O、变频器等。数据可在 IO 控制器与 IO 设备之间通过以下通道进行传输。

1）循环 IO 数据、事件控制的报警：在实时通道上传输。

2）参数分配、组态及读取诊断信息：在基于 UDP/IP 的标准通道上传输。

6.3.4　S7-300 PLC 与 S7-300 PLC 之间的 PROFINET 通信

1. 系统要求及配置

本例采用两台 S7-300 PLC 通过以太网连接，采用 S7 通信模式分别实现两台 PLC 之间各 10 字节的读写功能。PLC 系统分别配置如下：

1）CPU 314C-2DP 一台，订货号：6ES7 314-6CH04-0AB0 V3.3；以太网模块 CP 343-1 Advanced-IT 一块，订货号：6GK7 343-1GX31-0XE0 V3.0；电源模块 PS 307 2A 一块，订货号：307-1BA01-0AA0。

2）CPU 315 2PN/DP 一台，订货号：6ES7 315-2EH14-0AB0 V3.2；电源模块 PS 307 2A 一块，订货号：307-1BA01-0AA0。

3）PROFINET 电缆（包括 RJ45 插头）一根。

如图 6-3a 所示，PROFINET 电缆导线由 4 根绞合线组成，并采用双屏蔽，特别适用于易受电磁干扰的工业环境中。如图 6-3b 所示，RJ45 插头具有坚固的金属外壳和集成绝缘刺破触点，可用于连接工业以太网电缆；用于连接非交叉 100 Mbit/s 以太网，距离最远 100 m，不必使用插接线；打开金属外壳，里面有彩色标记，能方便地将芯线与端子连接。PROFINET 电缆线很容易与 IE FC 接头的绝缘刺破触点连接，不需要专门工具。

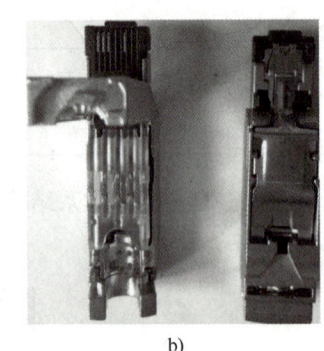

图 6-3

a)　　　　b)

图 6-3　PROFINET 电缆和 RJ45 插头
a）PROFINET 电缆　b）RJ45 插头

2. 硬件组态

1）打开 Portal 软件，创建新项目，项目名称为"300_300_PROFINET"；然后，在项目树下单击"添加新设备"，选择 CPU 314C-2DP，并为其添加以太网通信模块 CP 343-1 Advanced-IT。

6.3-1　PROFINET 通信系统硬件组态

2）如图 6-4 所示，设置 CP 343-1 Advanced-IT 模块的以太网接口：新建子网"PN/IE_1"，设置 Station1（PLC_1）的 IP 地址为 192.168.0.1，掩码为 255.255.255.0。本例中，Station1（PLC_1）作为客户端，CPU 315 2PN/DP 设为 Station2（PLC_2）作为服务器。

3）考虑后续编程时会用到系统时钟，在 PLC_1（客户端）属性中设置启用时钟存储器，界面如图 6-5 所示。

图 6-4 设置 CP 343-1 Advanced-IT 模块的以太网接口

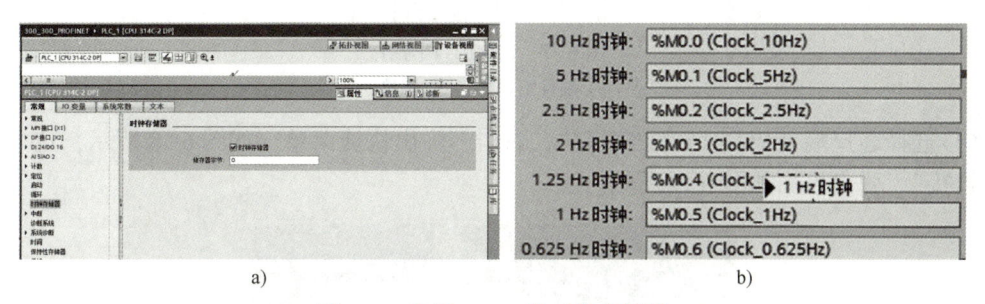

图 6-5 启用 PLC_1 的时钟存储器
a) 启用时钟存储器　b) 设置时钟存储器

4) 同样的步骤，建立硬件组态 PLC_2[CPU 315-2PN/DP]，设置以太网接口通信参数，如图 6-6 所示。

图 6-6 设置 PLC_2[CPU 315-2PN/DP]的以太网接口

5) 两台 PLC 网络接口配置完成后，可在"网络视图"中查看已经建立的 PN/IE_1 网络连接，如图 6-7a 所示；选择连接方式，将"HMI 连接"改成"S7 连接"方式，如图 6-7b 所示。

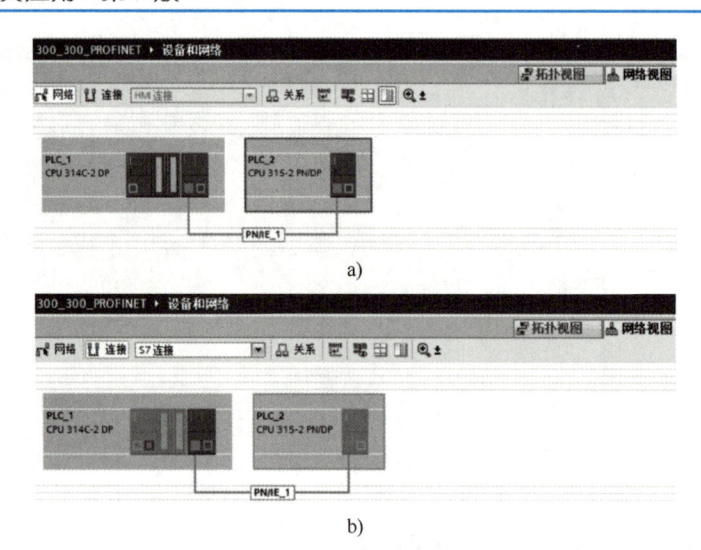

图 6-7　PN/IE_1 网络
a) 硬件组态　b) S7 连接

6) 选择客户端（PLC_1）CPU 模块，右击，弹出快捷菜单，如图 6-8 所示，选中"添加新连接"，弹出界面如图 6-9 所示。

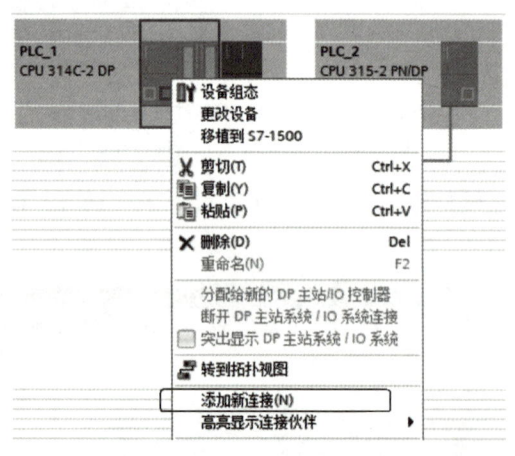

图 6-8　CPU 模块选择菜单

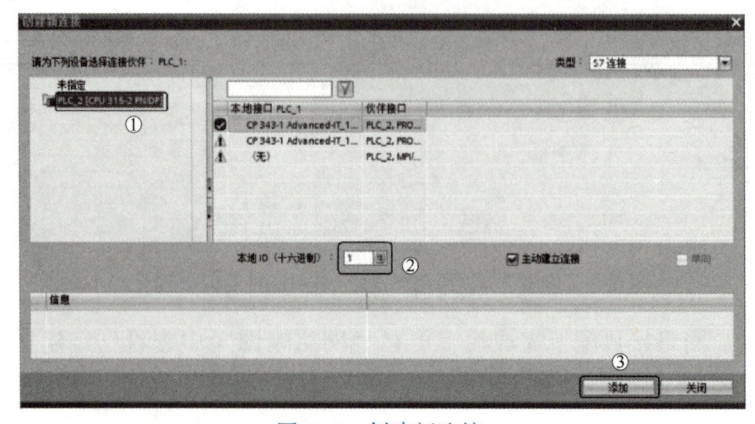

图 6-9　创建新连接

7) 在"创建新连接"界面上，按照图 6-9 中所示步骤①~③的操作添加 S7 连接，单击"关闭"按钮，退出"创建新连接"界面，回到"网络视图"界面，如图 6-10 所示。

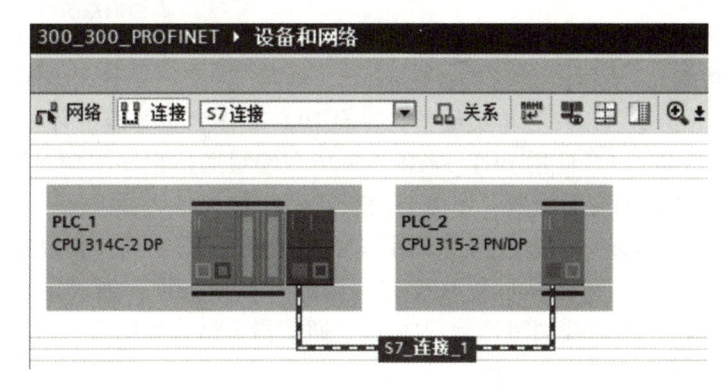

图 6-10　S7 连接设置完成

8) 在图 6-10 界面，单击左上角"网络"按钮，S7 连接配置完成，如图 6-11 所示。

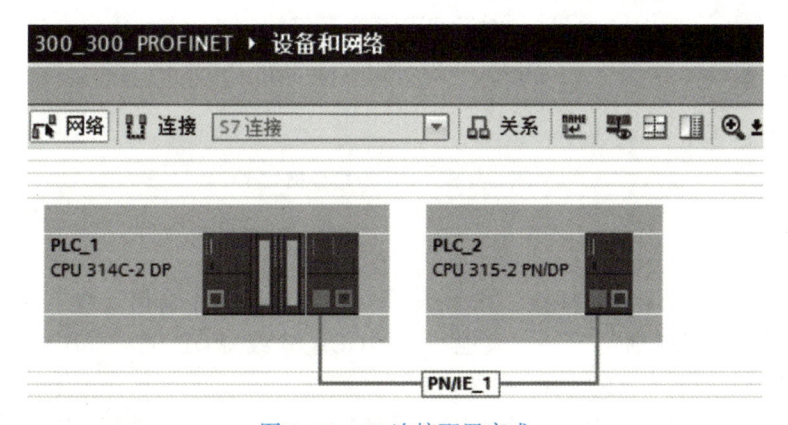

图 6-11　S7 连接配置完成

9) 在图 6-11 的"网络视图"界面中，展开"网络数据"，可查看两台 PLC 的 S7 连接情况，如图 6-12 所示。

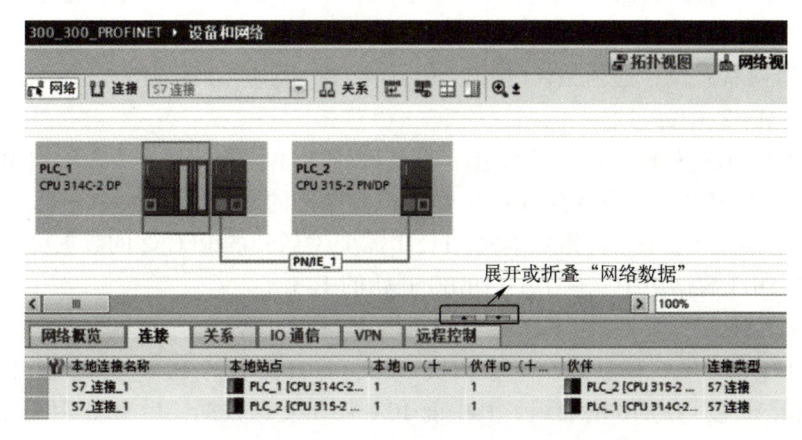

图 6-12　"网络数据"窗口显示

3. 程序编写

(1) 通信指令

S7-300 PLC 可使用 PUT_S/GET_S 指令来实现集成的 PROFINET 通信功能。

PUT_S/GET_S 指令可以用于单边编程，一台 PLC 则作为服务器，另一台 PLC 则作为客户端；通过在客户端的 PLC 使用 PUT_S/GET_S 指令编写通信程序实现对服务器的读/写操作；服务器侧只需进行相应的配置，不需要编写通信程序。

使用 PUT_S 指令可以将本地数据写入远程 CPU（服务器），通过集成接口和 CP 可建立通信连接；使用 GET 指令可以从远程 CPU（服务器）读取数据，通过集成接口和 CP 可建立通信连接，通信伙伴不需要编写通信程序。S7 通信指令格式如图 6-13 所示，指令参数的设置可参见 TIA PORTAL V15 软件的信息系统说明。

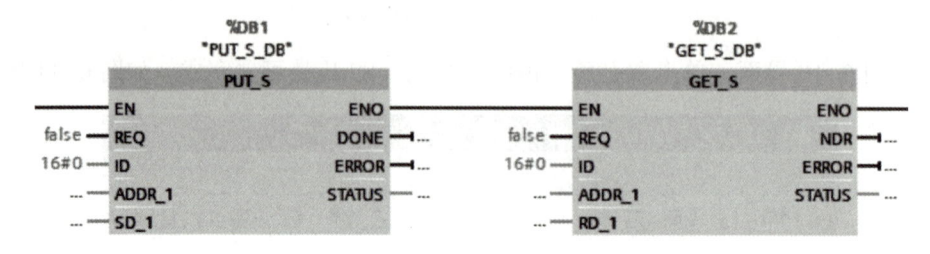

图 6-13 S7 通信指令格式

(2) 指令调用

打开 PLC_1（客户端）程序块，在 Main 程序中，直接调用通信函数，调用路径为"指令"→"通信"→"S7 通信"→"其他"→"GET_S"或"PUT_S"，如图 6-14 所示，并设置指令模块参数，如图 6-15 所示。

在指令模块 GET_S 中，REQ 引脚定义了数据多久传输一次，选择 CPU 时钟脉冲触发，频率为 1 Hz（M0.5）；ID 为寻址参数，用于远程通信伙伴的寻址，根据图 6-12，ID 值为 1；读取区域 ADDR_1，指定将 PLC_2（服务器）中 DB2.DBB0~DB2.DBB9 计 10 B 的数据，读取并存储到 PLC_1 的读取区域 RD_1，即 DB3.DBB10~DB3.DBB19 中；继续设置输出状态引脚，其中 NDR 表示每接收到新数据一次，就输出一个上升沿，连接到 M1.0（Tag_10）；ERROR 表示错误状态位，通信错误时置位 1，连接到 M1.1（Tag_11）；STATUS 表示通信状态字，连接到 MW2（Tag_12）。

在指令模块 PUT_S 中，REQ 引脚选择 CPU 时钟脉冲触发，频率为 1 Hz（M0.5）；写入区域 ADDR_1，指定将数据写入到通信伙伴（PLC_2）的 DB2 数据块中，且从 DB2.DBB10 开始的 10 B；发送区域 SD_1，指定本地 PLC_1 需要发送到的 PLC_2 的数据区域，本例选择将数据放置在 DB3 数据块中，从 DB3.DBB0 开始的 10 B。

4. 数据块的建立

在 PLC_1（客户端）中新建全局数据块 DB3，将其命名为 PLC_1；在其中新建两个数据类型为字节、长度均为 10 的数组。其中前 10 B 用于发送数据，后 10 B 用于接收数据；完成后，进行编译；建立后的数据块 DB3 结构，如图 6-16 所示。

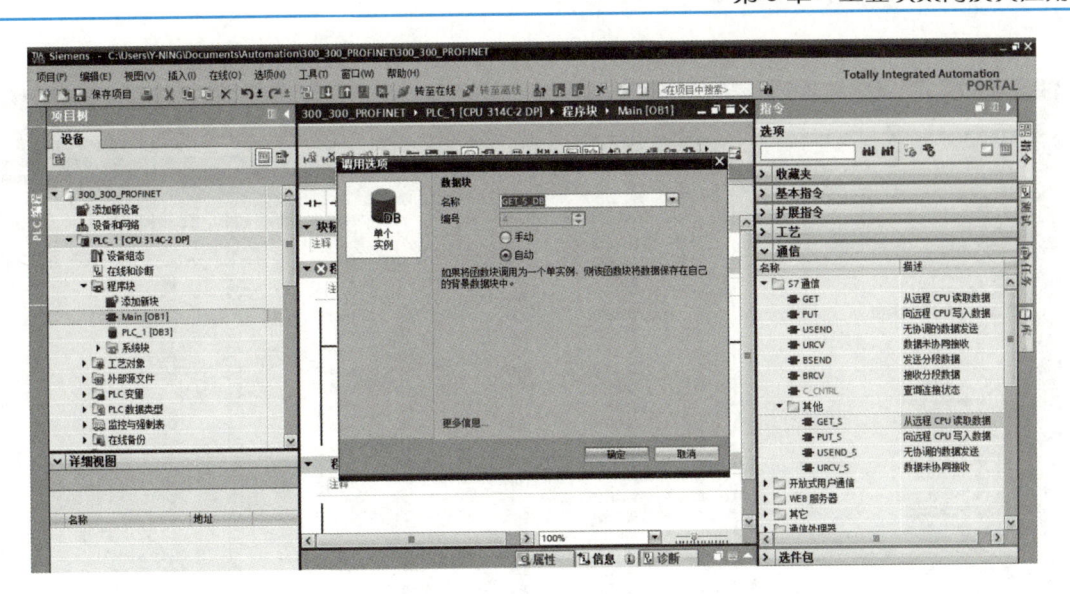

图 6-14　通信指令的调用

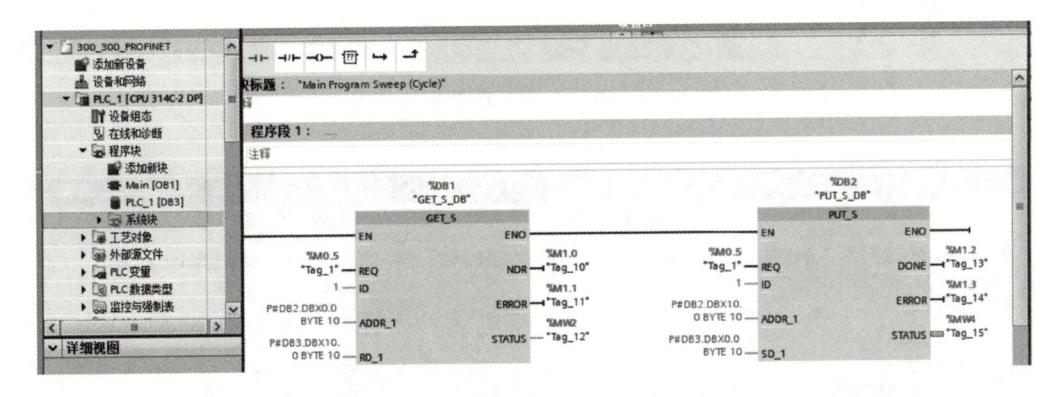

图 6-15　通信指令参数设置

同样，可在 PLC_2 中新建全局数据块 DB2；在其中新建两个数据类型为字节、长度均为 10 的数组。其中前 10 B 为待读取数据区，即将 PLC_2 中的这 10 个数据发送到 PLC_1 中；后 10 B 为待写入数据区，用于接收 PLC_1 发送的 10 个数据；完成后，进行编译；建立后的数据块 DB2 结构，如图 6-17 所示。

5. 系统调试

程序编译成功后，将项目树下的文件 PLC_1 [CPU 314C-2DP] 和 PLC_2 [CPU 315-2PN/DP] 分别下载到两台 PLC 中启动并运行，打开变量监控表分别在线监控 PLC_1 的 DB3 数据和 PLC_2 的 DB2 数据，监控界面及在线数据如图 6-18 所示，数据块中设置的初始值通信方已获得；当在 PLC_1 中将发送区数据修改写入后，PLC_2 中的待写入区数据就会被更新；当将 PLC_2 中的待读取区数据修改写入后，PLC_1 中的接收区数据也会被更新；监控界面及在线数据如图 6-19 所示。

6.3-3　PROFINET 通信系统运行与监控

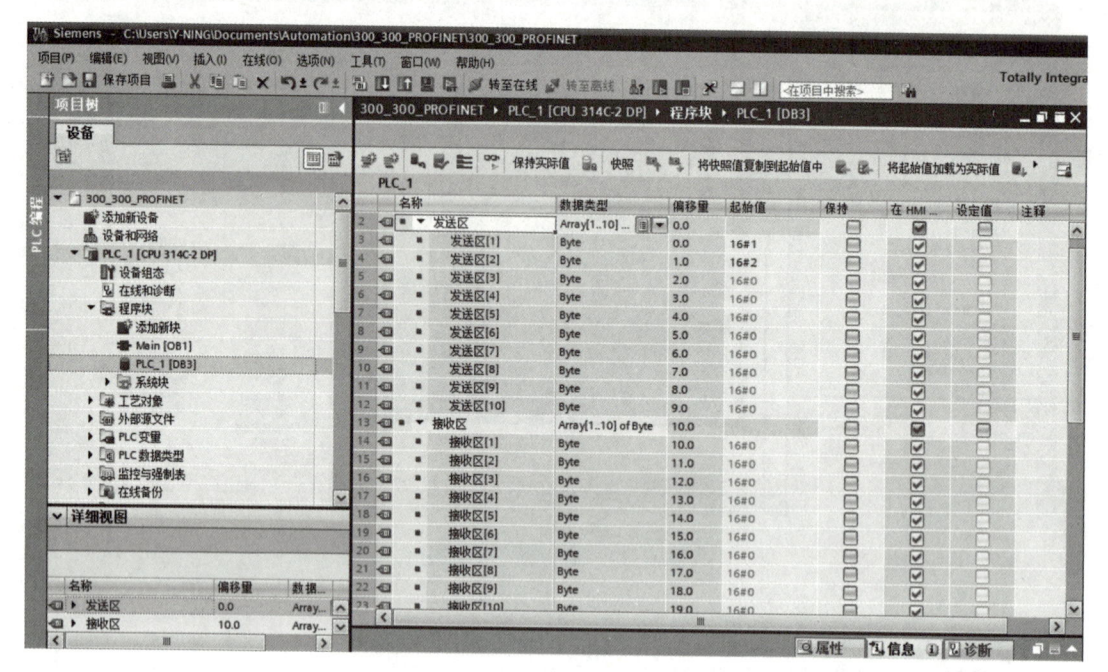

图 6-16　PLC_1 中 DB3 数据块结构

图 6-17　PLC_2 中 DB2 数据块结构

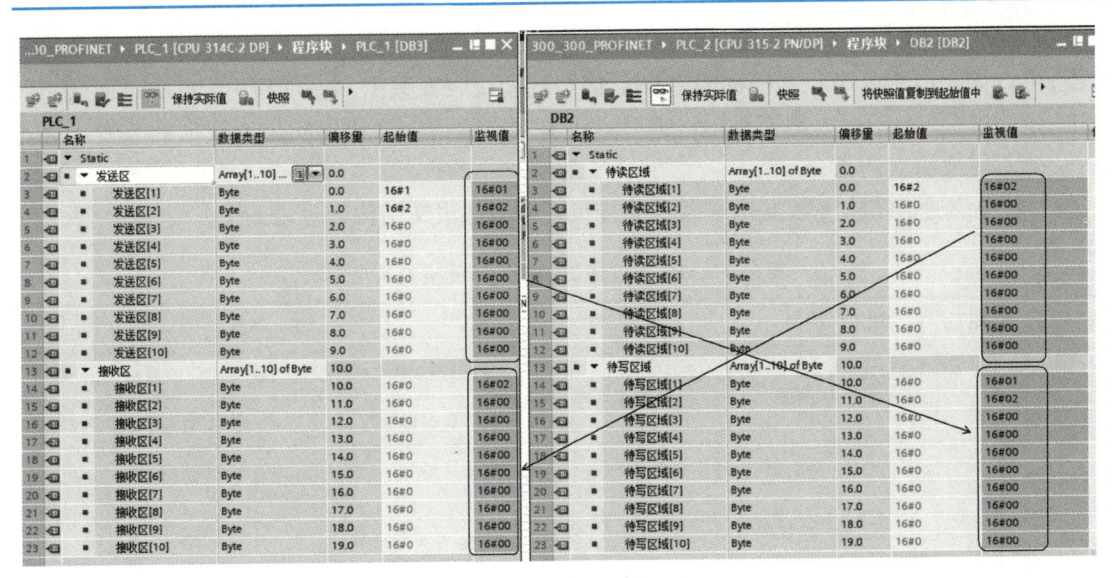

图 6-18 在线监控通信数据 1

图 6-19 在线监控通信数据 2

6.4 MC 技术及其应用

6.4.1 MC 技术介绍

三菱 PLC 以太网通信协议主要包括 SOCKET 协议和 MC 协议。SOCKET 协议是通过专用指令接收和发送通信数据或字符串，而 MC 协议可以不用特定的指令去收发数据。本节简单介绍 MC 协议的性能及应用。

MC 协议（MELSEC 通信协议的简称）是三菱 PLC 通信方式的名称，用于实现对方设备

（如计算机、显示器等）经由以太网模块对 PLC 的软元件数据的读出/写入功能。只要对方设备可以嵌入应用程序，并根据 MELSEC PLC 的协议收发数据，便可利用 MC 协议通信访问 MELSEC PLC。由于以太网模块是根据对方设备发出的指令（协议）进行数据的收发，因此 PLC 侧不需要特定的指令。

MC 协议通信结构、数据格式及功能详见表 6-5，报文结构详见表 6-6。

表 6-5　MC 协议通信结构、数据格式及功能

协议名称	通信结构	数据格式	功能	
MC 协议	A 兼容 IE 结构	ASCII 或二进制码	软元件的读出/写入	位/字单位的成批读出/写入
			PLC 的远程控制	远程 RUN/STOP 控制

表 6-6　报文结构

报头			副标题	文本（命令）				
以太网 (14B)	IP (20B)	TCP/UDP	00H	PC 号 FFH	ACPU 监视定时器 L 0AH / H 00H	起始软元件 L 64H — 00H — 00H — 00H — H 24H / 40H	点数 软元件 0CH	00H

对方设备利用 MC 协议访问 PLC 时的控制原则如下。

1）命令报文的发送。

MC 协议数据通信采用半双工通信方式。访问 PLC 时，需要在接收到 PLC 侧对刚刚发送的命令报文的响应报文之后，发送下一个命令报文，如图 6-20 所示。

图 6-20　命令报文发送示意

2）对于命令报文，无法接收正常结束的响应报文时，需要做如下处理。
- 当接收到异常结束的响应报文时，要根据响应报文中的错误代码进行处理。
- 当无法接收响应报文或全部无法接收时，要在响应监视定时器的监视时间（可设定）经过后，重新发送命令报文。

MC 协议可以通过串口、以太网口等不同的通信接口实现数据采集和交换，包含两种数据通信方式：ASCII 码和二进制码。其中，ASCII 码方式使用英文字符编码传输；二进制码方式使用二进制编码传输，与 ASCII 码数据通信相比，通信数据量大约只有一半，因此通信时间更短、通信速率更快。

6.4.2　FX$_{3U}$ PLC 与 SIMATIC HMI 的 MC TCP/IP 通信

1. 通信系统设备介绍

SIMATIC HMI 设备可以依托内置的 WinCC 通信驱动程序，通过 TIA Portal 软件进行组态，实现与其他厂商（非 SIMATIC 系列）PLC 的通信，并通过使用变量或区域指针两种

方式进行数据交换。目前 WinCC Professional V15 软件提供了 Allen-Bradley、三菱、Modicon、Omron 等公司 PLC 产品的通信驱动程序。

西门子为三菱 PLC 提供了 Mitsubishi FX、Mitsubishi MC TCP/IP 两种通信驱动程序。其中，Mitsubishi FX 通信驱动程序支持三菱 MELSEC FX_{1N}、FX_{2N} 系列 PLC，可使用带有集成 RS-422/RS-232 适配器的 Mitsubishi 编程电缆 SC-09 来通过 RS-232 连接 HMI 设备，实现点到点的连接和通信；Mitsubishi MC TCP/IP 通信驱动程序支持具有 FX_{3U}-ENET 通信模块的 MELSEC FX_{3U}、FX_{3UC}、FX_{3G} 系列 PLC，以及支持通信模块 QJ71E71-100 的 Q 系列 PLC 或带有板载以太网接口的 QnUDEH PLC，通过以太网接口进行连接并实现点到点的通信。

本例选取带有以太网接口的 SIMATIC HMI 设备及配有以太网通信模块的 FX_{3U} PLC 搭建通信系统，介绍三菱的 MC TCP/IP 与外部设备的以太网通信实现。

2. 控制要求及硬件配置

实现西门子 SIMATIC HMI 与三菱 FX_{3U} PLC+以太网模块 FX_{3U}-ENET-L 的 MC 协议通信，控制要求如下。

1）通过 HMI 显示 PLC 输入点 X0、X1 及输出点 Y0、Y1 的状态。

2）读取 PLC 的 D0（Int 型）、D1（Int 型）、D10（Real 型）数据，并改写 PLC 的 D1 数值。

3）通过 HMI 界面控制 Y0、Y1 的状态。

控制硬件系统结构如图 6-21 所示。本项目选择的 SIMATIC HMI 设备型号为 TP700 Comfort，订货号：6AV2 124-0GC01-0AX0；FX_{3U} PLC 型号为 FX_{3U}-32M，通信模块为 FX_{3U}-ENET-L；使用两根网线，通过 HMI 设备上的两个工业以太网接口分别连接编程 PC 和 FX_{3U}-ENET-L 通信模块。

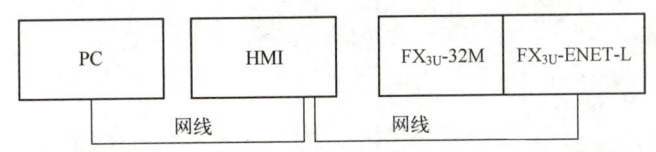

图 6-21 控制硬件系统结构

3. 在 TIA Portal 中组态与 FX_{3U} PLC 的连接

1）打开 TIA Portal V15 编程软件，创建新项目，如图 6-22 所示，项目名称为"HMI_FX3U_TCP"。

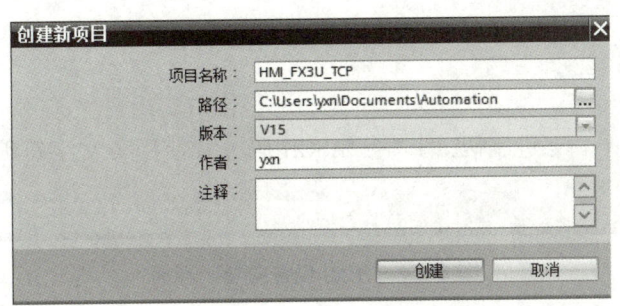

图 6-22 创建新项目

2）在项目树下，单击"添加新设备"，在弹出的选项卡中，组态本项目使用的 HMI 可视化面板；选择"HMI"，依次单击"SIMATIC 精智面板→"7″显示屏"→"TP700

Comfort"→"6AV2 124-0GC01-0AX0",单击"确定"按钮,如图6-23所示。

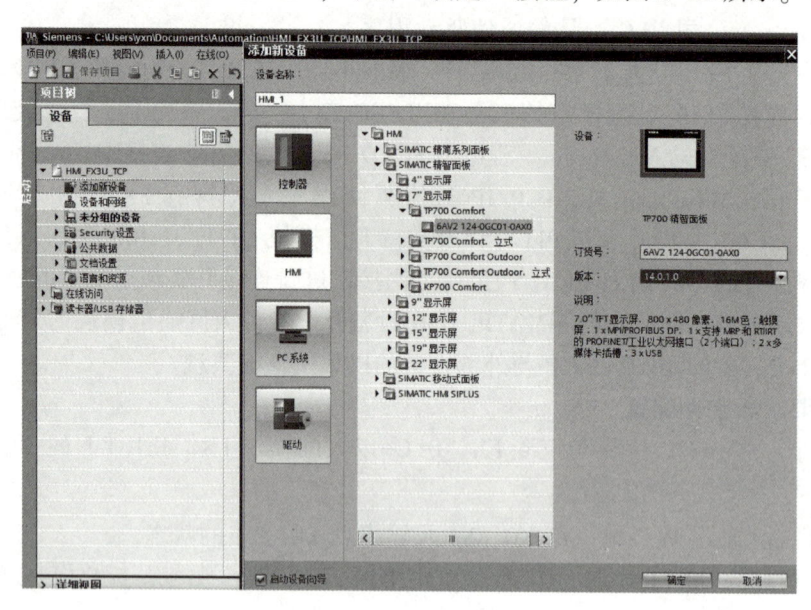

图6-23 "添加新设备"界面

3)出现"HMI设备向导"界面,可设置PLC连接、报警、画面等信息,在此保持默认选项,直接单击"完成"按钮退出,如图6-24所示。

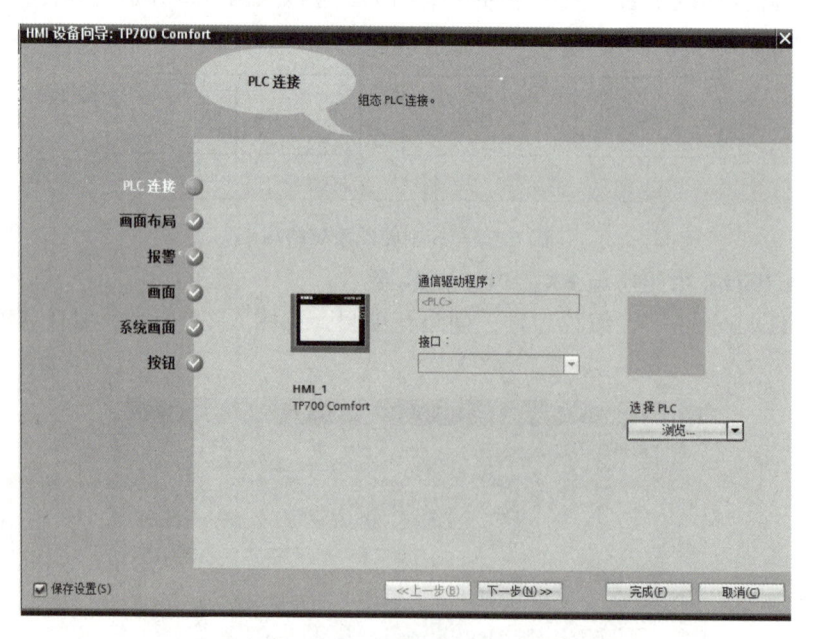

图6-24 "HMI设备向导"界面

4)在"设备和网络"界面中,通过巡视窗口依次选择"属性"→"常规"→"以太网地址",设定HMI设备的IP地址为"192.168.0.1",子网掩码为"255.255.255.0",并添加新子网"PN/IE_1",如图6-25所示。

第 6 章　工业以太网及其应用

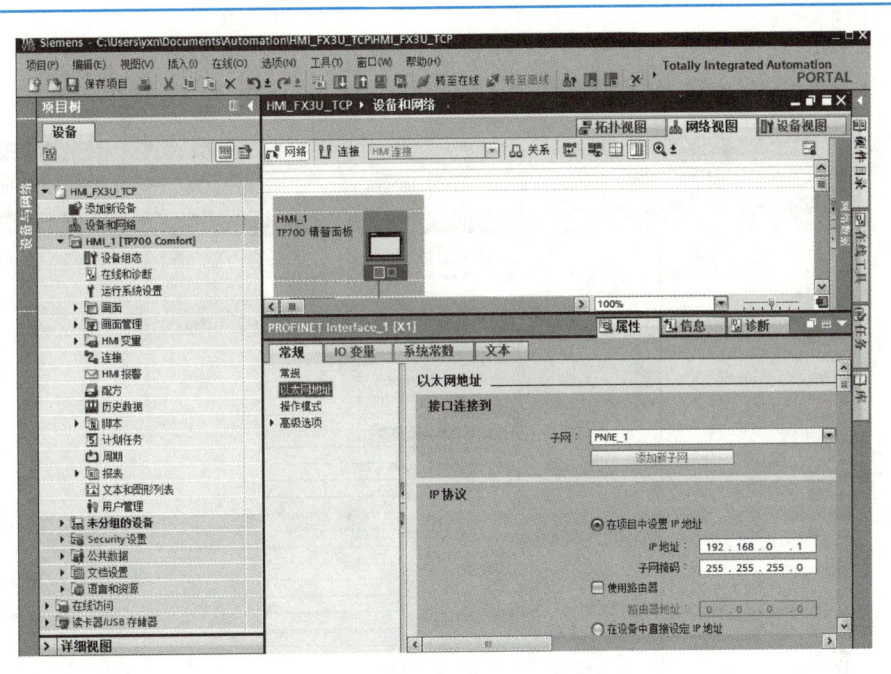

图 6-25　HMI 设备的 IP 地址设置

5）单击左侧项目树中的设备"HMI_1 [TP700 Comfort]",双击"连接",在"连接"编辑器中双击"<添加>",如图 6-26 所示。

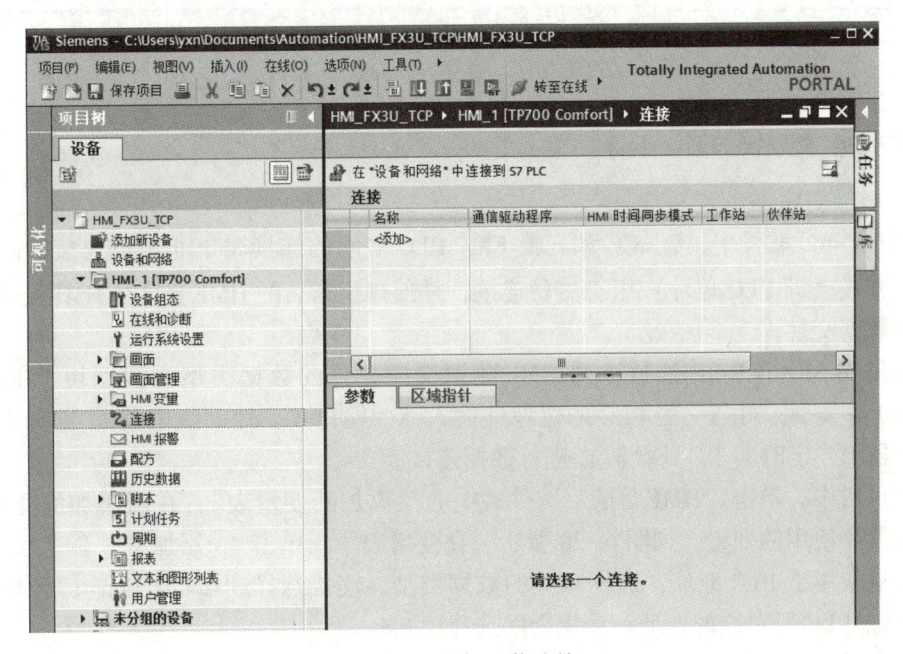

图 6-26　添加通信连接

6）在所添加的名称为"Connection_1"的连接的右侧的"通信驱动程序"列中,选择"Mitsubishi MC TCP/IP"驱动程序,并在巡视窗口的"参数"选项卡中,为接口

151

选择所有必要的连接参数。设置 HMI 接口为以太网，工作站选择 PLC 的 CPU 类型为"FX3"，IP 地址为"192.168.0.2"，端口为"1025"，如图 6-27 所示。

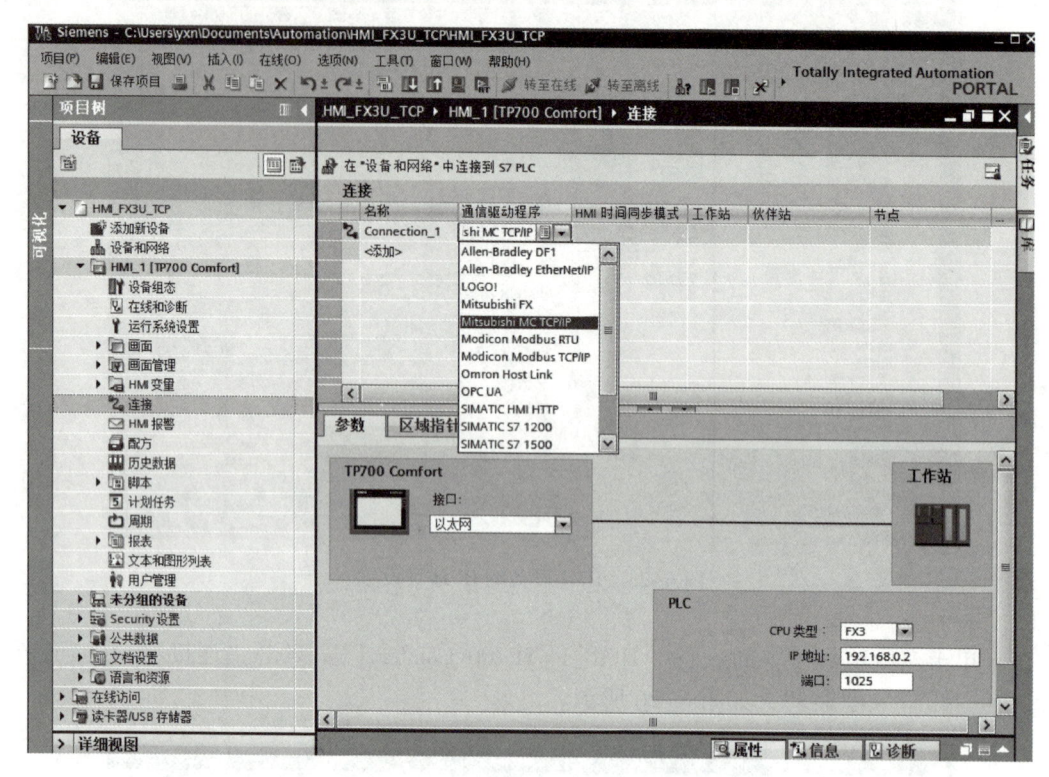

图 6-27　通信驱动程序选择和连接参数设置

4. HMI 变量连接与画面设计

（1）添加 HMI 变量

在 TIA Portal 软件中，WinCC 和三菱 FX$_{3U}$ PLC 之间的连接属于非集成连接，需要通过绝对寻址方式（即 PLC 地址）组态变量连接，并通过组态后的 HMI 变量在 HMI 设备和 PLC 之间进行数据交换。

Mitsubishi MC TCP/IP 连接，与 HMI 数据交换允许的数据类型有数据块、Bool、Int、DInt、Real 等类型，可与三菱 PLC 的位地址输入 X、输出 Y、辅助继电器 M 进行连接，与数据寄存器 D、定时器 T、计数器 C 进行数据连接。

在项目树中，单击"HMI 变量"文件夹中的"添加新变量表"，在新添加的变量表中，依次建立需要使用的变量，如图 6-28 所示。在变量表中，单击"<添加>"，输入变量名称，本例中直接采用了 PLC 地址；选择对应的数据类型，连接选择"Connection_1"，地址名称为三菱 FX$_{3U}$ PLC 所对应的地址，采集周期选择"1 s"。

（2）监控画面设计

直接在 HMI 根画面中添加 X0、X1、Y0、Y1 元素，实现位状态监控；读取 PLC 数据寄存器 D0（Int）、D1（Int）、D10（Real）中的数值并显示；修改 PLC 数据寄存器 D1 的数值。参考画面如图 6-29 所示，完成后下载到 HMI 中。

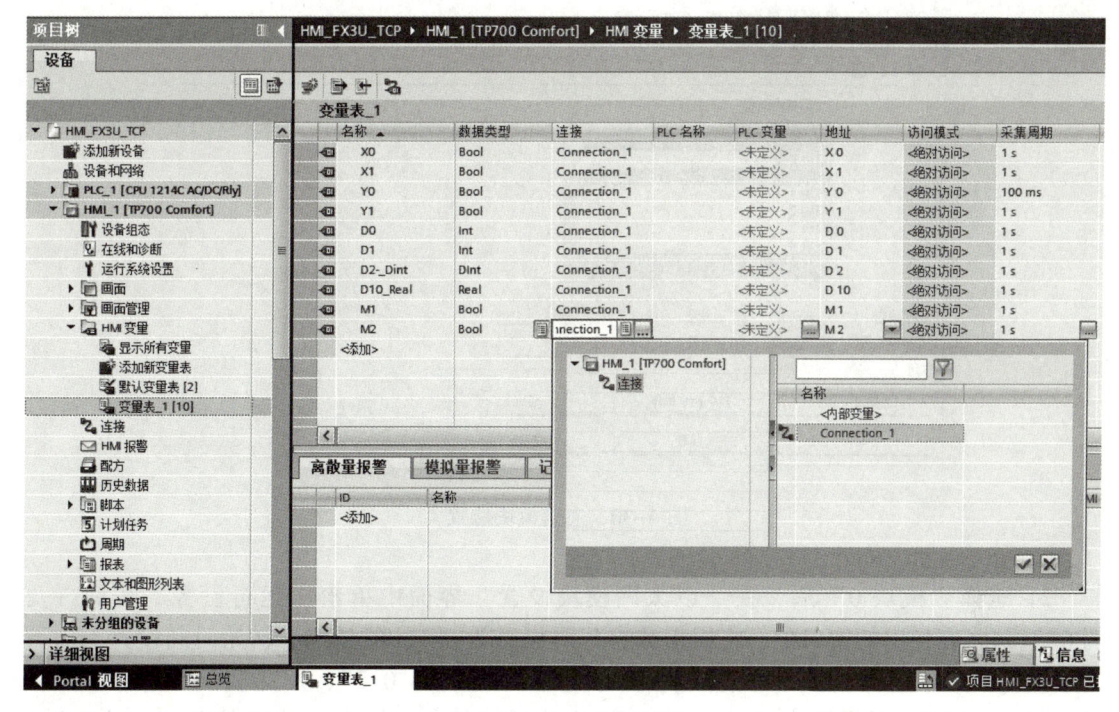

图 6-28　HMI 变量设置

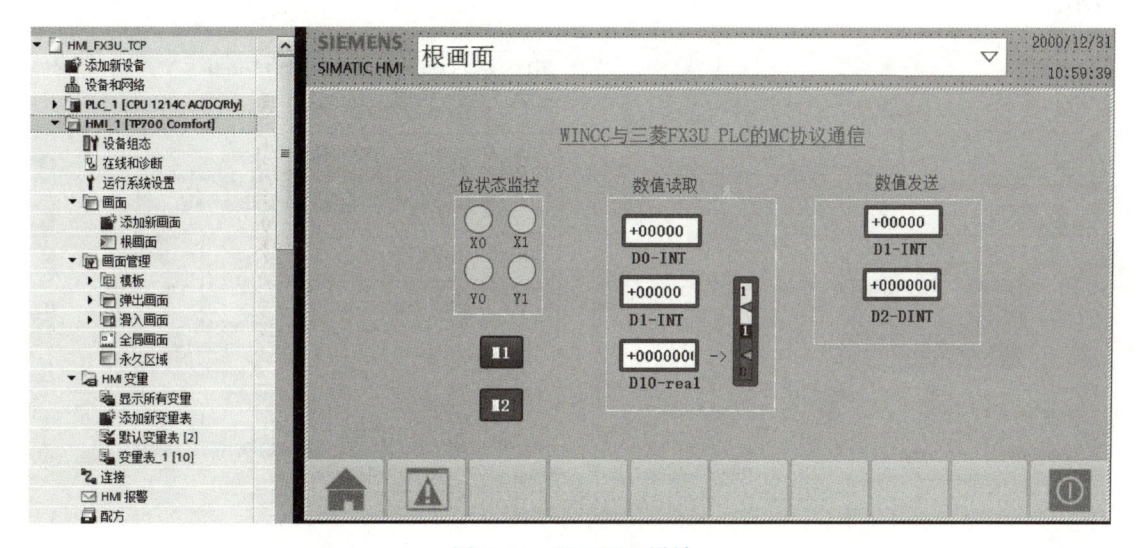

图 6-29　HMI 画面设计

5. PLC 模块配置与编程

（1）通信模块配置

三菱 FX$_{3U}$-ENET-L 以太网通信模块需要专门的组态工具来配置。

1）使用三菱 PLC 编程电缆连接 PLC；打开以太网通信模块的"FX3U-ENET-L 组态工具"界面，选择 FX$_{3U}$-ENET-L 模块所在位置，本例为模块 0，如图 6-30 所示。

153

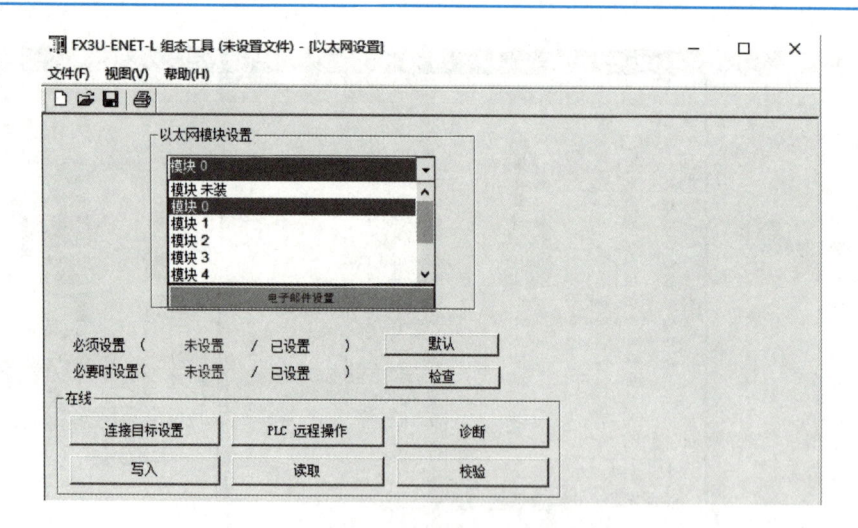

图 6-30 通信模块位置

2）选择"模块0"后，在"以太网模块设置"界面中单击"运行设置"按钮（见图 6-31a），在弹出的窗口中，将通信数据代码设置为"二进制码"，初始时间设置为"开起等待（PLC 停止状态下可通信）"，IP 地址为"192.168.0.2"，发送帧设置为"以太网（V2.0）"，TCP 配置设置为"使用 Ping"。完成后，单击"结束"按钮退出，如图 6-31b 所示。

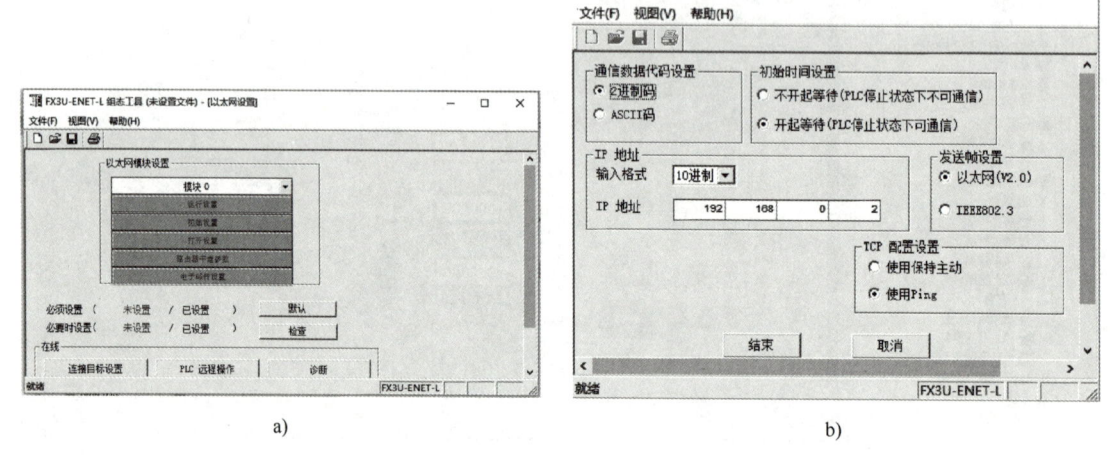

a)   b)

图 6-31 以太网模块中通信模块的运行设置
a) 以太网模块设置界面 b) 通信模块运行设置

3）继续选择"模块0"，在"以太网模块设置"界面中单击"打开设置"按钮（见图 6-31a），在弹出的窗口中，"协议"选择"TCP"，"打开系统"选择"被动（MC）"，"存在确认"选择"不确认"，"本地站端口号"填写"1025"（与 HMI 中设置的端口号一致）。完成后，单击"结束"按钮退出，如图 6-32 所示。

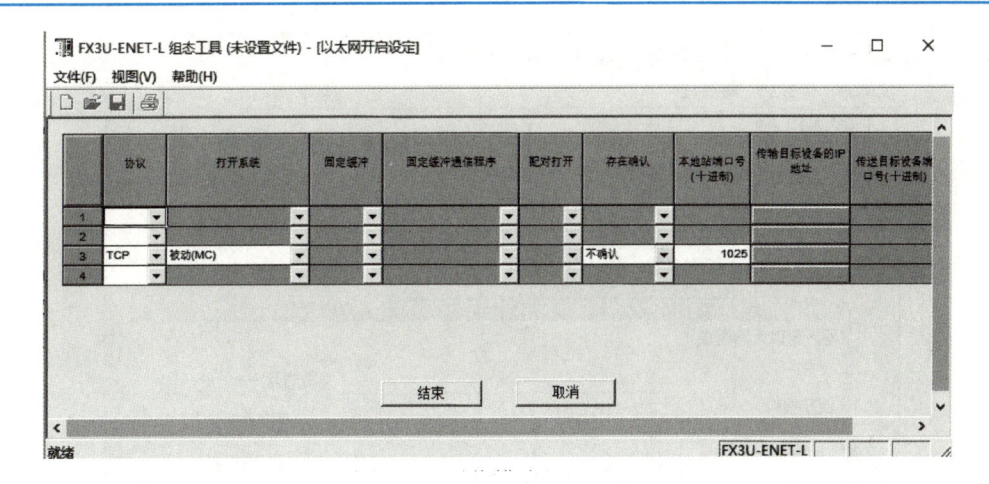

图 6-32　通信模块打开设置

4）设置完成后，使用三菱 PLC 编程电缆连接 PLC。PLC 上电后，在"在线"区域中单击"连接目标设置"按钮，在弹出的"PC 侧 I/F 设置"对话框中选择 RS-232C 端口，选择正确的 COM 端口和传送速度，单击"通信测试"按钮，建立与 PLC 的连接；成功后显示"已成功与 FX3U（C）CPU 连接"提示框，单击"确定"按钮退出，如图 6-33 所示。

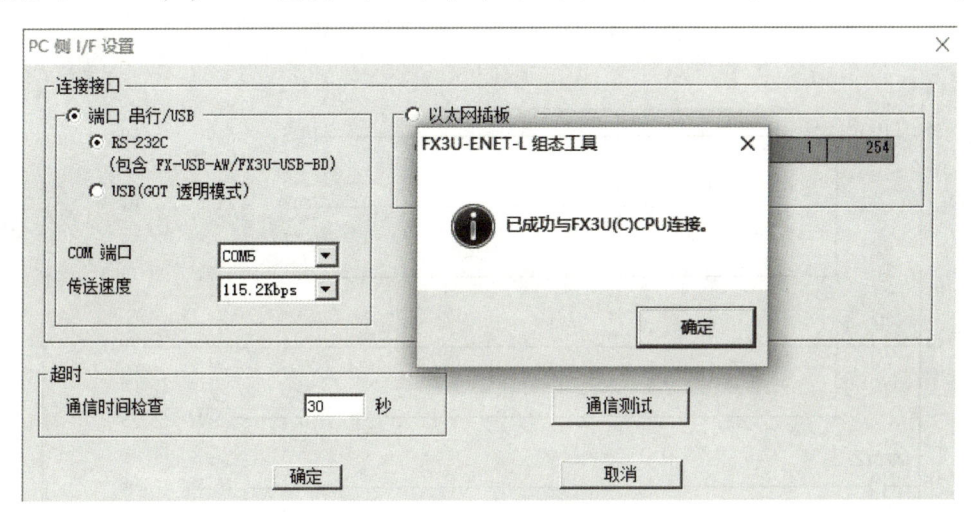

图 6-33　PLC 通信建立

5）继续在"在线"区域中单击"写入"按钮，在弹出的"写入至以太网模块"对话框中，将配置好的参数写入 PLC。完成后，退出通信模块组态工具软件，如图 6-34 所示。

(2) PLC 程序

按照控制要求，打开 GX Developer 编程软件，编写相应的 PLC 程序。程序梯形图如图 6-35 所示，完成后编译并下载到 PLC 中。

6. 程序调试与运行

用网线连接 HMI 与三菱以太网模块，上电后运行，可对 PLC 和 HMI 程序进行监控。PLC 在线监控页面如图 6-36 所示，HMI 运行画面如图 6-37 所示。

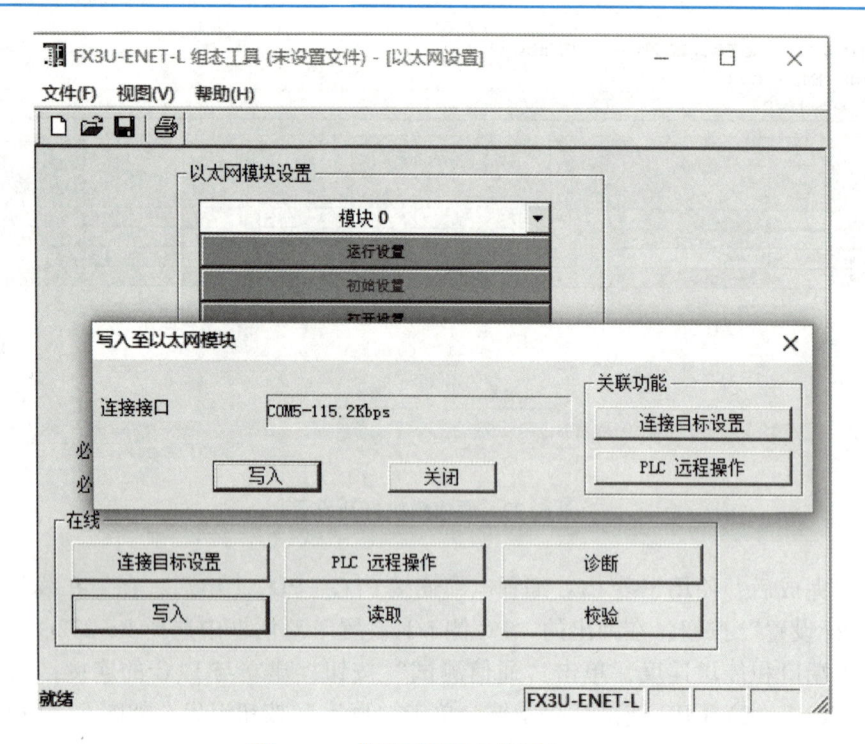

图 6-34 将配置好的参数写入 PLC

图 6-35 PLC 程序梯形图

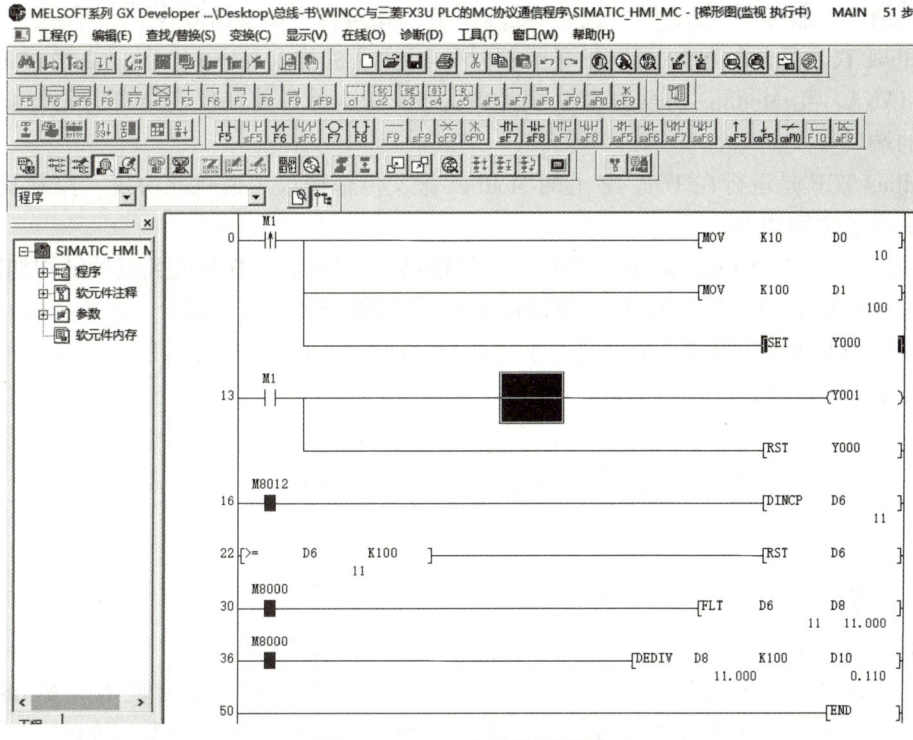

图 6-36 PLC 在线监控页面

图 6-37

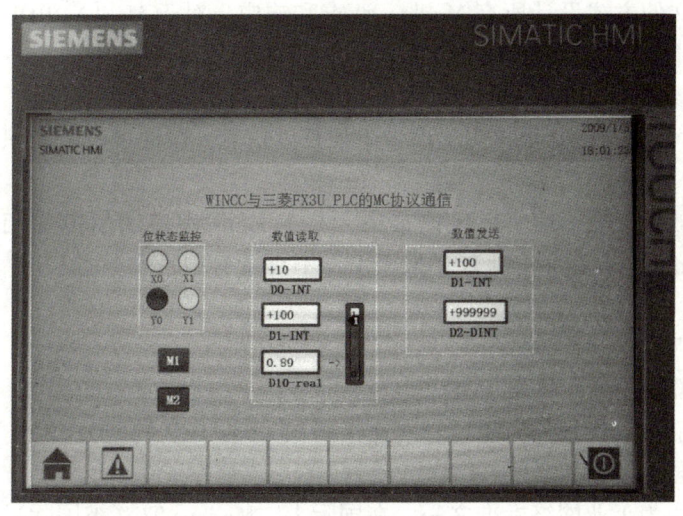

图 6-37 HMI 运行画面

6.5 Modbus TCP 技术及其应用

6.5.1 Modbus TCP 技术介绍

前已述及，Modbus 是一种客户端/服务器（主从站）应用协议，客户端（主站）向服务器发送请求,服务器(从站)分析、处理请求,并向客户端发送应答。

Modbus TCP 是开放的协议,互联网编号分配管理机构(Internet Assigned Numbers Authority, IANA) 给 Modbus 协议的 TCP 编号口为 502, 这是目前在仪表与自动化行业中唯一分配到的端口号。

Modbus TCP 是运行在 TCP/IP 上的 Modbus 报文传输协议。通过此协议,控制其通过网络和其他设备之间通信。

Modbus TCP 支持 Ethernet II 和 802.3 两种帧格式。Modbus TCP 的数据帧结构如图 6-38 所示,包括 MBAP 报文头(Modbus 协议报文头)、功能码和数据 3 部分。其中,MBAP 报文头分 4 个区域共由 7 B 组成,分别是:事物处理标识符(2 B)、协议标识符(2 B)、长度(2 B)及单元标识符(1 B)。

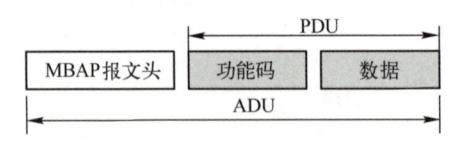

图 6-38 Modbus TCP 数据帧

MBAP 报文头与串行链路上使用的 Modbus ADU 的区别如下。

1) 用 MBAP 报文头中的单元标识符取代 Modbus 串行链路上通常使用的 Modbus 地址域。这个单元标识符用于设备的通信,这些设备使用单个 IP 地址支持多个独立的 Modbus 终端单元,如网桥、路由器和网关等。

2) 用接收者可以验证完成报文的方式设计所有 Modbus 请求和响应。对于 Modbus PDU 而言,有固定长度的功能码,仅功能码就足够了;对于 Modbus TCP 在请求或响应中携带一个可变数据的功能码来说,数据域包括字节数。

3) 当在 TCP 上携带 Modbus 时,在 MBAP 报文头上携带附加长度信息,以便接收者能识别报文边界。

可见,Modbus TCP 通信报文被封装在 TCP/IP 数据报中,与 Modbus 串口通信方式相比,Modbus TCP 将一个标准的 Modbus 报文插入到 TCP 报文中,不再带有地址和数据校验。Modbus TCP 具有以下特点。

1) 用户可免费获得协议及样板程序。
2) 网络实施价格低廉,可全部使用通用网络部件。
3) 易于集成不同的设备,几乎可以找到任何现场总线连接到 Modbus TCP 的网关。
4) 网络的传输能力强,但实时性较差。

目前,我国已把 Modbus TCP 作为工业网络标准之一;在国际上,Modbus TCP 被国际半导体产业协会(SEMI)定为网络标准;国际上水处理、电力系统及其他越来越多的行业也把它作为应用的事实标准。

6.5.2 S7-1200 PLC 之间的 Modbus TCP 通信功能的实现

1. 控制要求

两台 PLC,型号分别为 S7-1200 CPU 1215C DC/DC/DC,作为客户端(PLC_1);S7-1200 CPU 1214C AC/DC/RLY,作为服务器(PLC_2)。要求通过 Modbus TCP 通信实现:

1) PLC_1 读取 PLC_2 保持寄存器中 10 个字的数据。
2) PLC_1 向 PLC_2 保持寄存器写入 10 个字的数据。

2. 系统结构

系统通过 PLC_1（S7-1200 CPU 1215C DC/DC/DC）集成的两口交换机，采用两根以太网电缆，分别连接 PC 和 PLC_2，系统硬件连接示意图如图 6-39 所示。

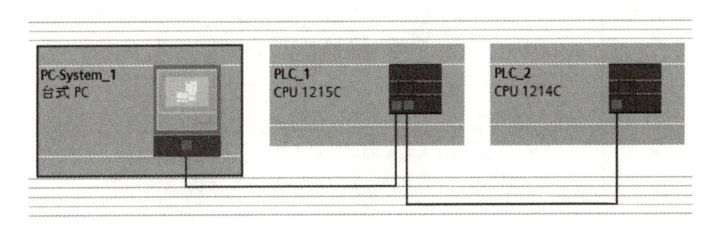

图 6-39 硬件连接示意图

3. 创建新项目

打开 TIA Portal V13 SP1 软件，创建新项目 "MODBUS-TCP 通信示例"；然后在项目树下单击 "添加新设备"，选择 CPU 1215C DC/DC/DC（订货号：6ES7 215-1AG40-0XB0，固件版本：V4.1），创建一个 PLC_1 站点，并将 PLC_1 的 IP 地址定义为 192.168.0.1，子网掩码为 "255.255.255.0"，如图 6-40 所示；同样，继续添加新设备，选择 CPU 1214C AC/DC/RLY（订货号：6ES7 214-1BG40-0XB0，固件版本：V4.1），创建一个 PLC_2 站点，并将 PLC_2 的 IP 地址定义为 "192.168.0.2"，子网掩码为 "255.255.255.0"，如图 6-41 所示。

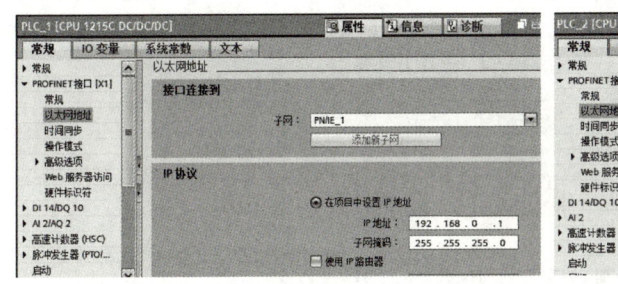

6.5-1 Modbus TCP 通信系统硬件组态

图 6-40 设置 PLC_1 的 IP 地址 　　图 6-41 设置 PLC_2 的 IP 地址

两台 PLC 的相关参数设置详见表 6-7。

表 6-7 PLC 通信参数设置

参数类别	CPU 类型	IP 地址	端口号	硬件标识符
客户端	CPU 1215C	192.168.0.1	0	64
服务器	CPU 1214C	192.168.0.2	502	64

4. S7-1200 Modbus TCP 客户端参数设置与程序编写

S7-1200 客户端侧需要调用 MB_CLIENT 指令块，该指令块主要用来完成客户端和服务器的 TCP 连接、发送命令消息、接收响应以及控制服务器断开的工作任务。

6.5-2 Modbus TCP 通信系统客户端程序编写

1) 打开 PLC_1 主程序块 Main（OB1），直接调用 MB_CLIENT 指令块，调用路径为"指令"→"通信"→"其他"→"MODBUS TCP"，选择"MB_CLIENT"指令块，拖拽或双击，该指令块将在 OB1 的程序段里出现，并自动生成背景数据块"MB_CLIENT_DB"，单击"确定"按钮即可，如图 6-42 所示。

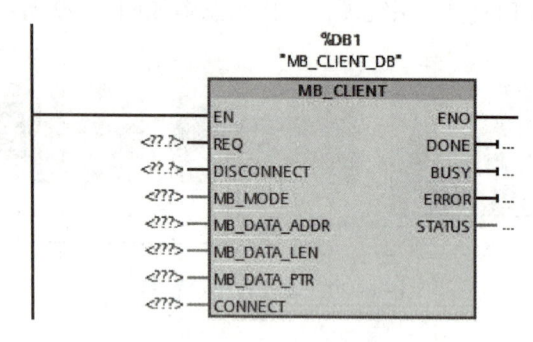

图 6-42 MB_CLIENT 指令块

2) 连接功能块各个引脚，其具体定义详见表 6-8。表 6-9 为 MB_MODE 状态与 Modbus 功能之间的对应关系。

表 6-8 功能块各个引脚定义

引脚名称	数据类型	说明	本例实际连接
REQ	BOOL	与 Modbus TCP 服务器之间的通信请求，上升沿有效	M10.0 M20.0
DISCONNECT	BOOL	控制与 Modbus TCP 服务器建立和终止连接：0——建立连接；1——断开连接	M10.1 M20.1 默认=0
MB_MODE	USINT	选择 Modbus 请求模式（读取、写入或诊断）。主要为：0——读；1——写	0：读取 1：写入
MB_DATA_ADDR	UDINT	由"MB_CLIENT"指令所访问数据的起始地址	40001 40011
MB_DATA_LEN	UINT	数据长度：数据访问的位或字的个数	10
MB_DATA_PTR	VARIANT	指向 Modbus 数据寄存器的指针	P#DB2.DBX0.0 WORD 10 P#DB2.DBX20.0 WORD 10
CONNECT	TCON_IP_v4	指向连接描述结构的指针	数据块
DONE	BOOL	最后一个作业成功完成，立即将输出参数 DONE 置位为"1"	M10.2 M20.2
BUSY	BOOL	0——无 Modbus 请求，1——正在处理 Modbus 请求	M10.3 M20.3
ERROR	BOOL	0——无错误，1——出错（出错原因由参数 STATUS 指示）	M10.4 M20.4
STATUS	WORD	指令的详细状态信息	MW12 MW22

表 6-9 MB_MODE 状态与 Modbus 功能之间的关系

MB_MODE	Modbus 功能	数据长度 MB_DATA_LEN	Modbus 地址 MB_DATA_ADDR	功能和数据类型
0	01	1~2000	1~9999	读取输出位：1~2000
0	02	1~2000	10001~19999	读取输入位：1~2000
0	03	1~125	40001~49999 或 400001~465535	读取保持寄存器：0~9998 或 0~65534
0	04	1~125	30001~39999	读取输入 WORD：0~9998
1	05	1	1~9999	写入输出位：0~9998
1	06	1	40001~49999 或 400001~465535	写入保持寄存器：0~9998 或 0~65534
1	15	2~1968	1~9999	写入多个输出位：0~9998
1	16	2~123	40001~49999 或 400001~465535	写入多个保持寄存器：0~9998 或 0~65534
2	15	1~1968	1~9999	写入一个或多个输出位：0~9998
2	16	1~123	40001~49999 或 400001~465535	写入一个或多个保持寄存器：0~9998 或 0~65534

3）CONNECT 引脚的设置：首先创建一个新的全局数据块，例如图 6-43 将数据块命名为"CONNECT"。

图 6-43 建立 CONNECT 参数的全局数据块

创建后，双击打开新生成的 DB 块，定义变量名称为"CONNECT"，"数据类型"输入为"TCON_IP_v4"，然后按〈Enter〉键，如图 6-44 所示，该数据类型结构创建完毕。

图 6-44 全局数据块结构

修改全局数据块"CONNECT"的启动值。InterfaceId 为硬件标识符，具体数值可在 PLC"属性"中的"硬件标识符"中查看；ID 为连接 ID，取值范围 1~4095，本例写入 1；ConnectionType 为连接类型，TCP 连接时，写入 16#0B；ActiveEstablished 为是否主动建立连接，主动为 1（客户端），被动为 0（服务器）；RemoteAddress 为服务器侧的 IP 地址，设为 192.168.0.2；RemotePort 为远程端口号，即服务器侧的端口号，使用 TCP/IP 协议与客户端建立连接和通信的 IP 端口号（默认值：502）；LocalPort 为本地端口号，写入 0。启动值修改完成后如图 6-45 所示。

		名称	数据类型	启动值	保
1		▼ Static			
2		▼ CONNECT	TCON_IP_v4		
3		InterfaceId	HW_ANY	64	
4		ID	CONN_OUC	1	
5		ConnectionType	Byte	16#0B	
6		ActiveEstablished	Bool	1	
7		▼ RemoteAddress	IP_V4		
8		▼ ADDR	Array[1..4] of Byte		
9		ADDR[1]	Byte	192	
10		ADDR[2]	Byte	168	
11		ADDR[3]	Byte	0	
12		ADDR[4]	Byte	2	
13		RemotePort	UInt	502	
14		LocalPort	UInt	0	

图 6-45　修改全局数据块"CONNECT"的启动值

4) 创建 MB_DATA_PTR 数据缓冲区。

该项目要求通过 Modbus TCP 通信，一方面将 PLC_2 保持寄存器中 10 个字的数据读到 PLC_1 中；另一方面是将 PLC_1 中的 10 个字写入 PLC_2 中，完成整个系统通信的读写功能。

创建一个全局数据块 DATA，在其中创建两个数组，分别用来存放从服务器侧 PLC_2 读取到的 10 个数据以及写入 PLC_2 的 10 个字，创建完成后的数据块结构如图 6-46 所示。

		名称	数据类型	偏移量	启动值
1		▼ Static			
2		▼ DATA1_RD	Array[1..10] of Word	0.0	
3		DATA1_RD[1]	Word	0.0	16#0
4		DATA1_RD[2]	Word	2.0	16#0
5		DATA1_RD[3]	Word	4.0	16#0
6		DATA1_RD[4]	Word	6.0	16#0
7		DATA1_RD[5]	Word	8.0	16#0
8		DATA1_RD[6]	Word	10.0	16#0
9		DATA1_RD[7]	Word	12.0	16#0
10		DATA1_RD[8]	Word	14.0	16#0
11		DATA1_RD[9]	Word	16.0	16#0
12		DATA1_RD[10]	Word	18.0	16#0
13		▼ DATA2_WR	Array[1..10] ...	20.0	
14		DATA2_WR[1]	Word	0.0	16#0
15		DATA2_WR[2]	Word	2.0	16#0
16		DATA2_WR[3]	Word	4.0	16#0
17		DATA2_WR[4]	Word	6.0	16#0
18		DATA2_WR[5]	Word	8.0	16#0
19		DATA2_WR[6]	Word	10.0	16#0
20		DATA2_WR[7]	Word	12.0	16#0
21		DATA2_WR[8]	Word	14.0	16#0
22		DATA2_WR[9]	Word	16.0	16#0
23		DATA2_WR[10]	Word	18.0	16#0

图 6-46　客户端侧数据缓冲区结构

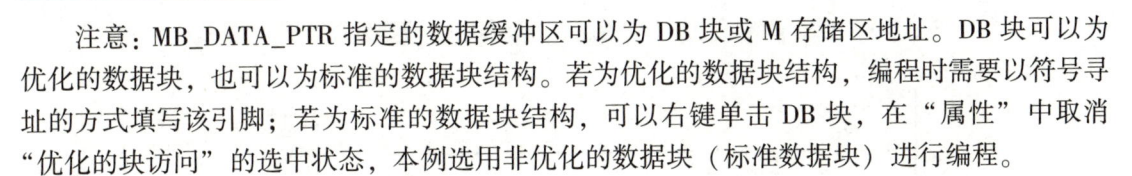

注意：MB_DATA_PTR 指定的数据缓冲区可以为 DB 块或 M 存储区地址。DB 块可以为优化的数据块，也可以为标准的数据块结构。若为优化的数据块结构，编程时需要以符号寻址的方式填写该引脚；若为标准的数据块结构，可以右键单击 DB 块，在"属性"中取消"优化的块访问"的选中状态，本例选用非优化的数据块（标准数据块）进行编程。

5）MB_CLIENT 指令块参数设置。

按照系统通信要求，需要分别调用两个 MB_CLIENT 指令块来完成读/写数据的功能，指令块参数设置如图 6-47 所示。

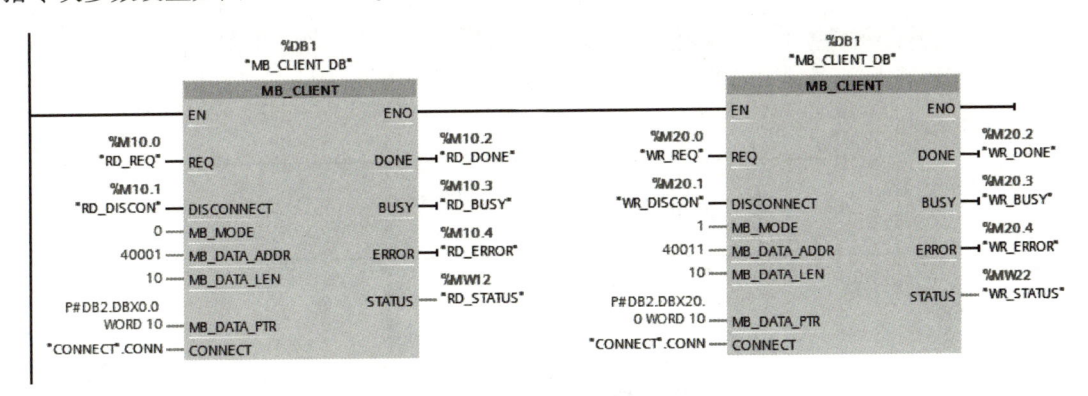

图 6-47　MB_CLIENT 指令块参数设置

将第一个 MB_CLIENT 指令块的引脚 MB_MODE 设为 0（读取），用于读取服务器 PLC_2 中保持寄存器的 10 个字，并保存到客户端 PLC_1 的 DATA 数据块中的 DATA1_RD 数组中；MB_DATA_ADDR 用于设置访问服务器保持寄存器的起始地址，设为 40001；数据长度 MB_DATA_LEN 设为 10；读取的数据存放到 PLC_1 的位置，由 MB_DATA_PTR 引脚指定，为 P#DB2.DBX0.0 WORD 10。

第一个 MB_CLIENT 指令块设置完成后，右键单击 MB_CLIENT 指令块，选择复制，然后粘贴生成第二个 MB_CLIENT 指令块，该块需完成将 PLC_1 中的 10 个字写入 PLC_2 中；修改引脚定义，MB_MODE 设为 1（写入）；MB_DATA_ADDR 用于设置写入服务器保持寄存器的起始地址，设为 40011；数据长度 MB_DATA_LEN 设为 10；待写入的数据位于 PLC_1 的位置，由 MB_DATA_PTR 引脚指定，为 P#DB2.DBX20.0 WORD 10。

6）轮询程序编写。

轮询程序用于系统自动、分时接通两个 MB_CLIENT 指令块与服务器的通信，便于分别对服务器进行访问和数据的读写。轮询程序的程序设计如图 6-48 所示。

5. S7-1200 Modbus TCP 服务器参数设置与程序编写

S7-1200 服务器侧需要调用 MB_SERVER 指令块，该指令块将用来处理 Modbus TCP 客户端的连接请求、接收并处理 Modbus 请求和发送响应。

6.5-3　Modbus TCP 通信系统服务器程序编写

1）打开 PLC_2 主程序块 Main（OB1），直接调用 MB_SERVER 指令块，调用路径为"指令"→"通信"→"其他"→"MODBUS TCP"，选择"MB_SERVER"指令块，拖拽或双击，该指令块将在 OB1 的程序段里出现，并自动生成背景数据块"MB_SERVER_DB"，单击"确定"按钮即可，如图 6-49 所示。

程序段 2：……
注释

```
   %M10.2                                    %M20.0
   "Tag_3"                                   "Tag_7"
   ──┤ ├──┬─────────────────────────────────(S)──
           │
   %M10.4  │                                 %M10.0
   "Tag_5" │                                 "Tag_1"
   ──┤ ├──┘                                 ─(R)──
```

程序段 3：……
注释

```
   %M20.2                                    %M10.0
   "Tag_9"                                   "Tag_1"
   ──┤ ├──┬─────────────────────────────────(S)──
           │
   %M20.4  │                                 %M20.0
   "Tag_11"│                                 "Tag_7"
   ──┤ ├──┘                                 ─(R)──
```

图 6-48　轮询程序的程序设计图

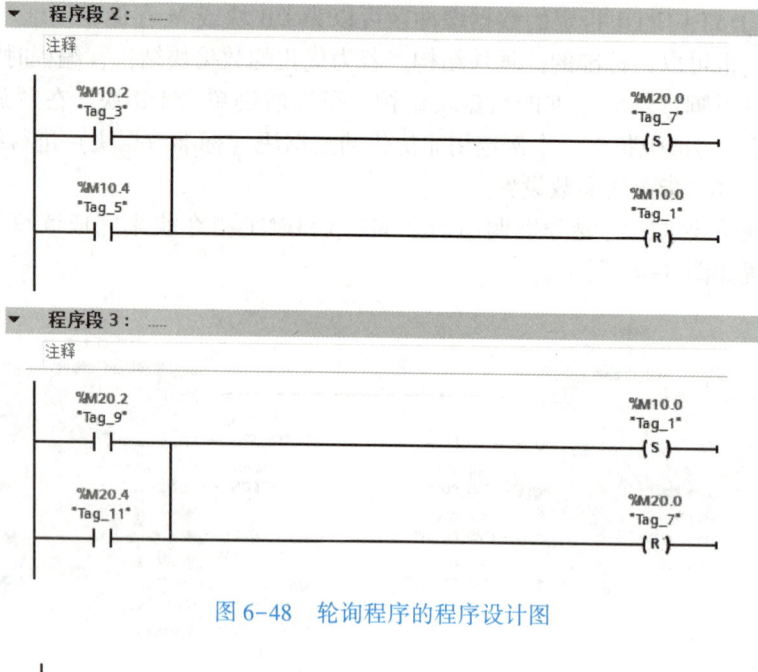

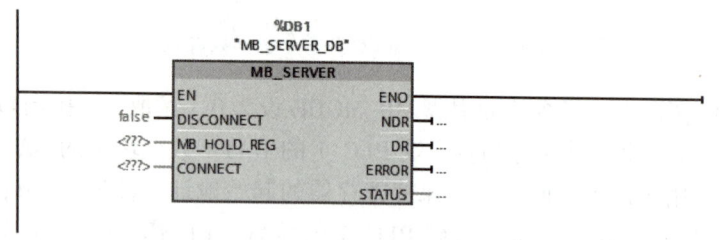

```
              %DB1
           "MB_SERVER_DB"
             MB_SERVER
         ┌──────────────┐
         │ EN        ENO│
   false─│ DISCONNECT NDR│─ …
   <???>─│ MB_HOLD_REG DR│─ …
   <???>─│ CONNECT  ERROR│─ …
         │          STATUS│─ …
         └──────────────┘
```

图 6-49　MB_SERVER 指令块

2）连接功能块各个引脚，其具体定义详见表 6-10。

表 6-10　MB_SERVER 功能块各个引脚定义

引脚名称	数据类型	说　　明	本例实际连接
DISCONNECT	BOOL	0 为被动建立与客户端的通信连接；1 代表终止连接	始终连接，默认 = 0
MB_HOLD_REG	VARIANT	指向"MB_SERVER"指令中 Modbus 保持寄存器的指针	P#DB2.DBX0.0 WORD 20
CONNECT	TCON_IP_v4	指向连接描述结构的指针	数据块 CONNECT
NDR	BOOL	New Data Ready：0——无新数；1——从 Modbus 客户端写入的新数据	M10.0
DR	BOOL	Data Read：0——未读取数据；1——从 Modbus 客户端读取的数据	M10.1
ERROR	BOOL	0——无错误；1——出错（出错原因由参数 STATUS 指示）	M10.2
STATUS	WORD	指令的详细状态信息	MW12

3）CONNECT 引脚的设置。设置步骤同 MB_CLIENT 块 CONNECT 引脚基本一致。修改全局数据块"CONNECT"的启动值，启动值修改完成后如图 6-50 所示。

4）创建 MB_HOLD_REG 数据缓冲区。在 PLC_2 项目中创建一个全局数据块"DATA"，分别用来存放需要读/写的共 20 个字的数据，故可将 DATA 分为两个区域，DATA_1 和 DATA_2，各为 10 个字，创建完成后的数据块结构如图 6-51 所示。

图 6-50　CONNECT 引脚的全局数据块参数设置

图 6-51　服务器侧数据缓冲区结构

注意：MB_HOLD_REG 指定的数据缓冲区可以为 DB 块或 M 存储区地址中。本例选用非优化的数据块进行编程。

6.5-4　Modbus TCP 通信实现_读取寄存器

6.5-5　Modbus TCP 通信实现_同时读写多个寄存器（2 组连接方式）

6.5-6　Modbus TCP 通信实现_同时读写多个寄存器（轮询方式）

6. S7-1200 Modbus TCP 通信功能调试

将程序编译并分别下载到 PLC_1 和 PLC_2 中，启动运行；在客户端和服务器 PLC 项目中分别建立通信变量的监控表，并在线监控与修改变量，观察系统运行和通信数据情况，如图 6-52 所示。

图 6-52　客户端/服务器之间的数据交换

6.6　实训项目　基于 Modbus TCP 通信系统的构建与运行

6.6-1 Modbus TCP 通信程序_读取输出位

6.6-2 Modbus TCP 通信操作演示_读取输出位

6.6-3 Modbus TCP 通信程序_写入输出位

6.6-4 Modbus TCP 通信操作演示_写入输出位

1. 实训目的

1）学会 Modbus TCP 网络搭建。
2）学会设置 Modbus TCP 的 MB_CLIENT/MB_SERVER 指令块的参数。
3）熟悉 Modbus TCP 控制系统的硬件组态及程序设计与调试方法。

2. 实训内容

1）控制要求：建立 S7-1200 PLC 之间或 S7-1200 PLC 与其他支持 Modbus TCP 通信协议的智能设备之间的通信系统。
2）设计满足客户端读/写服务器数据的控制程序。
3）联机调试控制系统功能，观察控制系统运行及数据交换情况。

3. 实训报告要求

1）画出控制系统的外部接线图。
2）编写实现通信功能的程序。
3）描述并分析项目调试中遇到的问题及解决办法。

6.7　思考与练习

1. 工业网络与办公网络各有什么特点？
2. 以太网应用于工业现场需要解决哪些问题？
3. 工业以太网有哪些特点？
4. PROFINET 有哪 3 种通信方式？
5. MC 协议具有什么特性？
6. 阐述 Modbus TCP 与 Modbus RTU 协议的区别与联系。
7. 查阅资料，阅读并分析在实际生产中应用的 2~3 个基于工业以太网的案例。

第 7 章　系统集成及应用

　　系统集成是将原来没有联系或联系不紧密的元素组合起来，成为具有一定功能的、满足一定目标的、相互联系、彼此协调工作的新系统的过程。在工业控制领域，系统集成用于解决不同设备、不同系统之间的互连互通互操作及信息共享问题。

　　系统集成可使用 API 函数、Web Service 等方法自行开发中间软件或接口，也可选用 SCADA、HMI 等系统自带的通信驱动器，还可采用适用于工业应用领域的 OPC、OPC UA 等接口标准。通过系统集成实现工厂（企业）系统信息流自顶向下的传递和信息流自底向上的反馈。

学习目标

◇ 了解系统集成的内涵及主流集成技术的特点。
◇ 学会使用常用组态软件完成异构网络之间的系统集成方法。
◇ 学会架构 OPC 客户端/服务器系统及其数据采集方法。
◇ 初步具备设计多种总线控制系统集成方案与系统调试的能力。

7.1　系统集成内涵

　　系统集成（System Integration）是 20 世纪 90 年代在计算机业界用得比较普遍的一个词，包括计算机软件、硬件及网络系统的集成，以及围绕集成系统的相关咨询、服务和技术支持。实际上集成的思想并不只在计算机业界专有，在传统制造业中，比如汽车工业，从手工作坊发展到大规模自动化生产方式后，为追求产品的批量和低成本，采用标准化生产线及加工工艺，零部件制造商专业化、标准化，总装厂与协作厂之间的协作生产化，都体现着集成的思想。

　　系统集成可以理解为按系统整体性原则，将原来没有联系或联系不紧密的元素组合起来，成为具有一定功能的、满足一定目标的、相互联系、彼此协调工作的新系统的过程。通过系统集成，可最大限度地提高系统的有机构成、系统的效率、系统的完整性、系统的灵活性，同时简化系统的复杂性，并最终为企业提供一套切实可行的完整的解决方案。

　　系统集成不是系统间的简单堆积，而是系统间的有机整合。系统集成可以是人员的集成、管理的集成以及企业内部组织的集成，也可以是各种技术上的集成、信息的集成以及功能的集成等。因此，系统集成涉及的内容非常广泛，其实现的关键在于解决系统之间的互连互通互操作性问题，是一个多厂商、多协议和面向各种应用的体系结构，需要解决各类设备、协议、接口、系统平台、应用软件等与子系统、建筑环境、施工配合、组织管理和人员配备相关的一切面向集成的问题。

在计算机及相关技术得以迅速发展和普及的今天,系统集成已成为提供整体解决方案、提供整套设备、提供全方位服务的代名词,是改善系统性能的重要手段,也是当前智能制造的热点技术之一。

当前,面对制造业企业转型升级的迫切要求,国内制造业自动化需求迅速增加,与智能工厂系统解决方案相关的市场也非常火热。集成是智能工厂建设的手段和实现载体,企业整体集成致力于提高企业内相互发生作用的组织、个体及系统之间的协调能力和协同效果,以完成企业经营目标和开拓市场机遇。一般来说,企业集成的程度越高,各种功能就越协调,竞争取胜的机会就越大。在大数据的环境下,有效的集成将增加有用数据的识别率和利用率,有助于改变企业内部的低效工作体制,大幅降低劳动和工艺设计成本,集成技术应用于企业开发、生产、销售和服务的全过程,可帮助企业逐步从信息化的单项应用走向综合应用,提高企业应变能力和可持续的竞争力。

7.2 系统集成方法

系统集成是智能制造建设和实现的关键技术之一,其基础条件是采用智能设备或仪表,并通过现场总线、OPC(UA)、中间文件交换等技术实现设备间数据的互连互通和信息共享。

在智能制造系统中,系统集成是指以自动化、网络化为基础,通过二维码、射频识别、软件等信息技术集成原材料、零部件、能源、设备等各种制造资源。由小到大实现从智能装备到智能生产单元、智能生产线、数字化车间、智能工厂乃至智能制造系统的集成。典型工厂(企业)系统的三层模型结构如图7-1所示。

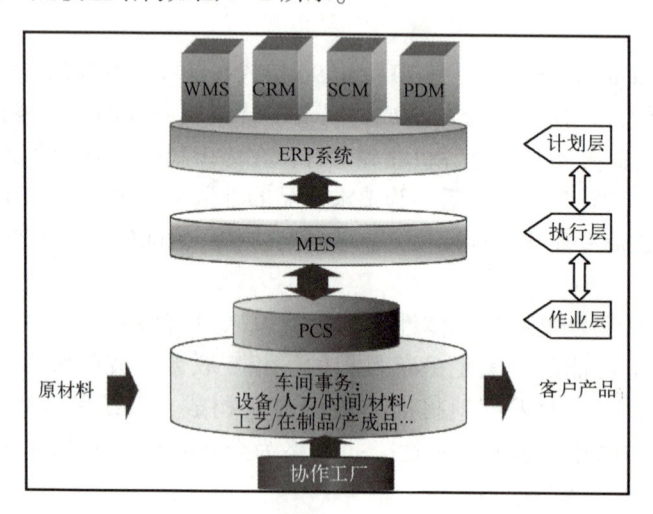

图7-1 典型工厂(企业)系统的三层模型结构

其中生产过程控制系统(Process Control System,PCS)主要面向生产作业现场,对现场设备进行控制并提供最直接的生产实时数据,包括电气控制、智能设备、环境监测等部分;制造执行系统(Manufacturing Execution System,MES)是连接底层控制系统与上层管理系统的桥梁,主要负责生产管理和调度执行,一方面把业务计划的指令传达到生产现场,另一方面将生产现场的信息及时收集、上传和处理；企业资源计划（Enterprise Resource Planning，ERP）系统通过标准化的业务流程和标准化的信息数据将企业各个方面的资源（人、机、料、法、环）进行整合，集信息技术与先进的管理思想于一身，为企业提供决策、计划、控制与经营业绩评估的全方位和系统化的管理平台。建立从 PCS、MES 到 ERP 三个层次一体化的智能工厂整体解决方案，建立完善的管控一体化网络，可实现各层次信息的有机集成，使各方面资源充分调配、平衡和控制，最大限度地发挥其能力。

　　智能制造最核心和最基础的问题就是互连互通和信息集成，经过多年的发展，各类子系统已经形成了自己完整的技术体系，而智能制造是要在各领域既有的体系上实现更高水平的整合，所以工业 4.0 把智能制造称为"由系统组成的系统"。典型系统集成方法如图 7-2 所示，可自行开发中间软件或接口，例如使用 API 函数、开发 Web Service 程序、建立中间文件等，也可选用 SCADA（或组态）系统自带的通信驱动器，还可采用适用于工业应用领域的 OPC、OPC UA 等接口标准。通过系统集成实现工厂（企业）系统信息流自顶向下的传递和信息流自底向上的反馈。

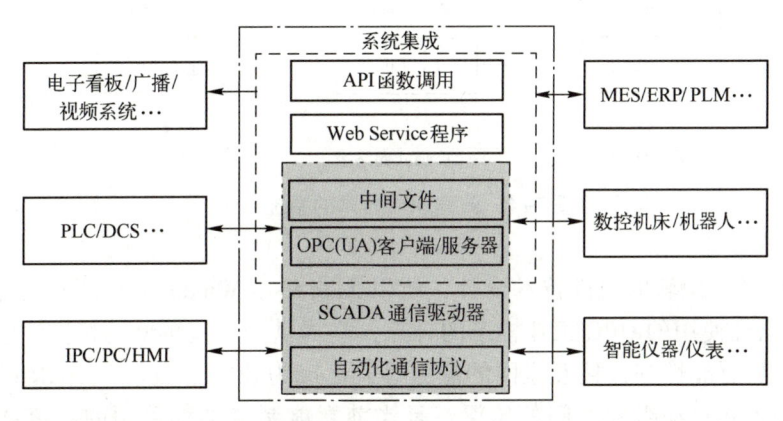

图 7-2　系统集成方法

　　采用 API 函数调用、Web Service 技术等集成方法，需要原系统提供开放的二次开发平台，开发工作量大、集成成本高，但可以获得较高的效率；而基于中间文件技术集成的方法通常采用商业软件，这种集成方法在集成时避免了对系统底层的操作，减小了底层开发的工作量，但实时性不高。下面简单介绍几种常用的基于中间文件的集成技术。

1. 中间文件交换技术

　　基于中间文件的系统集成是指将各个子系统需要交换的信息按照统一的文件格式和接口要求进行存储，子系统通过各自编制的数据导入/导出接口来实现子系统之间的信息交换。

　　如图 7-3 所示，通过中间文件实现 ERP 与 MES 的集成，可以将 ERP 与 MES 所需要的数据文件以统一接口的方式转换为中间文件（Excel），以便两个系统之间数据调用与共享。

图 7-3　基于 Excel 格式文件的集成

2. OPC（UA）技术

用于过程控制的 OLE（OLE for Process Control，OPC）是一种通用的工业标准，用于过程控制的对象链接与嵌入技术。它是由世界上多个自动化公司、软硬件供应商与微软合作开发的一套数据交换接口的工业标准，能够为现场设备、自动控制应用、企业管理应用软件之间提供开放的、一致的接口规范，为来自不同供应商的软硬件提供"即插即用"的连接。

如图 7-4 所示，OPC 采用客户端/服务器（Client/Server）结构。服务器是数据源，可提供数据，也可从各种设备、系统、控制器得到数据；客户端是数据用户，它们在应用中使用数据，但不需要了解数据来源。

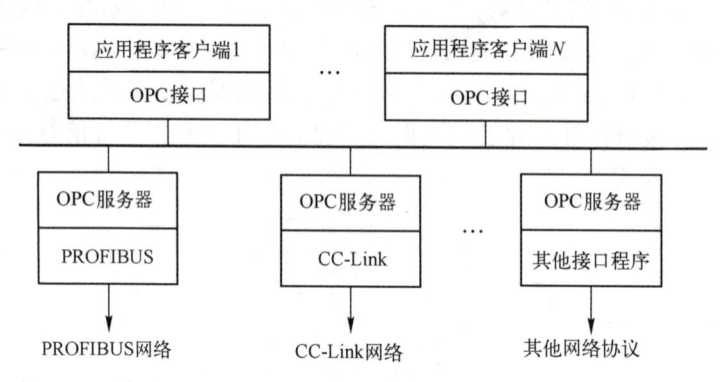

图 7-4 采用 OPC 技术的系统集成

由于 OPC 基于微软的组件技术设计，所以无法在非 Windows 平台下发挥作用。OPC UA 是对目前已经使用的 OPC 工业标准的补充，它提供了一些重要的特性，包括平台独立性、扩展性、高可靠性和连接互联网的能力等，已成为独立于微软、UNIX 或其他操作系统企业层的嵌入式自动组件之间的桥梁，是当前智能制造推荐采用的主流系统集成技术之一。

3. SCADA（或组态）软件

SCADA（Supervisory Control And Data Acquisition）系统，即监控与数据采集系统，涉及组态软件、数据传输链路和工业隔离安全网关。SCADA（组态）系统自带的通信网关先进行异构网络连接，再对不同的操作者，赋予不同的操作权限，可保证整个系统的安全可靠运行，实现异构网络的无缝连接。例如，WinCC 组态软件提供了专用通道用于连接到 SIMATIC S5/S7 系列的 PLC，提供了 Mitsubishi Ethernet、Modbus TCP 等主流设备的驱动，还提供了 PROFIBUS-DP、DDE（动态数据交换）和 OPC 等通用通道连接到第三方控制器。

4. 自动化通信协议

自动化通信协议包括本书前面章节介绍的 PROFIBUS-DP、CC-Link、Modbus RTU、Modbus TCP、PROFINET、EtherCAT 等协议，可实现具有支持相同协议的设备之间的通信，或通过网桥、中继器等转换接口来实现设备与设备、设备与局域网的互连互通，例如 S7-1200 PLC 配有以太网口，通过该通信接口可实现 S7-1200 PLC 与第三方通信设备的 Modbus TCP 通信，也可配置 RS-232/RS-485 等模块实现与其他设备的互连互通。

7.3 基于 Modbus RTU 的多站点互联通信系统

7.3.1 系统介绍

由于 Modbus 协议的开放性，生产厂商在遵循协议定义的通信消息结构的同时，其在产品应用方面的使用规则及实现方法也各不相同。基于此，本例依托国内市场占有率高且具有代表性的西门子、三菱小型 PLC 及市售国产智能仪表构建基于 Modbus RTU 通信的多站点应用系统。

采用 Modbus 协议通信可实现低成本、高性能的主从式计算机网络远程监控，尤其适用于小型控制系统且操作环境恶劣的场所。

搭建 Modbus RTU 通信系统如图 7-5 所示。系统中的两台 PLC 都可以作为 Modbus 通信主站，本例设置 S7-1200 PLC 为主站，FX_{3U} PLC 及智能仪表为从站，采用 Modbus 通信功能码 03/16（读出/写入多个保持寄存器），实现 PLC 读取智能仪表当前测量数据及 PLC 之间的数据交互功能。

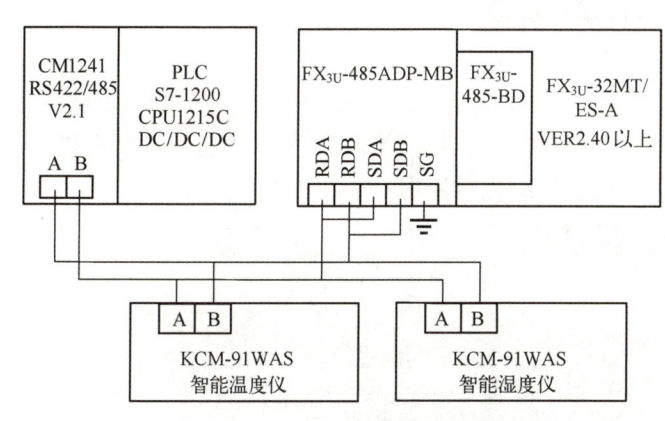

图 7-5 Modbus RTU 通信系统的网络结构

在通信系统硬件接线时需要注意如下两点。

1) 西门子 S7-1200 PLC 系统的通信接口 A 端接至三菱 FX_{3U} PLC 系统的 B 端和智能仪表的 B 端；S7-1200 PLC 的通信接口 B 端接至 FX_{3U} PLC 的 A 端和智能仪表的 A 端；不可接错，否则无法通信。

2) Modbus 数据通信采用主从方式，网络中只能有一个主设备，且在设置通信参数时必须确保同一网络中所有通信设备的数据格式及通信速度一致。

7.3.2 硬件配置及通信参数设置

1. S7-1200 PLC 系统配置及硬件组态

西门子 PLC 型号是 CPU 1215C DC/DC/DC，编程软件使用 TIA Portal V15。为了实现与其他智能设备的 Modbus RTU 通信，CPU 需要配有串口通信模块，选择 CM 1241 通信模块及 RS-485 通信模式。硬件组态步骤如下。

1) 创建新项目：打开 TIA Portal V15 软件，创建新项目，然后在项目树下单击"添加新设备"，选择"CPU 1215C DC/DC/DC"，创建一个 PLC_1 站点；完成后，进入"设备视图"→"硬件目录"，然后依次选择"通信模块"→"点到点"→"CM1241（RS422/485）"，将通信模块添加到 CPU 左边（101 插槽）的主机架，如图 7-6 所示。

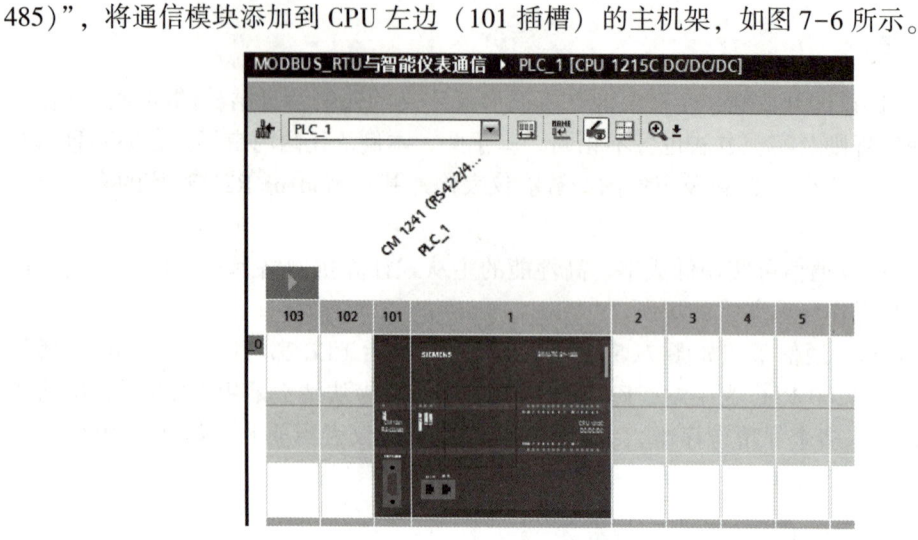

图 7-6 硬件组态

2) 在"属性"中设置 PLC_1 的 IP 地址为"192.168.0.1"，子网掩码为"255.255.255.0"，如图 7-7 所示；选择"系统和时钟存储器"，选中"启用系统存储器字节"和"时钟存储器字节"复选框，以便后续编程时使用，如图 7-8 所示。

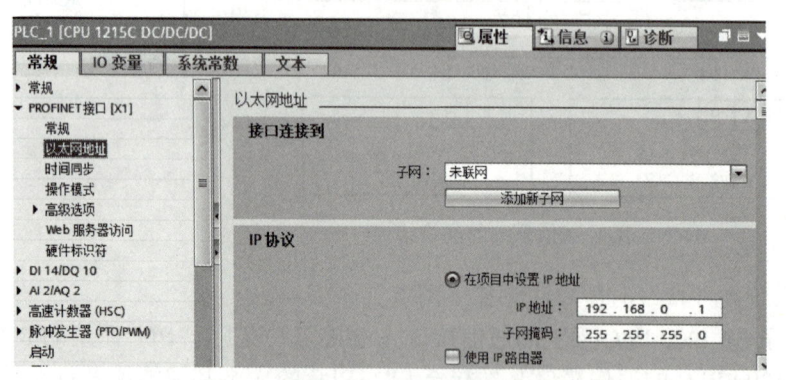

图 7-7 IP 地址设置

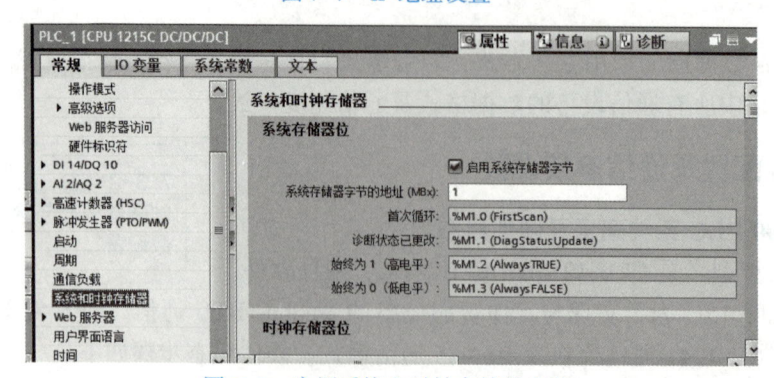

图 7-8 启用系统和时钟存储器字节

3）组态"CM1241（RS422/485）"通信模块端口参数，保证与智能仪表通信设置相同；设置路径为"属性"→"常规"→"端口组态"，将操作模式设置为"半双工（RS-485）、2 线制"（见图 7-9）；将波特率设置为 9.6 kbit/s，数据格式为 8 个数据位，1 个停止位，无奇偶校验（见图 7-10）；检查模块硬件标识符，本例中为 269（见图 7-11）。

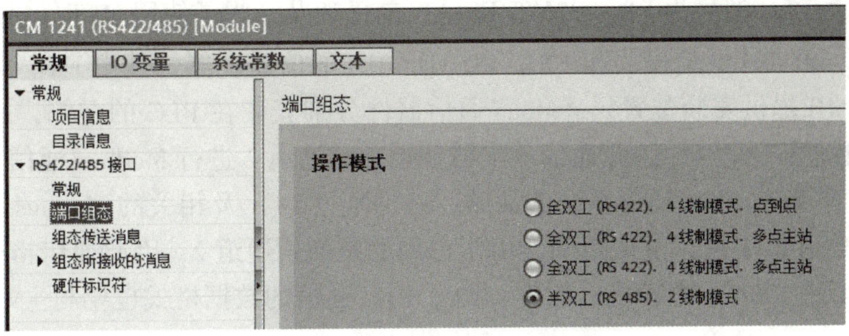

图 7-9　设置通信端口操作模式

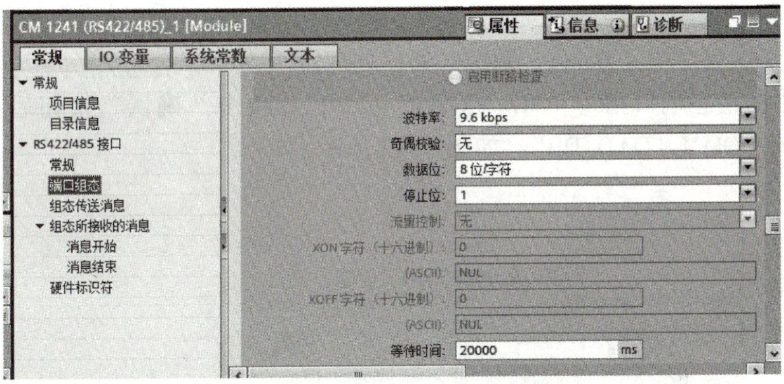

图 7-10　设置通信端口数据格式

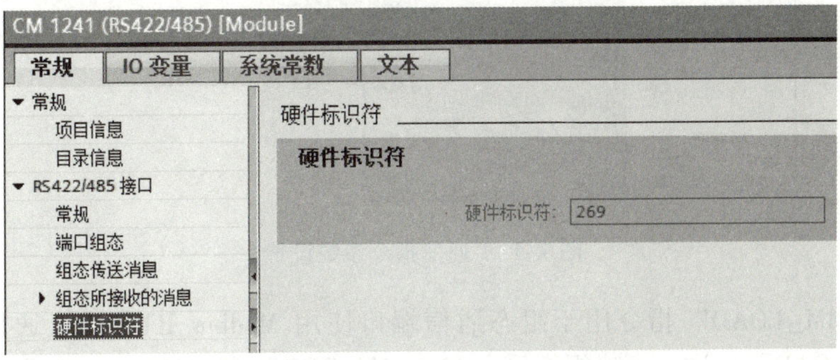

图 7-11　硬件标识符界面

由于系统中智能仪表数据格式固定，因此在组态通信模块时，需注意数据格式要与智能仪表（从站 2#）保持一致；PLC 的主从站、读/写命令及相关数据寄存器地址等属性在通信指令中设置。

2. 智能仪表通信参数设置

系统采用 5.4.2 节介绍的智能温度调节仪和智能湿度调节仪作为 Modbus 网络从站，地址分别设为 1#、3#，其 Modbus 通信性能是：波特率为 1200 bit/s、2400 bit/s、4800 bit/s、

9600 bit/s 四档可选，数据格式为 1 个起始位、8 个数据位、1 个停止位、无校验位，提供 RS-485 通信接口，可进行单字读写通信。仪表测量的温度、湿度当前值对应的 Modbus 通信地址为 H1001（K4097）。

3. FX$_{3U}$ PLC 系统配置

选用的三菱 PLC 型号为 FX$_{3U}$-32MT/ES-A。前已述及，为了使用 Modbus 通信指令，PLC 需要配置 FX$_{3U}$-485-BD 通信模块和 FX$_{3U}$-485ADP-MB 通信适配器，其中 FX$_{3U}$-485-BD 用于给 FX$_{3U}$-485ADP-MB 提供安装位置。Modbus 通信器件分别安装在 PLC 的左侧，由于 FX$_{3U}$-485-BD 扩展板占用通信通道 1，因此通信适配器使用通信通道 2 进行 Modbus 通信。

FX$_{3U}$ PLC 作为 Modbus 通信系统的从站，站地址（5#）及相关的 Modbus 通信参数设置是在特殊数据寄存器中通过赋值得到，由于占用的是通信通道 2，因此通信格式在 D8420 中设定，通信协议在 D8421 中设定。同样，FX$_{3U}$ PLC 通信的数据格式也要与主站保持一致。

7.3.3 S7-1200 PLC（主站）程序设计

1. 通信参数设置

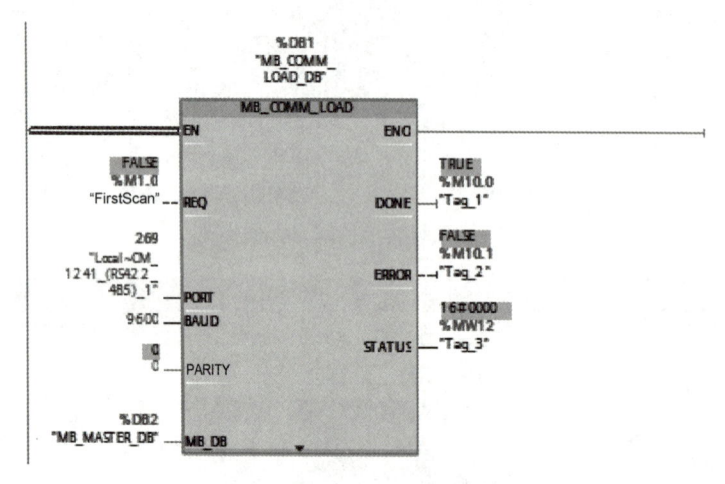

打开 PLC_1 主程序块（Main），调用"通信处理器"→"MODBUS"中的组态端口指令"MB_COMM_LOAD"，单击"确认"按钮后自动生成其背景数据块"MB_COMM_LOAD_DB"，如图 7-12 所示。

图 7-12 通信指令参数设置

"MB_COMM_LOAD"指令用于组态通信端口使用 Modbus RTU 协议通信，必须调用"MB_COMM_LOAD"一次。完成组态后，"MB_MASTER"和"MB_SLAVE"指令才可以使用该端口。

设置"MB_COMM_LOAD"指令输入引脚。由于该指令只需调用一次，所以 REQ 引脚可选择 FirstScan 位信号的上升沿执行一次；其他参数设置保持与组态的"CM1241（RS422/485）"通信模块端口参数设置一致。PORT 为通信端口 ID，即通信模块的硬件标识符（269）；BAUD 为波特率，设为 9600；PARITY 为奇偶校验，设为 0（无校验）；MB_DB 引脚用来连接"MB_MASTER"主站指令调用后生成的背景数据块，即该引脚在主站指令调用编写时再进行连接。

设置"MB_COMM_LOAD"指令输出引脚。DONE 表示指令的执行的完成情况,为 1 时表示指令已完成且未出错;ERROR 为 0 时表示未检测到错误,为 1 时表示检测到错误,并在参数 STATUS 中输出错误代码;STATUS 为端口组态错误代码,出错时可根据错误表查询出错原因。

2. 与智能仪表从站通信的程序设计

实现主站 S7-1200 PLC 与从站的通信功能需采用 MB_MASTER 指令。通过调用"通信处理器"→"MB_MASTER"主站指令,自动生成其背景数据块。"MB_MASTER"引脚参数设置如图 7-13 所示,参数含义如下。

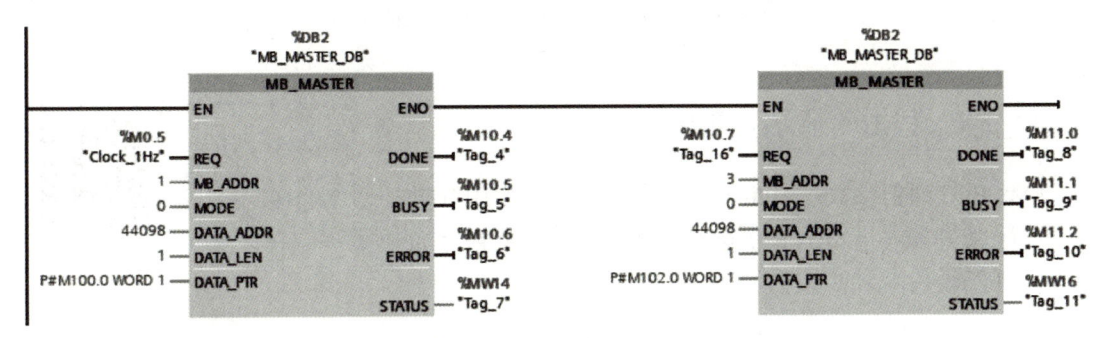

图 7-13 分别读智能仪表的实时温度、湿度值

REQ:请求输入;0 表示无请求,1 表示请求将数据发送到 MB_ADDR 指定的从站;本例选用 1 Hz 时钟信号"CLOCK_1 Hz"作为请求信号。

MB_ADDR:设置 Modbus RTU 站地址;默认地址范围为 0~247;本例涉及的智能温度调节仪和智能湿度调节仪地址分别为 1 和 3。

MODE:模式选择,用来指定请求类型。0 为读取,1 为写入,对应 Modbus 地址可参考表 6-9;本例设置为 0,用于读取 Modbus 从站 1 的温度数值、从站 3 的湿度数值,Modbus 地址范围为 40001~49999。

DATA_ADDR:指定 Modbus 从站中提供访问的数据的起始地址,智能仪表中测量的温度、湿度当前值对应的 Modbus 通信地址为 4097(H1001),加上起始地址 40001,这里输入 44098。

DATA_LEN:数据长度,本例设置 1 个字。

DATA_PTR:该参数是指向用来写入或读取数据的数据块或位存储器的指针。本例将读取到的温度数值存放到%MW100 中,录入格式为 P#M100.0 WORD 1;将读取到的湿度数值存放到%MW102 中,录入格式为 P#M102.0 WORD 1。

3. 与 PLC 从站通信的程序设计

FX$_{3U}$ PLC 从站地址设为 5,主站 PLC 对从站 PLC 发出读/写请求信息,如图 7-14 所示。

图 7-14a 为读取模式(MODE=0),将从站 PLC 的 D10、D11(对应主站 Modbus 起始地址为 40001+10=40011)数据读取到主站 PLC 的%MW110、%MW112 中,录入格式为 P#M110.0 WORD 2;图 7-14b 为写入模式(MODE=1),将主站 PLC 的%MW100、%MW102 中的数据写到从站 PLC 的 D0、D1(对应主站 Modbus 起始地址为 40001+0=40001)中,录入格式为 P#M100.0 WORD 2。

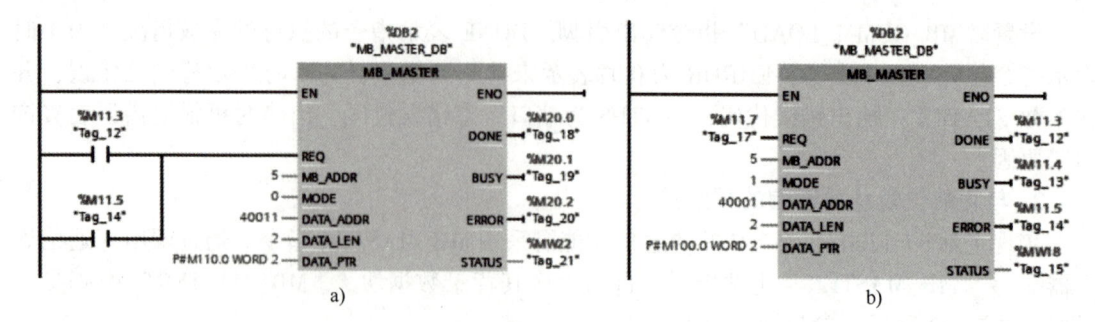

图 7-14 与 PLC 从站通信功能设置
a) 读取模式（MODE=0） b) 写入模式（MODE=1）

7.3.4 FX₃ᵤ PLC（从站）程序设计

FX₃ᵤ PLC 通信参数采用 MOVE 指令赋值，且专用继电器 M8411 常开触点是 MOVE 指令的驱动条件，赋值程序如图 7-15 所示。

7.3-4 FX3U PLC（从站）程序设计

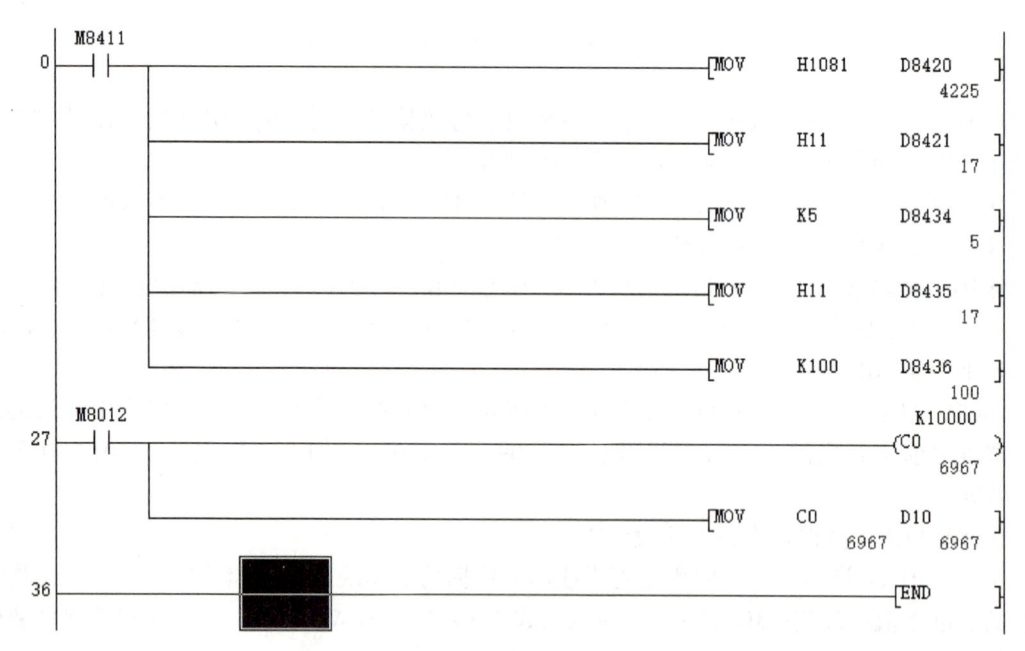

图 7-15 从站 PLC 通信参数设置

其中，将 D8420 设置为 H1081（K4225）、D8421 设置为 H11（K17），使得从站通信的数据格式、波特率及通信方式选择与整个系统网络参数保持一致；D8434（十进制：5）数据用于设置从站 PLC 通信地址。关于 D8420、D8421 的设置可参见 5.4.3 节的表 5-9 和表 5-10。

主站 PLC 通过 Modbus 通信读取从站 PLC 的 D10、D11 值并存入 %MW110、%MW112 中；然后将读取到的智能仪表温度值和湿度值分别写入从站 PLC 的 D0、D1 中。

7.3.5 系统调试

程序编写完成后，进行编译并分别下载至对应的 PLC 中。主站和从站 PLC 的在线监控数据如图 7-16 所示。

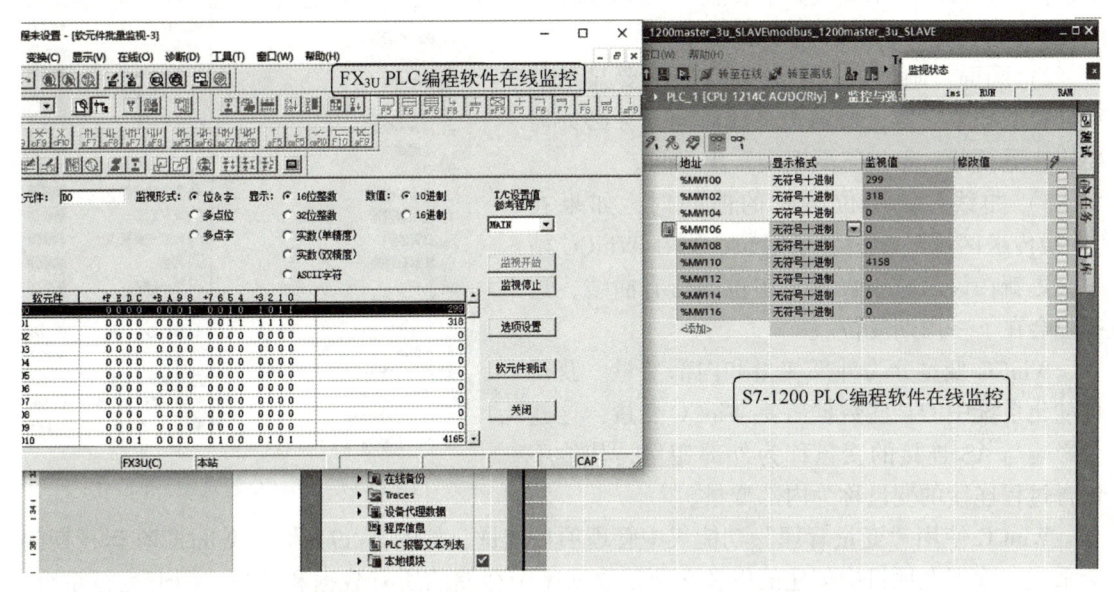

图 7-16　PLC 运行监控

从在线运行数据可见，采用 Modbus RTU 协议，系统实现了主站 S7-1200 PLC 读取智能仪表的现场温度、湿度数据（%MW100、%MW102）及从站 PLC 中的数据（D10、D11），并将获取的智能仪表温度、湿度数据写入从站 PLC 中（D0、D1）。

不同厂商的 PLC、智能仪表等设备之间采用 Modbus 通信，不失为一种价格低廉、易于开发的通信方法。

7.4　基于组态软件的异构网络系统集成

7.4.1　WinCC 软件介绍

WinCC 是由西门子公司开发的上位机组态软件，主要用于对生产过程进行监控。WinCC 基于微软公司的 Windows 2000 或 Windows NT 操作系统。

在 WinCC 中，通信伙伴可以是自动化系统中的中央模块和通信模块，也可以是 PC 中的通信处理器，通过传送数据主要满足以下不同的用途。

1）控制过程。
2）调用过程数据。
3）指示过程中的异常状态。
4）归档过程数据。

WinCC 管理器界面如图 7-17 所示。

WinCC 组态的基本准则如下。

1）采集周期和更新时间：组态软件中定义的变量采集周期是决定可实现的更新时间的主要因素；更新时间是采集周期、传输时间和处理时间之和。

2）画面：画面的刷新频率取决于要显示的数据类型和数据量，要缩短更新时间，务必为需要快速更新的对象组态更短的采集时间。

3）曲线：使用位触发的曲线时，如果在"曲线传送区域"中设置了组位，则在 WinCC 站中会更新在该区域中设置了组位的所有曲线，这些位会在下一周期复位。

WinCC 变量分为外部变量和内部变量。获得自动化系统中的某些数据需要 WinCC 变量，这些会影响与 AS 连接的变量称为外部变量，其他不包含过程连接的变量称为内部变量。

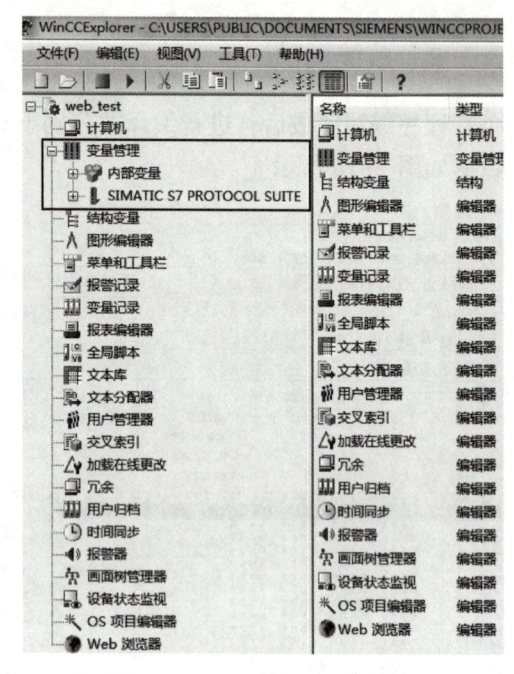

图 7-17　WinCC 管理器界面

WinCC 使用"变量管理"功能集中管理项目变量，如图 7-17 所示。WinCC 在运行期间会采集和管理在项目中创建的以及在项目数据库中存储的所有数据和变量。图形运行系统、报警记录运行系统或变量记录运行系统等所有应用程序必须请求来自变量管理的 WinCC 变量数据。

为了采集过程值，WinCC 通信驱动程序会向自动化站发送请求报文，而自动化系统则在相应的响应报文中将所请求的过程值发送回 WinCC。WinCC 和自动化系统之间的通信如图 7-18 所示。

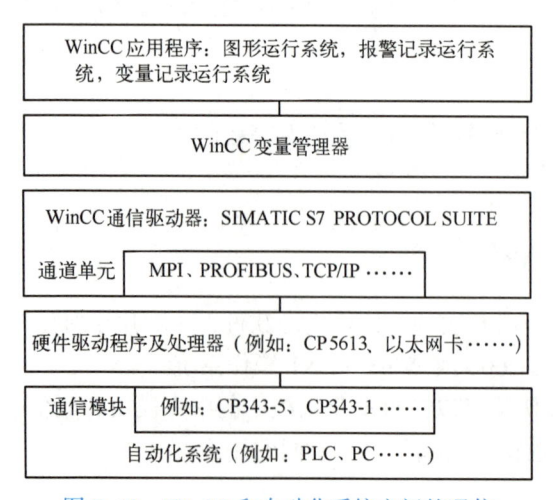

图 7-18　WinCC 和自动化系统之间的通信

WinCC 提供了许多用于通过不同总线系统连接各个自动化系统的通信驱动程序；通信驱动程序，也称为通道，其文件扩展名为"chn"，计算机中安装的所有通道驱动程序都位于 WinCC 安装目录的子目录"\bin"中,用于在自动化系统和 WinCC 的变量管理之间建立连接的软件组件,以便提供 WinCC 变量和过程值;每个通信驱动程序一次只能绑定到一个 WinCC 项目,相当于与一个基础硬件驱动程序的接口,进而也相当于与 PC 中的一个通信处理器的接口,因此,每个使用的通道单元必须分配到各自的通信处理器,针对不同通信网络会有不同的通道单元。

对 WinCC 和自动化系统进行了正确的物理连接后,WinCC 中需要通信驱动程序和相应的通道单元来创建和组态与自动化系统的逻辑连接,运行期间将通过此连接进行数据交换。

7.4.2 S7-200 PLC 与 S7-300 PLC 的系统集成

1. 控制要求及硬件配置

系统控制要求如下。

1) S7-200 PLC 控制第一台电动机运行,S7-300 PLC 控制第二台电动机运行。
2) 第一台电动机起动 5 s 后第二台电动机起动。
3) 如果第一台电动机起动,则第二台电动机不能单独起动、停止。
4) 按下停止按钮,电动机停止。

根据控制要求,PLC 型号及系统结构可设计如图 7-19 所示,采用以太网通信方式连接。

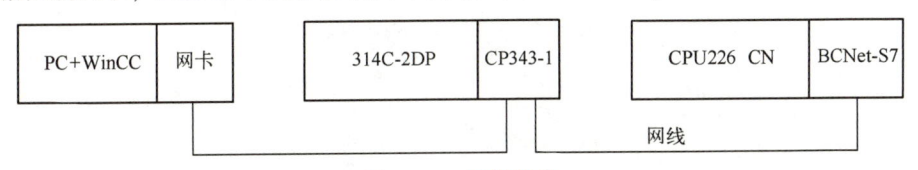

图 7-19 网络结构

其中,BCNet-S7 模块支持 WinCC 直接连接 S7-200 PLC,将西门子 PLC(S7-200、S7-300、S7-400)通过以太网方式连接起来,可实现多站点、大规模的设备联网通信和数据集成。

2. S7-200 PLC 与 WinCC 通信的建立

新建项目"WINCC_200_300",如图 7-20 所示,依次选中"变量管理"→"添加新的驱动程序",弹出如图 7-21 所示界面,选中"SIMATIC S7 Protocol Suite.chn",回到变量管理界面。如图 7-22 所示,选择"TCP/IP"(1),单击鼠标右键,选择"新驱动程序连接",弹出"连接属性"界面(2),单击"属性",弹出"连接参数-TCP/IP"界面(3),输入 S7-200 PLC 的通信模块 BcNet-S7 PPI 的 IP 地址"192.168.0.188",单击"确定"按钮一路返回。新的连接建立成功,名称为"S7200",如图 7-23 所示。

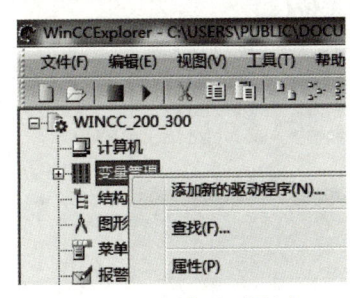

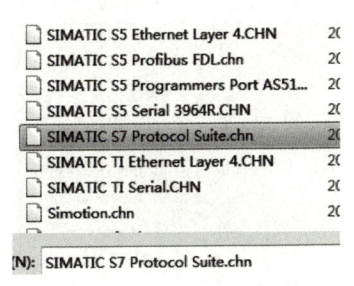

图 7-20 添加驱动程序 图 7-21 选择驱动程序类型

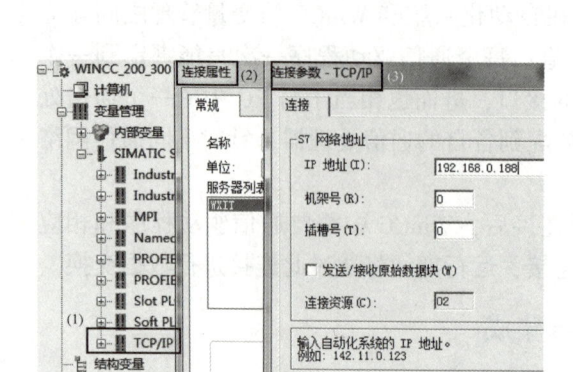

图 7-22 建立一个驱动连接

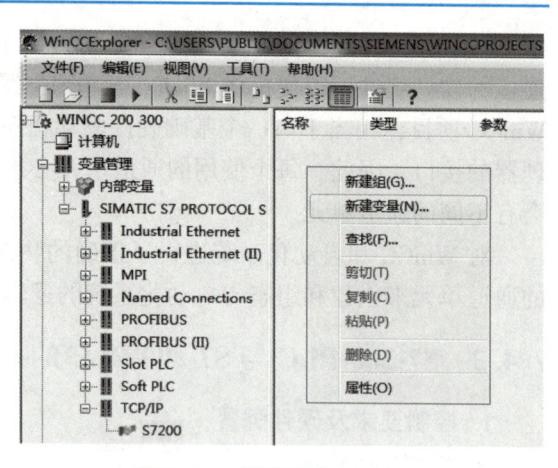

图 7-23 新建连接"S7200"

在图 7-23 中，选中"S7200"，在其右边空白处单击右键，选择"新建变量"，如图 7-24 所示，弹出"变量属性"界面（1），选择"数据类型"，再单击"地址"栏的"选择"按钮，弹出"地址属性"界面（2），将数据存储器设置为"位存储器"，存储器地址设置为"M0.0"，单击"确定"按钮，新的变量建立完毕。

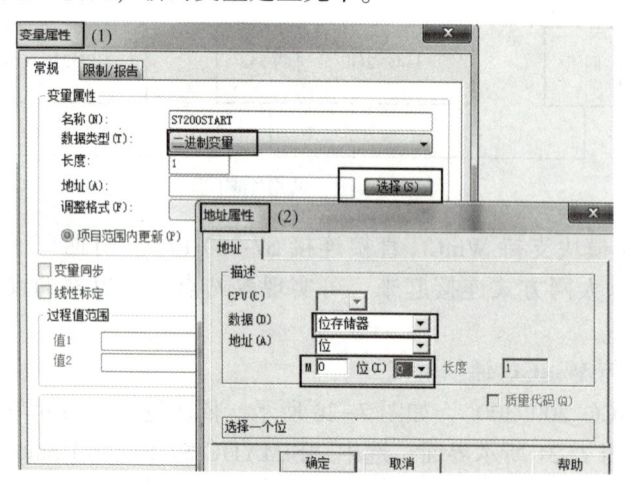

图 7-24 新建变量"S7200START"

在 S7-200 PLC 侧继续新建变量"S7200MOTOR"和"S7200STOP"，如图 7-25 所示，其中 M0.0 为第一台电动机起动信号，M0.1 为第一台电动机停止信号，A0.0（即 Q0.0）为第一台电动机控制信号，也是第一台电动机运行的标志位信号。

图 7-25 S7-200 PLC 通信变量

3. S7-300 PLC 与 WinCC 通信的建立

建立方法同上。选择"TCP/IP",单击鼠标右键,选择"新驱动程序连接",弹出"连接属性"界面(2),如图 7-26 所示。单击"属性",弹出"连接参数-TCP/IP"界面(3),输入 S7-300 PLC 的 IP 地址及 CPU 的机架号和插槽号,单击"确定"按钮一路返回。新的连接建立成功,修改新连接名称为"S7300"。单击右键,选择"新建变量",为新连接建立变量,如图 7-27 所示。

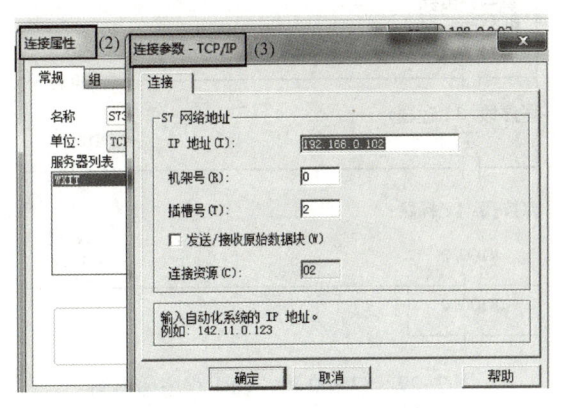

图 7-26 S7-300 PLC 通道的建立

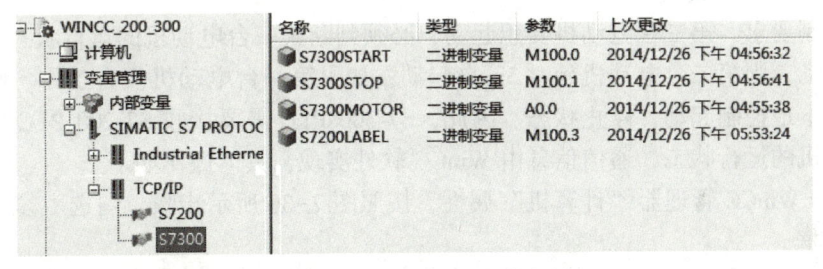

图 7-27 S7-300 PLC 通信变量

图 7-27 中,M100.0 为第二台电动机起动信号,M100.1 为第二台电动机停止信号,M100.3 为第一台电动机运行状态信号,A0.0(即 Q0.0)为第二台电动机控制信号。

4. 系统功能的实现

(1) S7-200 PLC 程序的编写

根据控制要求,S7-200 PLC 程序梯形图如图 7-28 所示。

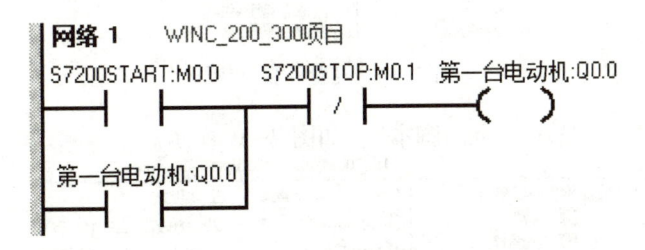

图 7-28 S7-200 PLC 程序梯形图

(2) S7-300 PLC 程序的编写

根据控制要求,S7-300 PLC OB1 程序梯形图如图 7-29 所示。

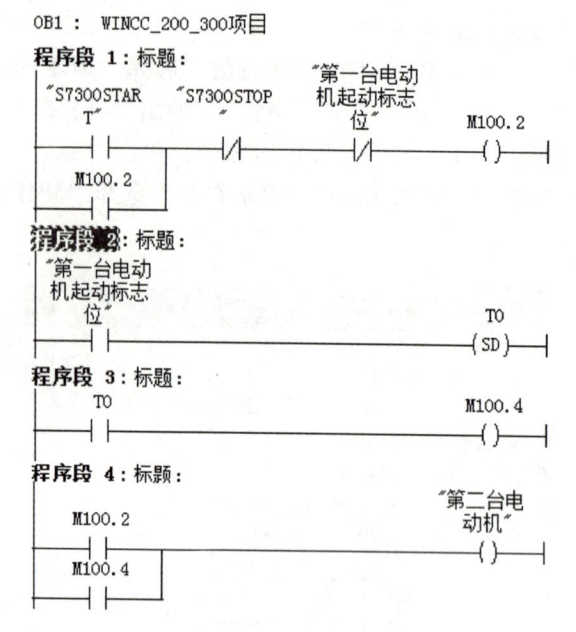

```
OB1 : WINCC_200_300项目
程序段 1：标题：
   "S7300STAR   "S7300STOP"   "第一台电动
        T"                    机起动标志
                                 位"      M100.2
       ─┤├──────┤/├────────────┤/├────────( )─
    M100.2
    ─┤├─

程序段 2：标题：
   "第一台电动
    机起动标志
       位"                                  T0
       ─┤├────────────────────────────────(SD)─

程序段 3：标题：
       T0                                 M100.4
       ─┤├────────────────────────────────( )─

程序段 4：标题：
                                         "第二台电
    M100.2                                动机"
    ─┤├─┬─────────────────────────────────( )─
        │
    M100.4
    ─┤├─┘
```

图 7-29　S7-300 PLC OB1 程序梯形图

（3）全局变量的设置

根据控制要求，第二台电动机要想起动，必须判断第一台电动机的运行状态。如果第一台电动机起动，则第二台电动机延时 5 s 自起动；如果第一台电动机没有工作，则第二台电动机可以在本地控制起动、停止状态。因此，S7-300 PLC 需要接收 S7-200 PLC 传递过来的第一台电动机的运行状态，通信信息由 WinCC 软件实现，具体操作如下。

1）单击 WinCC 管理器"计算机"属性，按照图 7-30 所示步骤，勾选"全局脚本运行系统"复选框。

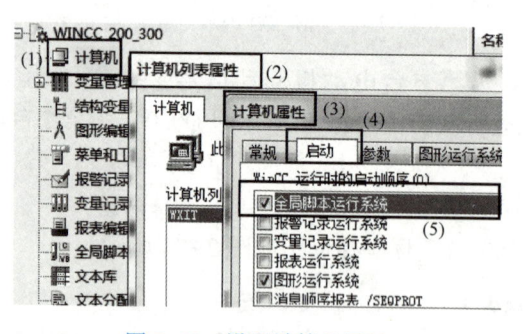

图 7-30　设置计算机属性

2）在导航窗口中，选中"全局脚本"，如图 7-31 所示。

图 7-31　全局变量路径

3）脚本编写。选择并打开图 7-31 中的"C-Editor"文件，变量传递程序编写如图 7-32 所示。将第二台电动机运行状态变量"S7200MOTOR"传递给 S7-300 PLC 的状态标志位"S7200LABEL"，即 S7-300 PLC 程序中的"第一台电动机起动标志位"变量，由该变量起动 5 s 定时器延时，从而达到第一台电动机状态控制第二台电动机起停的目的。

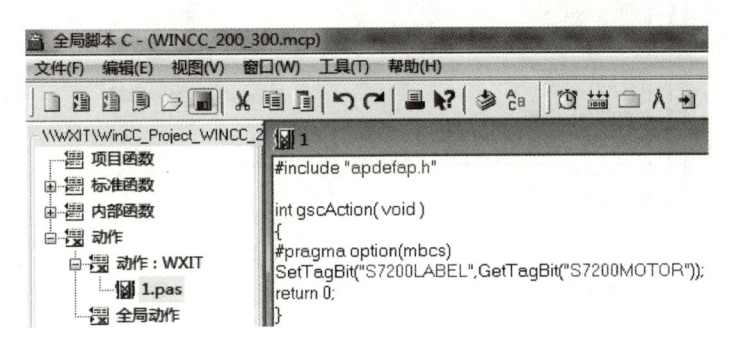

图 7-32　全局脚本程序

在采用全局变量编写程序时，还需要设置变量触发的属性，本系统设置触发动作的步骤如图 7-33 所示。

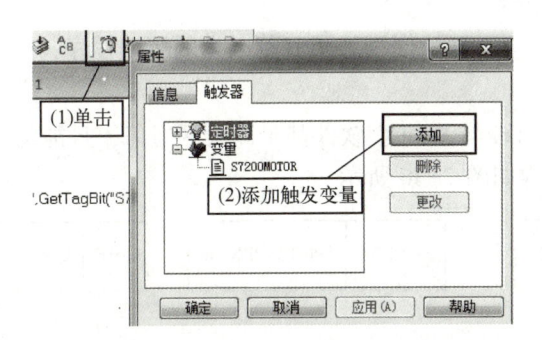

图 7-33　全局变量触发动作设置

5. 系统联调

分别下载 S7-200 PLC、S7-300 PLC 程序，并编制 WinCC 操作界面。程序联调及运行界面分别如图 7-34 和图 7-35 所示。

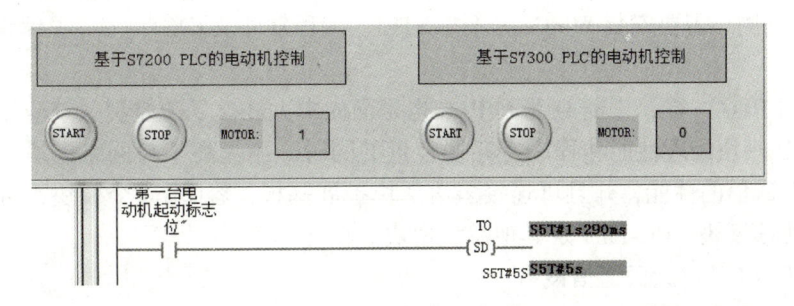

图 7-34　延时 5 s

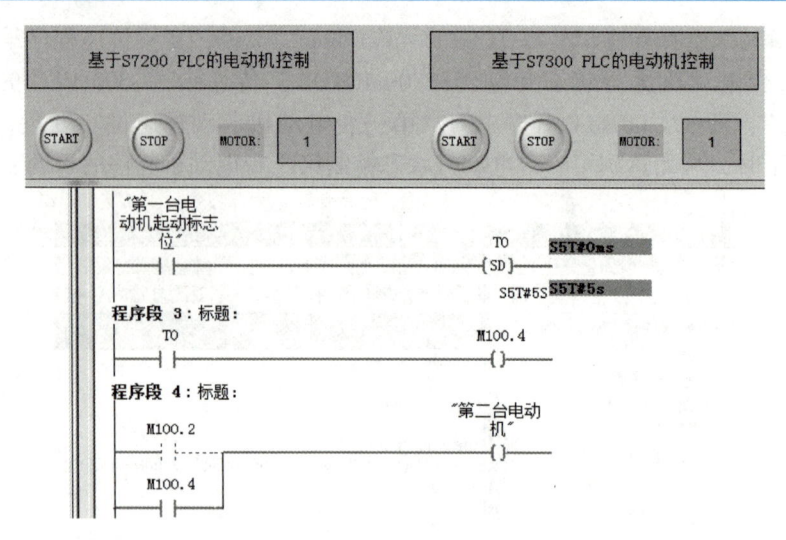

图 7-35 5 s 后第二台电动机运行

7.4.3 三菱 Q 系列 PLC 与 S7-300 PLC 的系统集成

1. 控制要求及硬件配置

WinCC 从 V7.0 SP2 版本开始便增加了三菱以太网驱动程序，支持与三菱 FX_{3U}、Q 系列 PLC 进行以太网通信。

控制要求：Q 系列 PLC 与 WinCC 软件基于以太网通信，且能与 S7-300 PLC 互相通信。硬件配置及网络结构如图 7-36 所示。

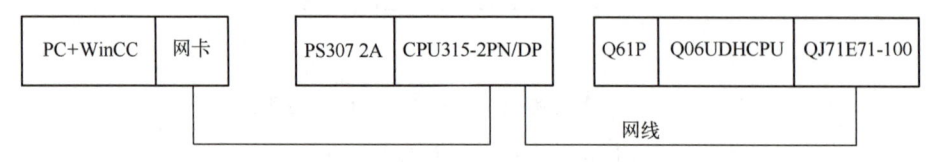

图 7-36 系统结构

1) 三菱侧。主基板：Q35B；电源模块：Q61P；CPU 模块：Q06UDHCPU；以太网模块：QJ71E71-100；以太网线。

2) 西门子侧。电源模块：PS307 2A；CPU 模块：CPU315-2PN/DP；以太网线。

3) 计算机侧。需要安装 WinCC 软件、STEP7 编程软件及 GX Developer 编程软件，且需配置网卡。

同 S7-300 PLC 一样，三菱 Q 系列 PLC 也是面向中大规模复杂控制系统应用设计的，在大幅提高 CPU 模块处理性能和程序寄存器容量的同时，还提高了与网络模块、编程用外围设备之间数据通信的性能，并且可连接多达 7 块扩展基板，容纳 64 个模块；可扩展以太网模块、串口通信模块、CC-Link 及其他总线模块。

2. Q 系列 PLC 以太网通信设置

1) 新建项目后，按照图 7-37 所示步骤，设置 PLC 参数。

2) 网络参数设置。按照图 7-38 所示界面及步骤，设置网络类型、站号等。

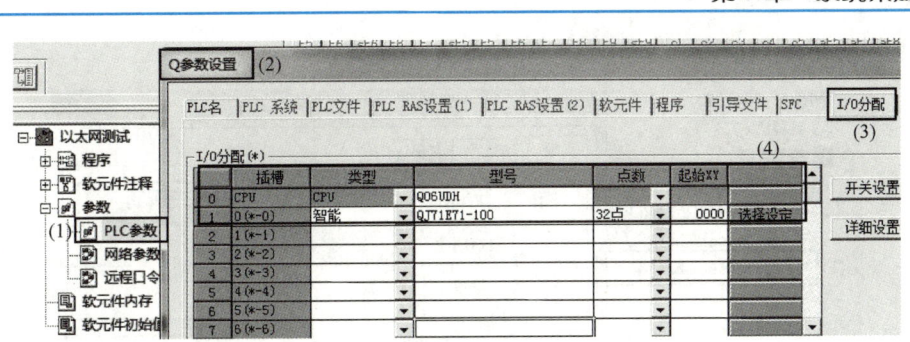

图 7-37 Q 系列 PLC 参数设置

3）单击"操作设置"按钮，弹出界面如图 7-39 所示，并设置以太网模块 IP 地址，第一次设置 IP 地址需要用 USB 线或 RS-232 线下载网络参数。

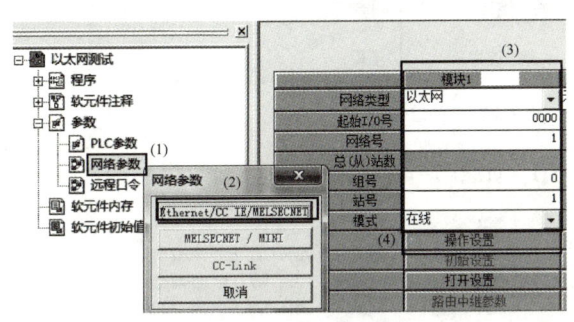

图 7-38 网络设置

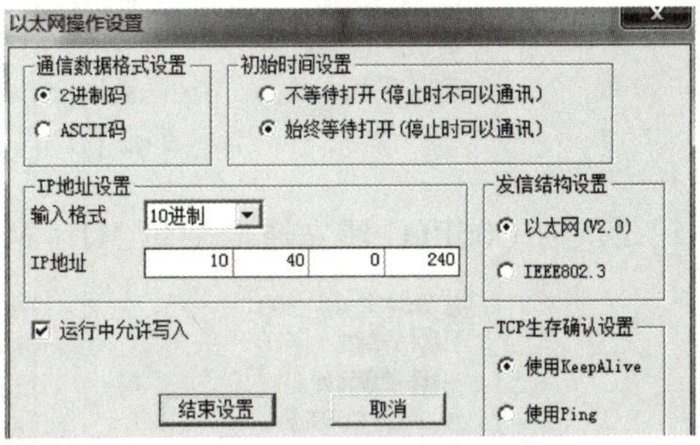

图 7-39 IP 地址设置

4）单击图 7-38 中的"打开设置"按钮，弹出界面如图 7-40 所示，设置通信参数，通信协议可以选择 UDP，也可以选择 TCP，本例采用 UDP 协议。其中本站端口号为 PLC 与 WinCC 连接时的默认端口号 5001（或 5000）的十六进制数据 16#1389，通信对方地址是 WinCC 安装的计算机的 IP 地址。

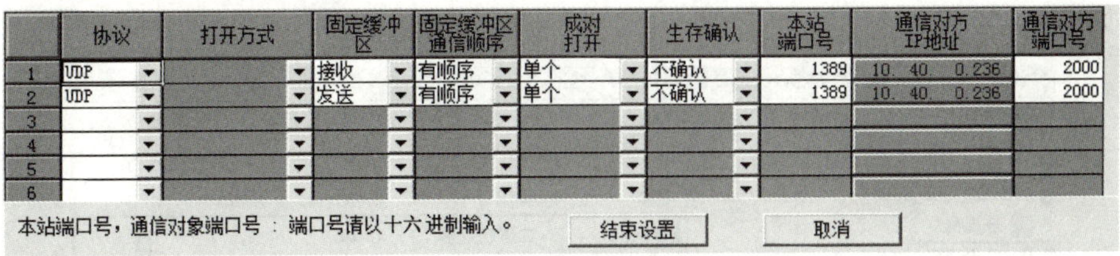

图 7-40 通信设置

设置完毕后，将参数下载至 PLC，如图 7-41 所示。

3. PLC 与 WinCC 通信的建立

1）按照图 7-42 中所示的步骤，在 WinCC 项目管理器中选择"变量管理"，添加"新的驱动程序"：Mitsubishi Ethernet.chn，并设置网络连接参数，其中在"连接属性"中，网络编号和 PC 编号可以对应 PLC 中的网络号和站号，

图 7-41 网络参数下载

也可以使用图中的默认值。

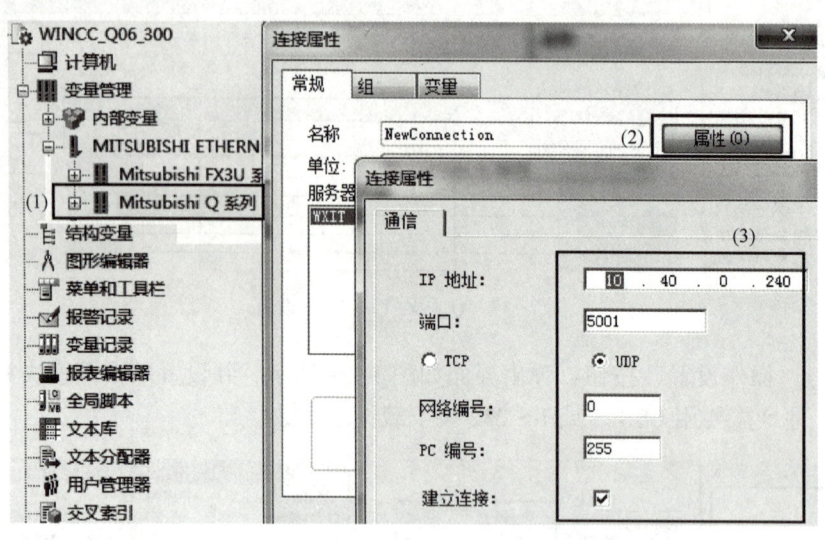

图 7-42　Q06PLC 的连接与变量建立

2）为 Q06PLC 建立通信变量 M1、M2、Y0，如图 7-43 所示。

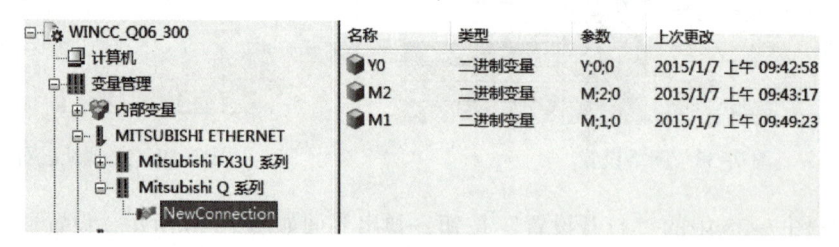

图 7-43　Q06PLC 通信变量

3）仿照图 7-42 和图 7-43 所示步骤，在 WinCC 项目管理器中选择"变量管理"，添加"新的驱动程序"：SIMATIC S7 PROTOCOL SUITE.chn，并建立通信变量 M0.1、M0.2、A0.0，如图 7-44 所示。

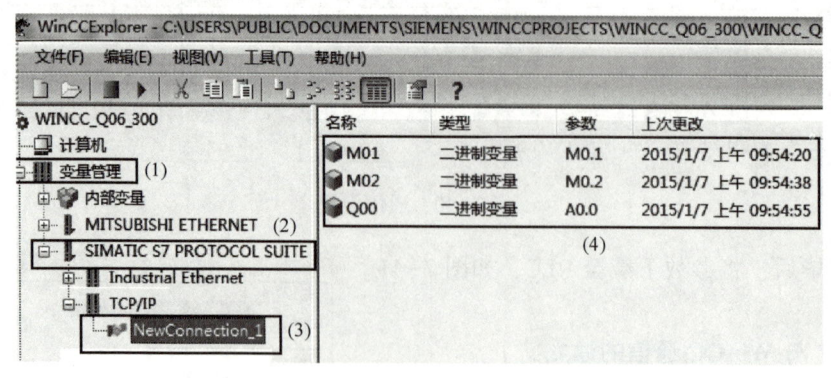

图 7-44　S7-300 PLC 的连接与通信变量建立

4. 程序编写

（1）PLC 程序

根据控制要求，Q 系列 PLC 与 S7-300 PLC（以下简记为 S7 PLC）互相通信，因此双方会给对方发送信息，也会接收对方信息，通信信息如表 7-1 所示。

表 7-1　PLC 之间的通信信息

Q 系列 PLC	S7 PLC
发送数据（M1）	接收数据（M0.2）
接收数据（M2）	发送数据（M0.1）

程序梯形图分别如图 7-45 和图 7-46 所示。

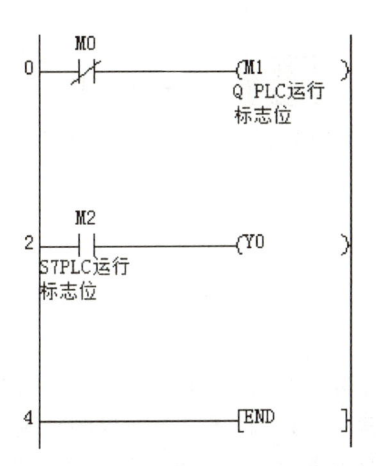

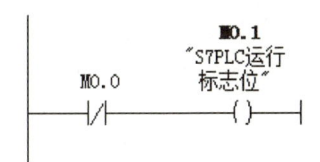

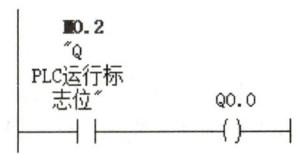

图 7-45　Q 系列 PLC 程序梯形图　　图 7-46　S7 PLC 程序梯形图

（2）脚本程序

变量传递程序编写如图 7-47 所示。

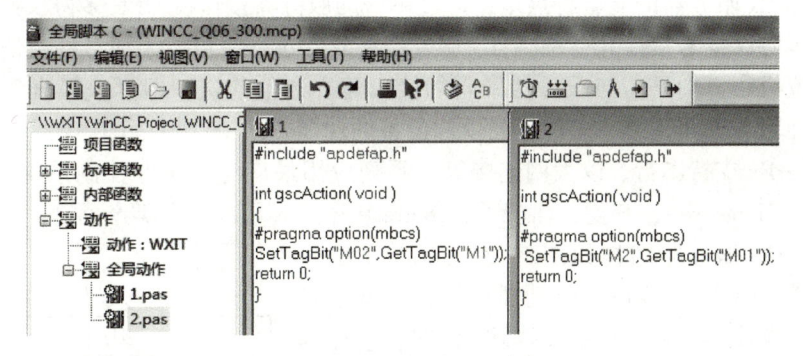

图 7-47　变量传递程序

在采用全局变量编写程序时，还需要设置变量触发的属性，本系统触发动作分别设置为变量 M1（动作 1）和 M01（动作 2）。

5. 系统联调

分别将程序下载至对应的 PLC 中，并运行 WinCC，观察 PLC 运行程序如图 7-48 和图 7-49 所示，可见 M0.2 获得来自 Q 系列 PLC 的 M1 信号状态，M2 获得来自 S7 PLC 的 M0.1 信号状态，实现了两台 PLC 基于组态软件的通信功能。

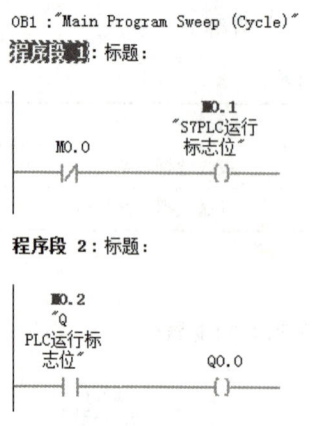

图 7-48　监控模式下 S7 PLC 程序梯形图 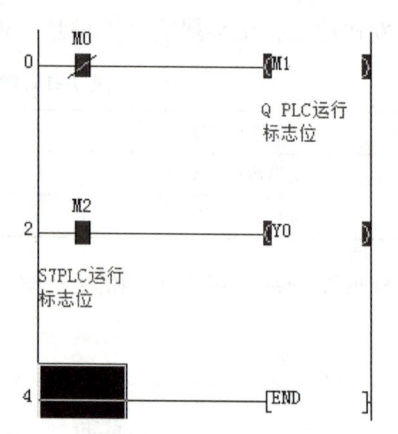　　　图 7-49　监控模式下 Q PLC 程序梯形图

7.5　基于 OPC 技术的异构网络系统集成

7.5.1　KEPware 软件介绍

随着 OPC 技术的不断发展和使用，各厂家纷纷针对各自的硬件推出专用的 OPC 服务器、OPC 数据访问中间件或者开发工具，极大加速了 OPC 技术在工业控制领域的推广。

KEPServerEx 是市面上应用非常广泛的 OPC 服务器之一。它采用了业界领先的驱动程序插件式结构，在服务器中嵌入了 100 多种通信协议，不仅支持工业市场上广泛采用的数百种设备型号，还能通过下载新的驱动程序插件进行扩展，真正实现了传统 OPC 服务器所不具备的通用性。

KEPServerEx 服务器的显著特点是，通过单一的服务器接口使 OPC 多协议技术得到了极大的丰富。多协议技术是指 KEPServerEx 服务器在安装过程中可以添加多种通信协议即驱动程序，而上位机客户端只需与服务器暴露的接口建立通信连接，即可获得服务器内所有数据，实现一种服务器同时组态多种不同硬件设备的功能。

KEPServerEx 支持串行、以太网连接等一系列应用最广泛的工业控制系统，包括 Allen-Bradley、GE、Honeywell、三菱、西门子、Omron、东芝等厂商的各类产品。

KEPServerEx 服务器结构如图 7-50 所示。KEPServerEx 服务器由对象、接口和驱动插件组成，其中对象又分为服务器对象、组对象和项对象。同时，它还具有简单的客户端功能，能直接对硬件设备进行数据操作而不依赖客户端和硬件设备运行。应用程序遵循 OPC 技术规范对服务器进行各项操作，如通过读/写函数的调用对实际设备中的数据标签进行读写。标签项代表该标签到现场数据源的逻辑连接，在标签创建时定义。

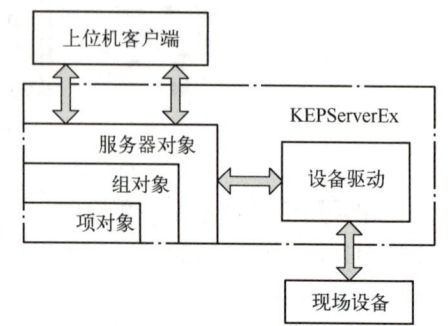

图 7-50　KEPServerEx 服务器结构

KEPServerEx 服务器对象内提供管理多个组对象的方法，通过接口调用对其进行各种操作。服务器对象由多个组对象组成，每个组对象对应一个通道，每个通道都有自己的驱动，通道之间互不影响；设备驱动定义了从现场设备获取数

据的操作方法，由于不同厂家设备的通信协议和数据采集格式不同，所以驱动也不尽相同。组对象包含多个项对象，项对象定义了标签到现场数据源的逻辑连接，标签内容包括变量的类型、变量值、时间戳和通信状态等内容。

使用 KEPServerEx 服务器作为整个网络系统的数据服务器，可实现对多个子系统生产数据的统一采集，同时通过客户端可访问服务器中任意子系统的现场数据。

7.5.2 控制要求及硬件配置

系统控制要求如下：S7-300 PLC 控制的电动机起动 5 s 后，FX_{2N} PLC 控制的电动机起动，要求 S7-300 PLC 达到定时时间后发给 FX_{2N} PLC 电动机起动信号。

分析：考虑两台 PLC 是不同种类的 PLC，且通信口协议不同，因此采用 OPC 服务器实现异构网络 PLC 之间的通信。

系统配置如下：装有 KEPware OPC server V4.5 的计算机一台；CPU315-2PN/DP PLC（以下简记为 CPU 315 PLC）一台；FX_{2N}-48MR PLC 一台；网线一根、USB-SC09 编程电缆一根。

7.5.3 PLC 与 OPC 服务器的连接

1. S7-300 PLC 与服务器的连接

（1）建立 S7-300 PLC 与服务器的通信

1）打开 KEPServerEx 软件，新建工程"test1"，按照操作界面提示进行操作。例如，在图 7-51 中，单击鼠标右键，弹出"New Channel-Identification"对话框，按照图示提示步骤操作，进入如图 7-52 所示的"New Channel-Device Driver"（设备驱动）对话框。

图 7-51 "New Channel-Identification"对话框

2）在本系统中 CPU315 PLC 通过 PN 接口与计算机的 RJ45 口之间建立网线连接，因此在下拉菜单中选择"Siemens TCP/IP Ethernet"，单击"下一步"按钮，进入新界面，选择默认值，直到弹出如图 7-53 所示的"New Channel-Summary"（通道信息）对话框，单击"完成"按钮，通道建立完毕。

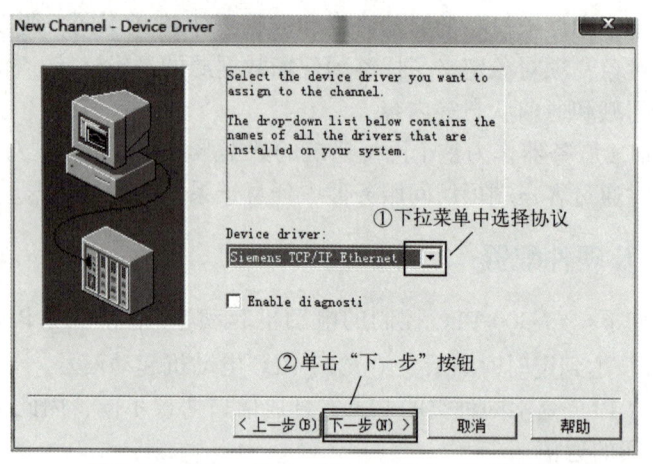

图 7-52 "New Channel-Device Driver" 对话框

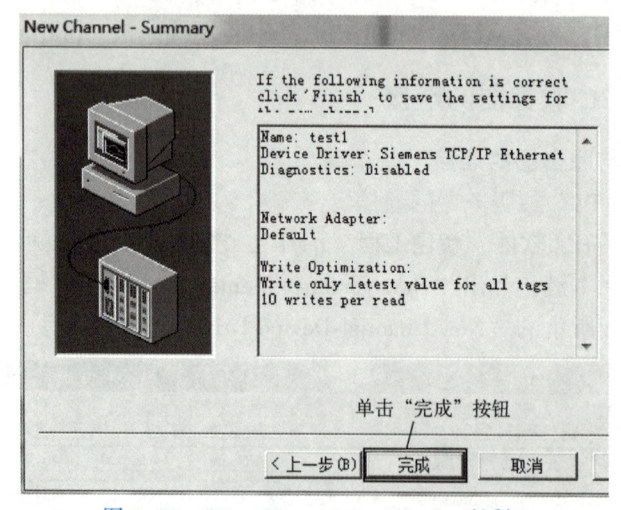

图 7-53 "New Channel-Summary" 对话框

3) 按照图 7-54 "New Device-Name" 对话框所示步骤添加本通道中的设备信息，单击"下一步"按钮，弹出如图 7-55 所示 "New Device-Model" 对话框，选择设备类型，单击

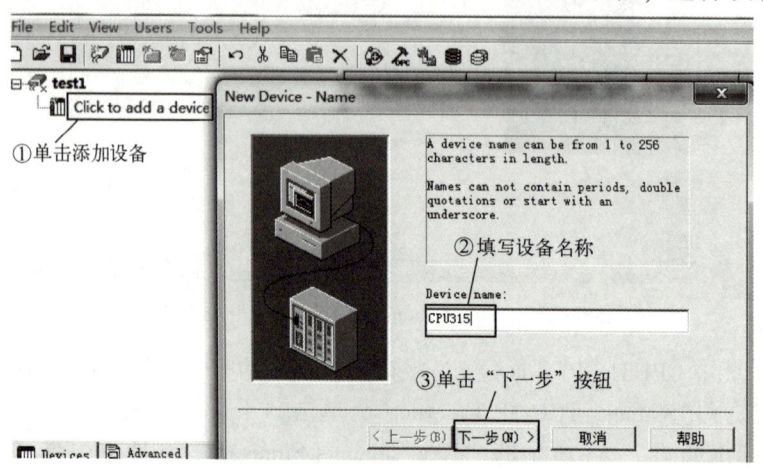

图 7-54 "New Device-Name" 对话框

"下一步"按钮,弹出如图 7-56 所示界面,"New Device-ID"对话框,输入所选设备地址,单击"下一步"按钮,进入新界面,选择默认值,直到弹出如图 7-57 所示"New Device-Summary"对话框,单击"完成"按钮,设备信息添加完毕。

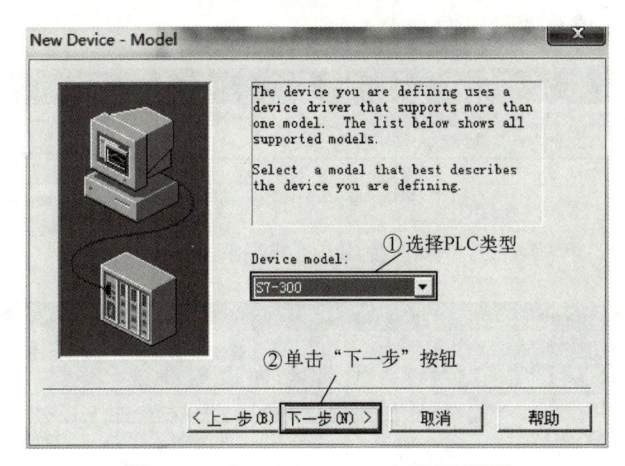

图 7-55 "New Device-Model"对话框

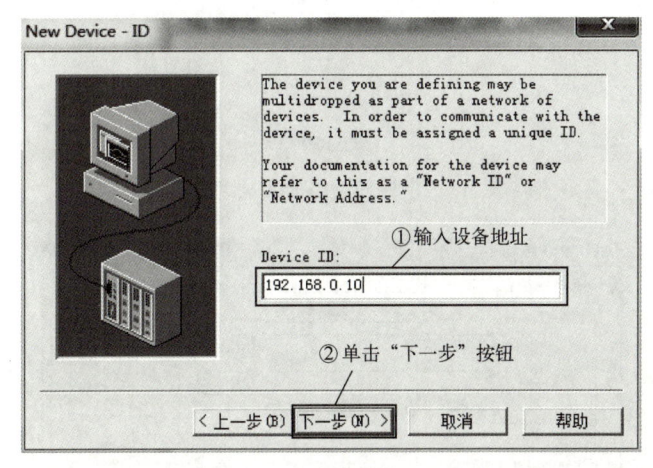

图 7-56 "New Device-ID"对话框

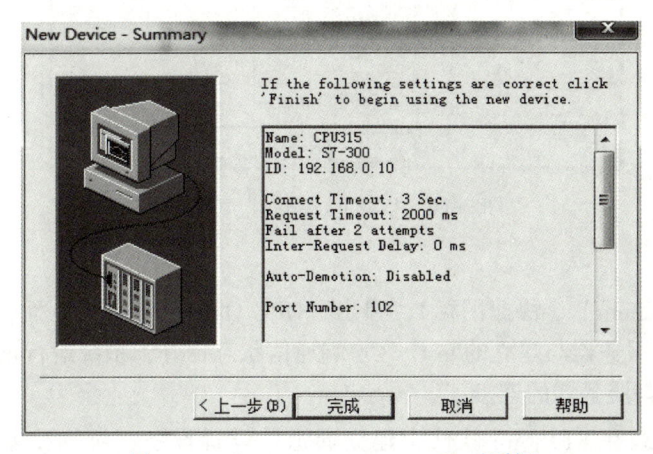

图 7-57 "New Device-Summary"对话框

(2) 设置 S7-300 PLC 通信变量

设备信息设置完成后显示图 7-58 界面，按照界面提示，在图右边建立系统需要监控的变量信息，如图 7-59 所示，单击"New Tag"选项，弹出如图 7-60 所示的"Tag Properties"（变量属性）对话框，填写变量属性。

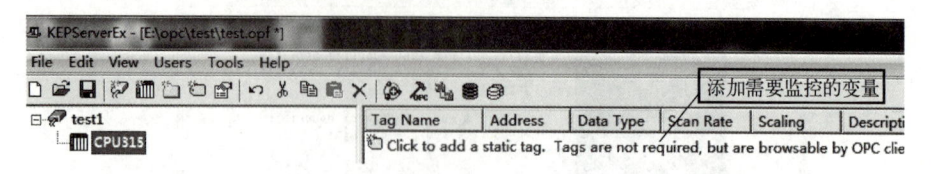

图 7-58 在 OPC 客户端添加变量

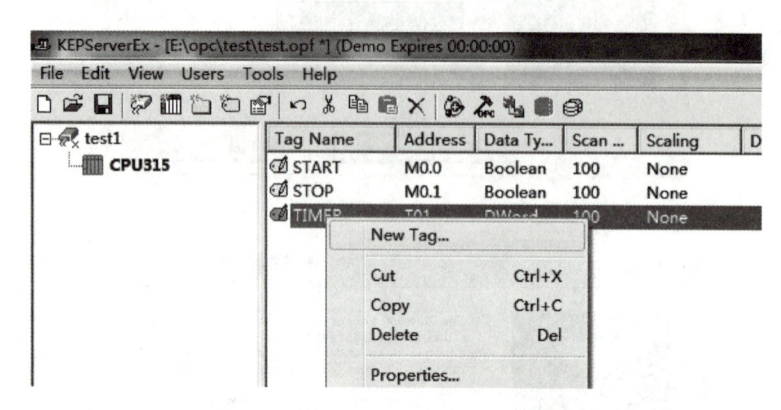

图 7-59 添加变量

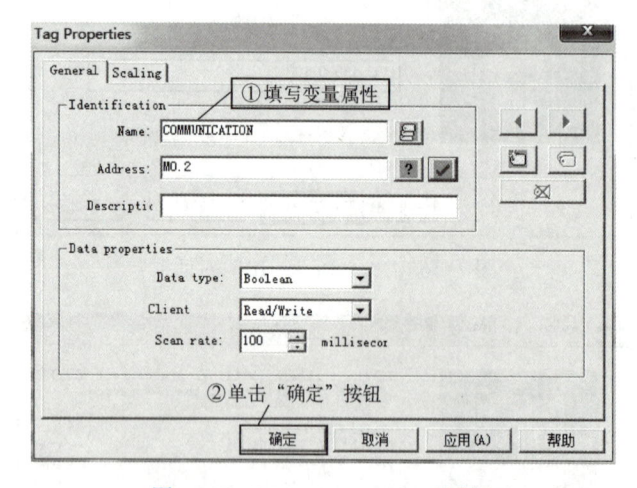

图 7-60 "Tag Properties"对话框

(3) 系统调试

单击"Quick Client"（快捷图标），弹出"OPC Quick Client"页面，如图 7-61 所示，从图中可见，OPC 服务器与建立的 test1 客户端通信状态良好，系统运行正常。

2. FX$_{2N}$ PLC 与服务器的连接

FX$_{2N}$-48MR PLC 在 KEPware 软件中建立通道、设置设备、添加变量可参考上述步骤 (1)~(3)，其变量建立如图 7-62 所示，变量观察如图 7-63 所示。

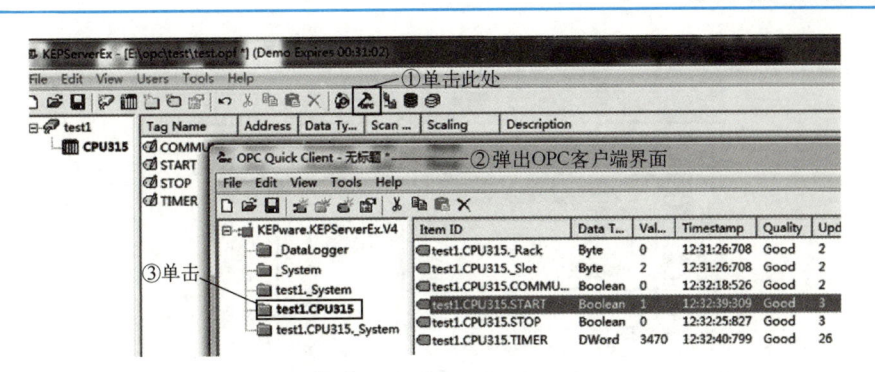

图 7-61　CPU315 PLC 客户端的通信连接与变量观察

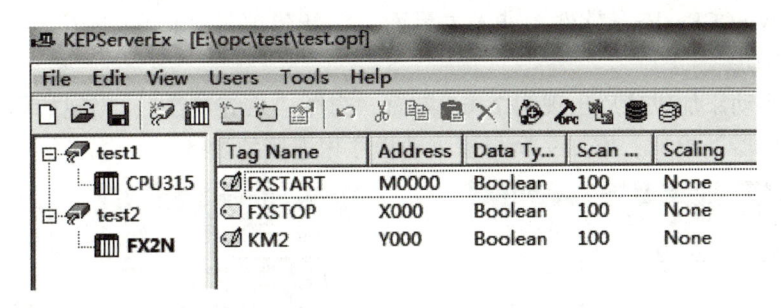

图 7-62　FX$_{2N}$-48MR PLC 客户端变量的建立

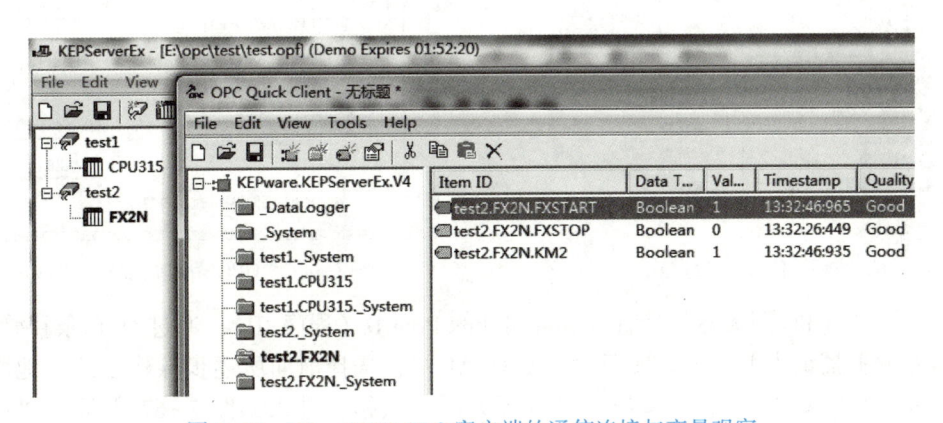

图 7-63　FX$_{2N}$-48MR PLC 客户端的通信连接与变量观察

7.5.4　S7-300 PLC 与 FX$_{2N}$ PLC 之间信息交互的实现

1. OPC 客户端的建立

WinCC 组态软件提供多种驱动，但不提供与 FX$_{2N}$ 系列 PLC 交互的驱动，可采用 WinCC 软件提供的 OPC 通信方式；WinCC 提供 S7 PLC 的 TCP/IP、MPI、PROFIBUS 等驱动，CPU315-2PN/DP PLC 可直接与 WinCC 软件连接通信，受篇幅所限，本书不讲述该类通信方式，仅选择两种 PLC 之间通过 OPC 方式与 WinCC 软件通信并实现系统集成。

WinCC 软件可以作为 OPC 服务器，也可以作为 OPC 客户端。本系统采用 WinCC 作为 OPC 客户端去访问 KEPware OPC server。当使用 WinCC 作为 OPC 客户端时，必须将 OPC 通道 OPC.chn 添加到 WinCC 项目中，具体操作如图 7-64 所示。

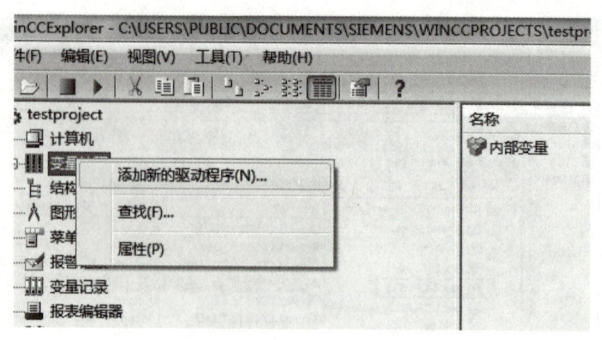

图 7-64　添加 OPC 驱动

1）打开 WinCCExplorer 软件，进入主界面，在新建项目"testproject"的"变量管理"中添加 OPC 驱动。

2）OPC 驱动添加成功后出现图 7-65 界面，选择"系统参数"，出现如图 7-66 所示的"OPC 条目管理器"窗口，添加一个与该驱动程序相连接的设备。

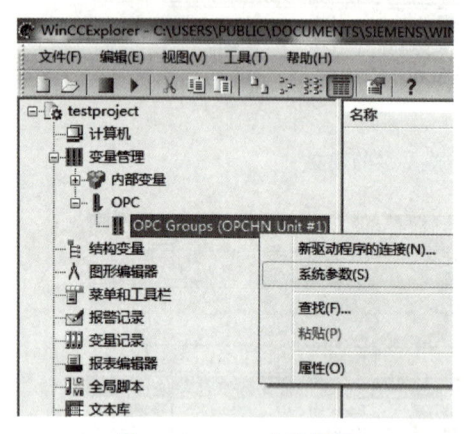

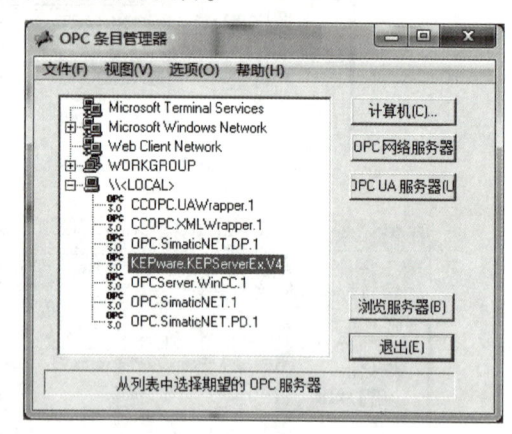

图 7-65　OPC 参数设置　　　　　　　　图 7-66　"OPC 条目管理器"窗口

3）每一个 OPC 服务器都拥有自身可编址的 ProgID（程序 ID），通过 OPC 条目管理器，可向 OPC 服务器请求 ProgID。展开"\\<LOCAL>"，选择前面所述步骤建立的本地服务器"KEPware.KEPSeverEx.V4"，单击"浏览服务器"按钮，进入如图 7-67 所示的"过滤标准"对话框，单击"下一步"按钮，进入图 7-68 所示的对话框。

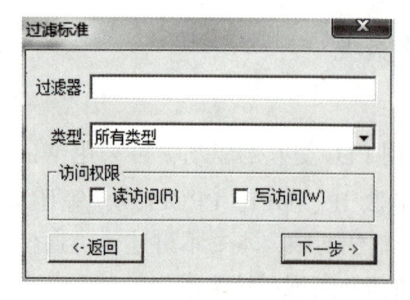

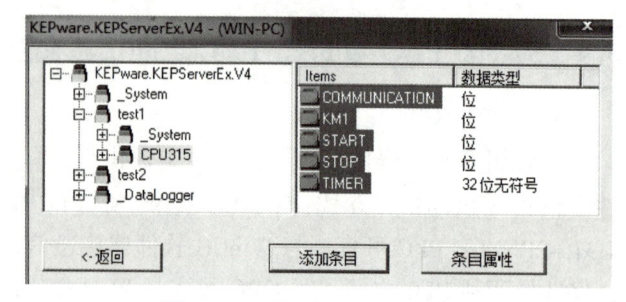

图 7-67　过滤标准界面　　　　　　　　图 7-68　进入 KEPware 服务器

4）在图 7-68 的对话框中，选择"test1"→"CPU315"，出现右边变量，选择所有变量，单击"添加条目"按钮（同理添加"test2"的所有变量）；出现如图 7-69 所示的"添加变量"对话框,选择"KEPware_KEPSeverEx_V4",单击"完成"按钮,OPC 服务器变量添加的完成情况如图 7-70 所示。

图 7-69 "添加变量"对话框

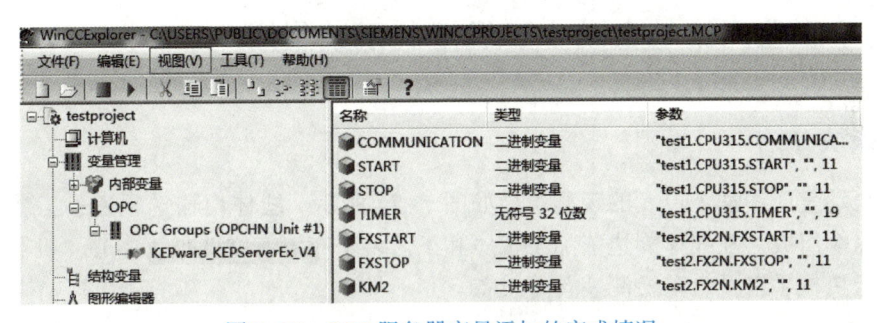

图 7-70 OPC 服务器变量添加的完成情况

2. PLC 之间的信息交互

1) 在图 7-70 中,选中导航窗口的"计算机",单击鼠标右键,进入"计算机属性"界面,选中"全局脚本运行系统",单击"确定"按钮结束。

2) 在导航窗口中,选中"全局脚本",按照图 7-71 所示步骤编写动作函数,将 S7-300 PLC 中的标志位"COMMUNICATION"状态传递给 FX_{2N} PLC 的起动变量"FXSTART"。

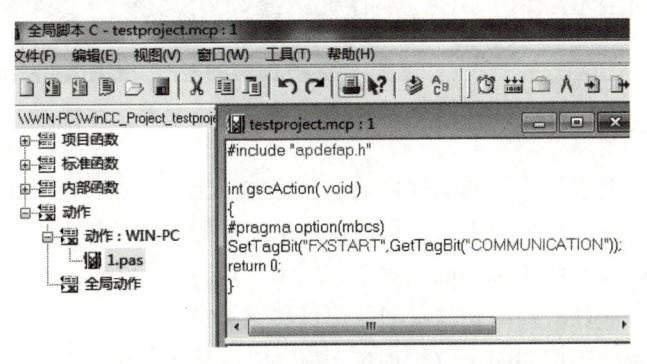

图 7-71 编写动作函数

3) 监控界面如图 7-72 所示,当单击 S7-300 PLC 连接的起动按钮 START 后,KM1 状态为 1,驱动第 1 台电动机,定时器开始计时;当 5 s 时间到后,标志位"COMMUNICATION = 1",FX_{2N} PLC 的起动变量"FXSTART = 1",则 KM2 状态为 1,驱动第 2 台电动机工作,如

图 7-73 所示。

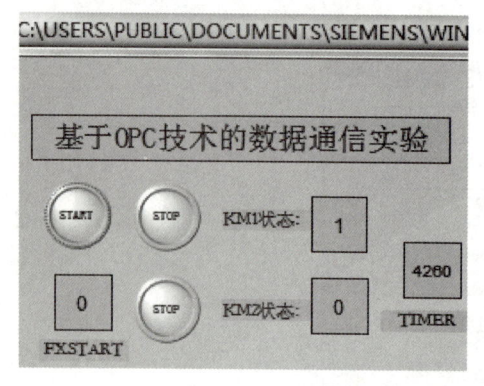

图 7-72　监控界面 1

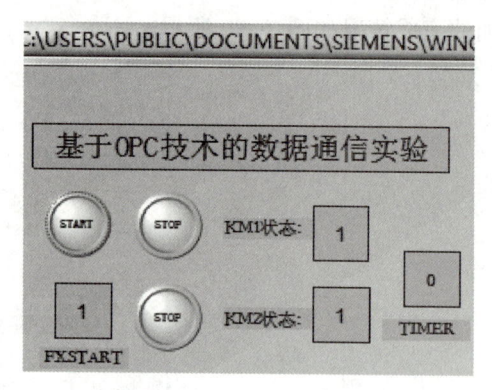

图 7-73　监控界面 2

7.6　基于工业网络的自动生产线控制系统集成

7.6.1　系统介绍

某一自动生产线加工单元的现场布局如图 7-74 所示。线体由输送辊道、工装夹具、停止器及托盘等组成，在线体周边依加工工序和工艺要求布置有立式加工中心、机器人、清洗装置、桁架机械手以及自动检测装置等设备。

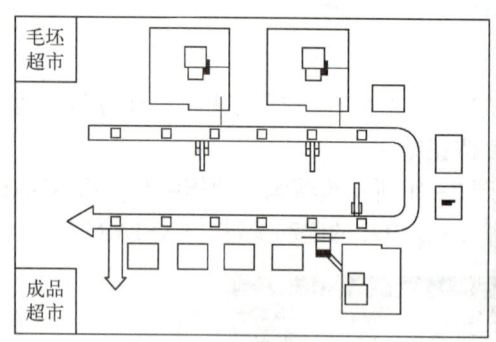

图 7-74　自动生产线布局

整个生产线不仅要求各个机构能够自动配合、加工出合格的产品，而且要求工件从托盘到机床上下料、定位夹紧、机加工以及工件在各工序间的输送、检测等都能自动地进行，为此整个生产线需要通过液压系统、电气控制系统和 PLC 控制系统将各个部分的动作和逻辑关联起来，使其按照设计的程序和预定的节拍自动地工作。

生产单元控制系统结构如图 7-75 所示，其采用"集中管理、分散控制"的控制模式，在 PLC 控制器的作用下，产品的各个工序能有条不紊、周期性地协调工作。控制系统采用 PROFINET 与 PROFIBUS 混合的网络结构。

PROFINET 和底层的现场 I/O 设备通信，I/O 设备包括 IM151-3PN 现场模块、ET200eco PN 输入/输出模块、RF180C 通信模块等具有以太网功能的模块。为了与车间其他单元数据共享，控制系统还配备了工业级 PN/PN 耦合器，通过该网桥，可以实现自动生产线与车间其他单元如柔性生产单元、立体仓库单元控制器之间的信息交互。

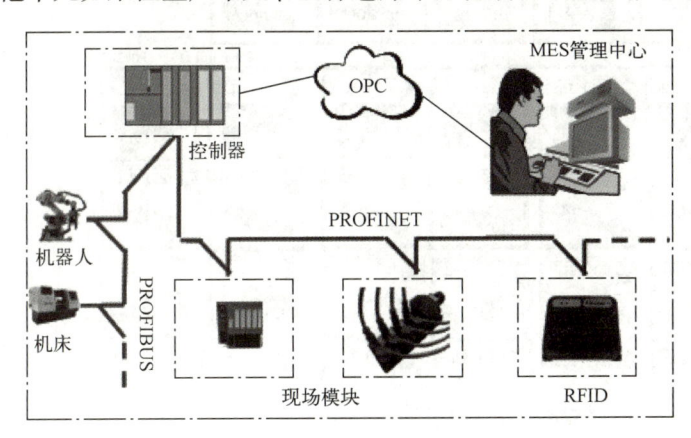

图 7-75 自动生产线控制系统结构

生产线中机床作为专机设备配有 PROFIBUS-DP 模块，机床控制系统、机器人控制系统以及打标机控制系统作为 PLC 的 PROFIBUS-DP 从站接入自动生产线网络。通过总线网络，实现机床、机器人、打标机与 PLC 控制器的双向数字通信，不仅实现了控制中心对机床、机器人和打标机的交互连锁控制，而且实现了实时采集机床、机器人以及打标机的状态信息，例如机器人手爪的状态、机床的主轴速度、运行状态及当前刀具号等信息。

7.6.2 系统硬件配置及组态

自动生产线项目结构如图 7-76 所示。自动生产线控制器选择 CPU315-2PN/DP PLC；毛坯超市及成品超市分别安装两个触摸屏（HMI01/HMI02），以便货物出入记录、查询及监控自动生产线工作状态等；系统采用 4 台伺服电动机，分别用于产品打标系统定位和自动检测系统定位。

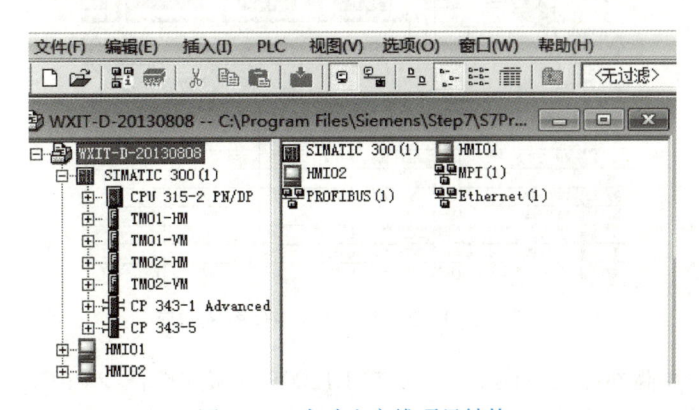

图 7-76 自动生产线项目结构

系统硬件组态界面如图 7-77 所示。

1）机床设备从站。机床配备了 PROFIBUS-DP 接口，在组态前需要安装厂家提供的 GSD 文件，其 DP 从站属性及机床网络结构分别如图 7-78 和图 7-79 所示。

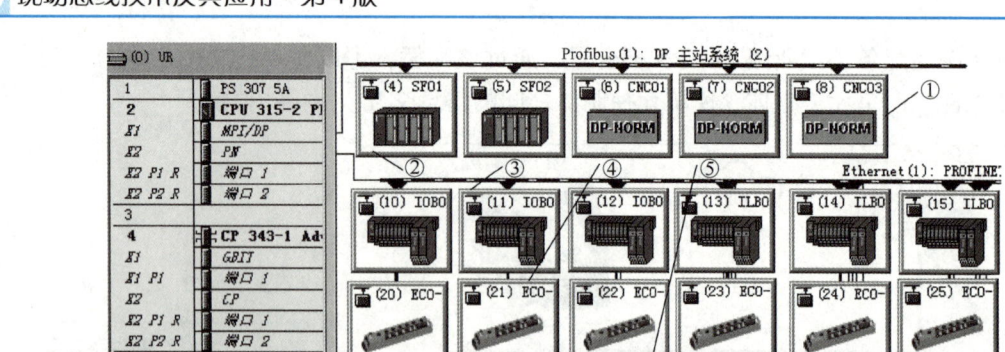

图 7-77 系统硬件组态

图 7-78 机床 DP 从站属性

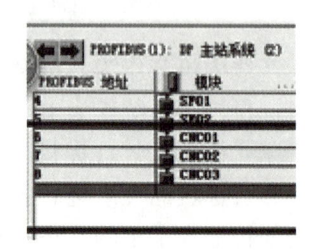

图 7-79 机床网络结构

2）IM153-2 接口模块。支持 PROFIBUS 总线通信，可连接 ET200M I/O 分布式设备与 PROFIBUS-DP 设备，最多可操作 12 个 I/O 模块，其配置如图 7-80 所示。

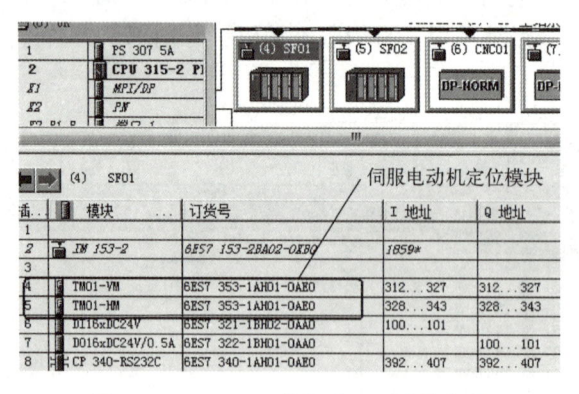

图 7-80 ET200M 分布式 I/O 系统构成

3）IM151-3 PN 高性能接口模块。可连接 ET200S 分布式设备与 PROFINET I/O，可以为装配的电子模块和电动机起动器准备数据，可以为背板总线供电，集成了带有两个端口的交换机，支持以太网服务：ping、arp、SNMP/MIB-2、LLDP，最多可扩展 63 个模块，部分配置如图 7-81 所示。

4）ET200ecoPN 是一款防护等级为 IP65/67 的紧凑型 PROFINET I/O 接口模块，尤其适合在无控制柜的应用场合。ET200ecoPN 模块拥有全密封锌压铸外壳，设计非常紧凑，配置如图7-82所示，有两路PROFINET通信接口、8路数字量输入信号。

图7-81　ET200S分布式系统

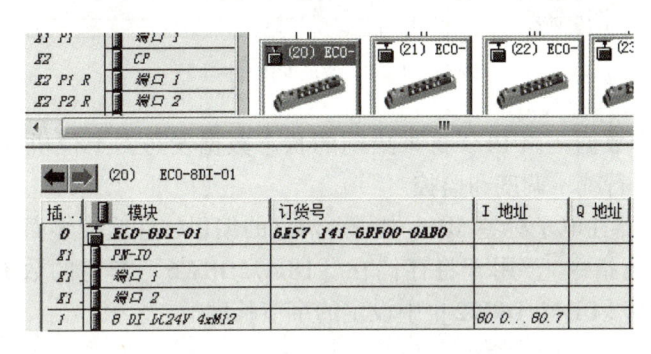

图7-82　ET200ecoPN接口模块配置

5）RF180C通信模块的防护等级为IP67，可连接两路具有PROFINET I/O功能的读写器，配置如图7-83所示。

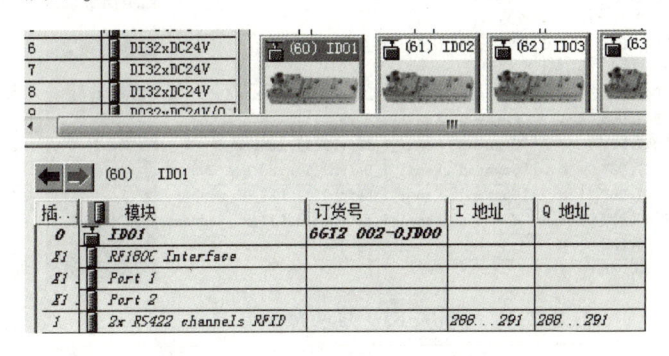

图7-83　RF180C通信模块配置

7.6.3　RFID信息识别功能的实现

为了实现对生产线上产品生产信息的全程跟踪、实时记录和有效追溯以及对产品的库存管理，在生产线上的每一道工序都布置有RFID读写器RF380R，对应的电子标签RF340T安装在承载物料的托盘上，从而形成生产管理系统与现场生产信息的连接通道。

通信处理器选用RF180C PN，每个处理器可以连接两台读写装置。读写器通过工业以太网接口连接到RF180C模块上，RF180C模块通过工业以太网接口连接到其他以太网设备

199

接口上，其硬件组态方式如图 7-84 所示。

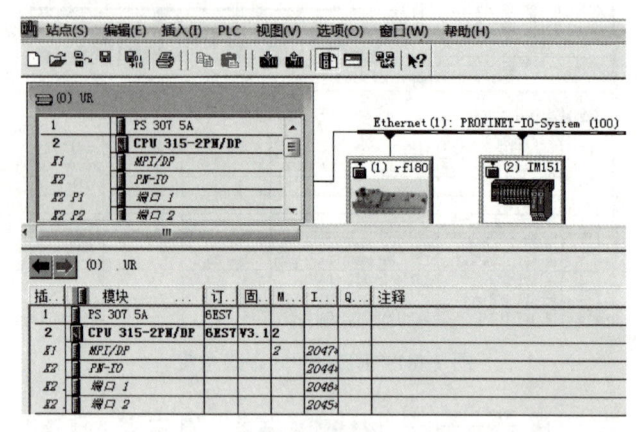

图 7-84　RF180C 的硬件组态

读写器采集生产数据，由 PLC 将采集到的状态数据发送到上位机并接收上位机指令，上位机对生产过程进行统一调度和监控。

图 7-85 为读写器往电子标签 MDS 中写入信息的编程软件监控界面，[DB47.DBB0]=1 为写指令（为 2 是读指令），用于将存储在 [DB47.DBW6] 指定的数据块数据写入 MDS 中，写入信息长度为 [DB47.DBW2] 中设定的字节长度值。

图 7-85　写入 MDS 信息

通过传感器、控制器及制造执行系统（MES）的配合，将工序信息写入电子标签，或将电子标签信息传送到 MES，MES 对数据进行分析转发，实现对产品信息的识别、跟踪、查询和追溯。图 7-86 为 MES 对自动生产线某一产品的跟踪，其中，事件 MOVE 是移入操作，当前加工件从上一步初加工进入自动检测工序，进站时间是 13:25。

图 7-87 为 HMI 上监控的第 7 个工位上的 RFID 信息，实时监控当前 RFID 命令与读/写状态、标签信息等。

可见，基于 RFID 技术的现代物流系统，有利于增强工厂管理水平，提高生产效率，同时也是工厂向现代化制造业转变、融入现代物联网的重要部分。

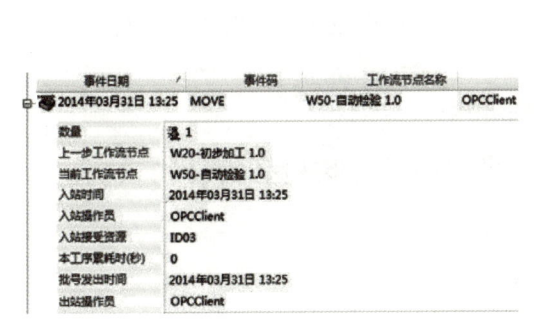

图 7-86　加工件进入下一工序动作跟踪

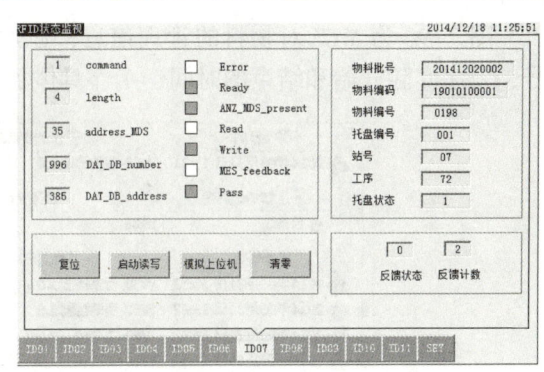

图 7-87　RFID 状态监控界面

7.6.4　MES 与 PLC 系统的集成

整个工厂采用 OPC 技术实现上位机 MES 与生产单元控制器 PLC 之间的通信，OPC 服务器的建立如图 7-88 所示。

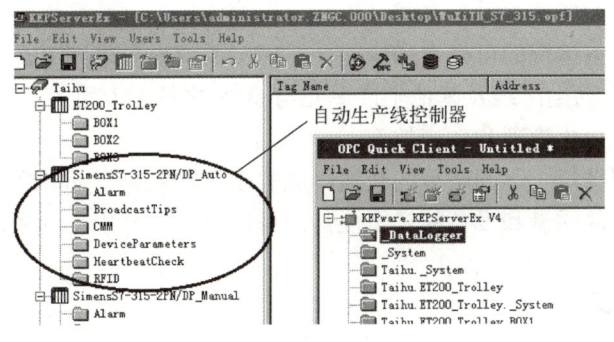

图 7-88　建立 OPC 服务器

PLC 系统和上位机之间需要建立一定的应答机制，以便上位机采集现场数据、跟踪现场信息，依据跟踪结果判断生产工艺参数的合理性，并下发产品动作指令，使得 MES 能对工艺路线控制信息、现场设备故障信息、现场工位缺料信息、现场订单执行进度信息以及现场设备操作人员信息等基础数据进行管理。

图 7-89 为 MES 与 PLC 系统建立的应答机制，该数据通过 RFID 读写器获取并存入指定的数据块 DB 中。当 MES 计算机成功获取某一工序数据后会给 PLC 反馈信号"1"，托盘进入下一工序。

图 7-89　MES 通过 RFID 读写器读取的信息

图 7-90 为 MES 对物料的管理信息，通过对 RFID 信息的读/写，自动记录加工件工序号、工序实际开始和结束的时间、工序具体加工的设备/工位以及操作者等生产信息。

图 7-90　加工件在生产线上各个工序的时间节点

7.6.5　项目小结

智能工厂机加工自动生产线采用 PROFINET 和 PROFIBUS 混合的控制网络。其中 PROFINET 网络利用网络交换机构成星形拓扑结构，组网方式非常灵活，可以在配电柜及被控设备附近布置远程 I/O 站，设备之间采用专用电缆连接，这种网络结构节省电缆、维护方便；为了保证底层设备运行的可靠性和快速性，底层关键设备采用 PROFIBUS 网络通信。采用 OPC 技术，实现自动生产线及其他生产单元与 MES 之间的互联互通和互操作，有利于提高产品生产过程的可视化管理和生产效率。

不同设备、不同系统、不同层级的数据集成实现了数字化车间的数据共享与交互，不仅可以提高所生产产品的质量和设备的安全性，而且还可以提升生产现场的管理水平。

7.7　思考与练习

1. 什么是系统集成？系统集成的关键是什么？
2. 一个典型的工业控制网络分为几个层次？它们各起什么作用？
3. 智能制造系统集成方法有哪些？
4. S7-1200 PLC 实现 Modbus RTU 通信需要配备什么模块？采用什么通信指令？
5. 设置 FX_{3U} PLC Modbus RTU 从站的站地址需要用到的寄存器地址是什么？
6. OPC 及 OPC UA 技术各有什么特点？
7. 为什么要建立 OPC 服务器？它的作用是什么？
8. WinCC 系统与自动化系统间如何实现通信？
9. 查阅资料，阅读并分析在实际生产中应用的 2~3 个现场总线系统集成案例。

附　　录

附录 A　TIA Portal V15 编程软件介绍

A.1　TIA Portal 编程软件特点

TIA Portal 是全集成自动化软件（Totally Integrated Automation Portal）的简称（中文名称为博途），是西门子公司发布的一款全新的全集成自动化软件；它将全部自动化组态设计工具完美地整合到一个开发环境之中，是工业领域第一个带有组态设计环境的自动化软件。

所谓全集成自动化，即通过统一的工程平台，将所有的自动化产品都集成进来并进行集中管理。自动化产品根据其用途、性质的不同，可以分为现场层产品、控制层产品和运营层产品。

TIA Portal 是一个软件集成的平台，在这个平台之上，通过添加不同领域的软件来管理该领域的自动化产品，不同功能的软件可以同时运行，如用于控制器、分布式 I/O 组态和编程的 SIMATIC STEP 7 软件；用于人机界面组态的 SIMATIC WinCC 软件；用于安全控制器（Safety PLC）组态和编程的 SIMATIC Safety 软件；用于驱动设备的组态与配置的 SINAMICS StartDrive 软件；用于运动控制配置、编程与调试的 SIMOTION SCOUT 软件等。通过这个软件集成平台，用户能够更为快速、直观地开发和调试自动化系统。图 A-1 为 TIA Portal 软件平台的软件架构。

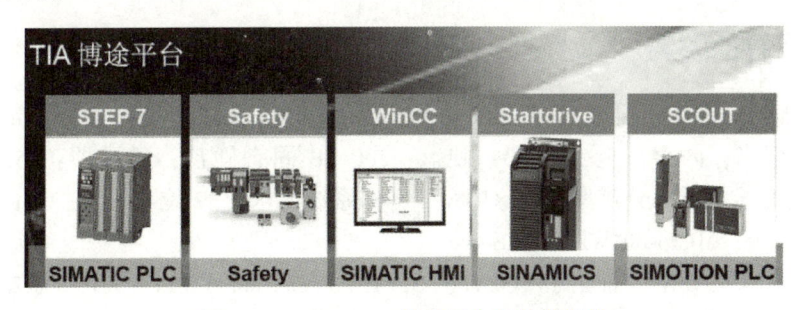

图 A-1　TIA Portal 软件平台的软件架构

TIA Portal 中包含的各个软件系统，有多种版本类型，分别支持不同的硬件产品系列，使用时可根据实际工程需要进行选择安装。图 A-2 为 TIA Portal 软件平台所支持的硬件类型，不同版本支持不同类型的控制器、HMI、PC 及伺服驱动等系统。

其中，SIMATIC STEP 7 软件，可以对 S7-1200/1500、S7-300/400 系列 PLC 进行编程。STEP 7 包括两个版本：基本版（Basic）和专业版（Professional）。基本版只能对 S7-1200 系列 PLC 进行编程组态，而专业版可以对 S7-1200/1500、S7-300/400 及 WinAC 进行组态和编

程。如果要对安全 PLC 进行编程，要安装 SIMATIC Safety 软件。

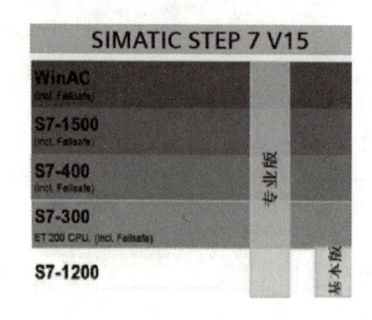

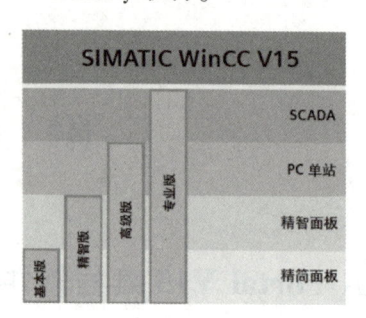

图 A-2　TIA Portal 软件平台支持的产品类型

SIMATIC WinCC 软件主要用来对西门子人机界面进行组态。WinCC 有 4 个版本，基本版（Basic）、精智版（Comfort）、高级版（Advanced）和专业版（Professional）。其中，WinCC 基本版，只能组态精简系列的面板（HMI）；WinCC 精智版，可以组态所有系列的面板（精简系列、精智系列、移动面板），但不能组态 PC 站；WinCC 高级版，可以组态所有面板及 PC 站；WinCC 专业版，可以组态所有面板、PC 站及 SCADA 系统。

TIA Portal 具有以下优点。

1) 便于公共数据管理。
2) 易于处理程序、组态数据和可视化数据。
3) 可使用拖放操作轻松编辑。
4) 易于将数据加载到设备。
5) 支持图形组态和诊断。

由于 TIA Portal 统一的数据管理和通信、集成的信息安全和丰富功能，使其在提高开发效率、缩短开发周期、提升项目安全性等方面效果明显；但同样由于该软件集成的功能太多，导致其反应较慢，对计算机的配置要求较高。

A.2　编程软件的安装

要安装 TIA Portal 软件，计算机硬件至少需要达到以下要求：处理器：CoreTM i5-3320M 3.3GHz 或者相当；内存：至少 8 GB；硬盘：300 GB 固态硬盘；显示器：15.6 in（1 in = 0.0254 m）宽屏显示器，分辨率 1920×1080。操作系统要求：32 位或 64 位 Windows 7、Windows 10 操作系统；Microsoft Windows Server。

近年，西门子公司陆续推出了 SIMATIC STEP 7 Professional V11~V16 等版本号的编程软件，对硬件和操作系统的要求也有所调整和变化，安装时需注意并达到配置要求。从 TIA Portal V15 开始，西门子将 TIA STEP7 和 TIA WinCC 安装软件集成到了一起，使安装更为方便。下面以 STEP7 V15 专业版和 WinCC V15 专业版为例，介绍其安装过程。

1) 打开 TIA Portal V15 Pro 安装软件文件夹，右键单击"TIA PORTAL STEP_7_Pro_WINCC_Pro_V15"应用程序，选择以管理员身份运行，界面如图 A-3 所示。

2) 出现 TIA Portal STEP 7 Professional WinCC Professional V15.0 欢迎界面，单击"下一步"按钮；选择中文作为安装语言，然后单击"下一步"按钮，如图 A-4 所示。

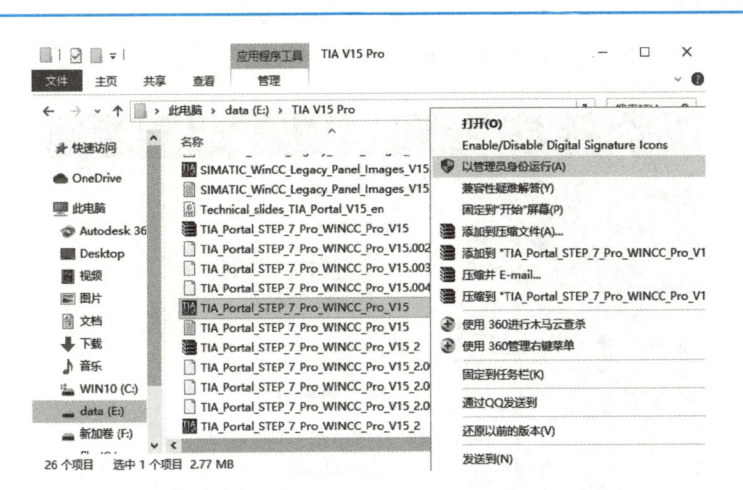

图 A-3 TIA Portal STEP 7 和 WinCC V15 专业版安装文件

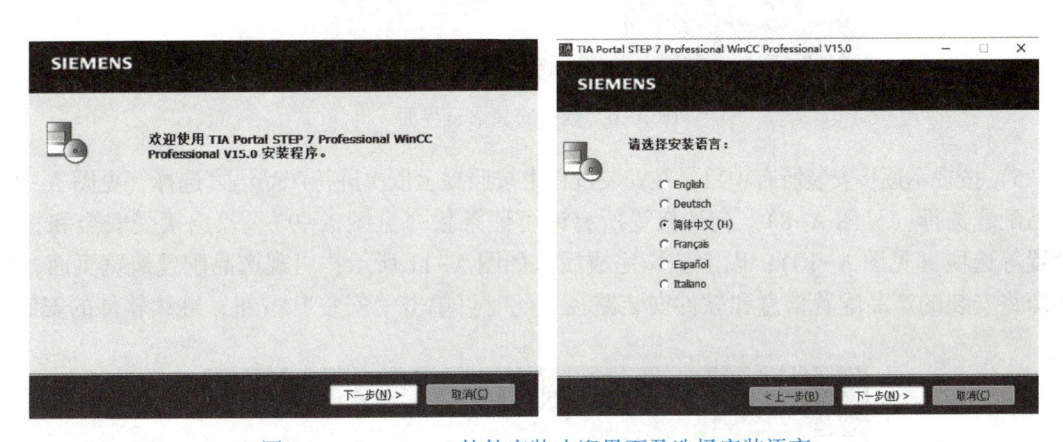

图 A-4 TIA Portal 软件安装欢迎界面及选择安装语言

3）进入解压缩文件夹选择界面，选择软件包解压缩存放的路径，单击"下一步"按钮；开始进行解压缩过程，如图 A-5 所示。

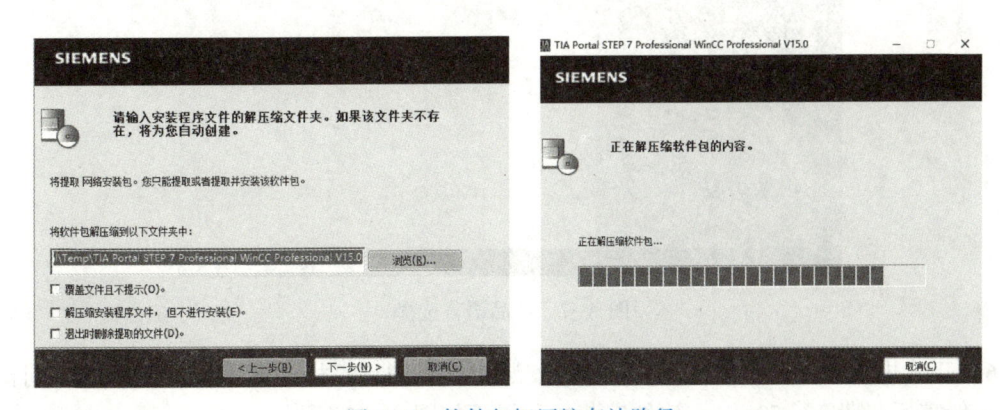

图 A-5 软件包解压缩存放路径

4）解压缩完成后，自动进入安装初始化界面；完成后，弹出常规设置界面，选择安装语言，默认为中文；也可在此页面单击"读取安装注意事项"和"读取产品信息"按钮，完成后单击"下一步"按钮，如图 A-6 所示。

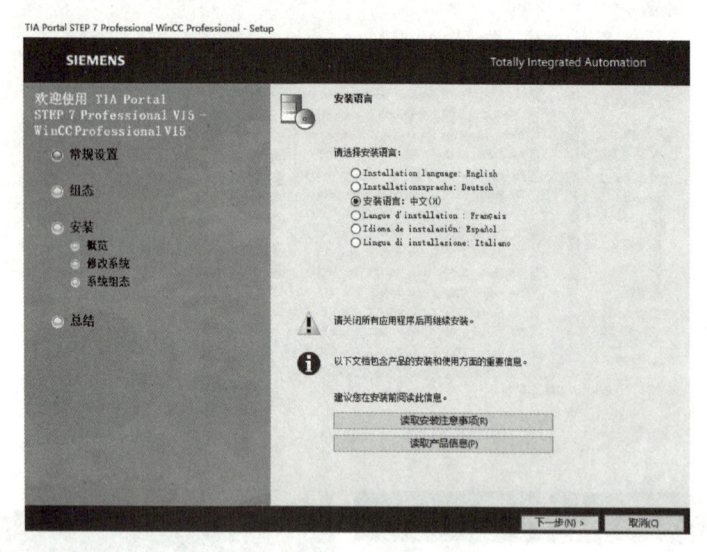

图 A-6　选择安装语言界面

5）按提示逐步安装所有项目。在安装过程中按照提示依次进行产品语言选择（见图 A-7）、产品配置选择（见图 A-8）、勾选接受所有许可证条款（见图 A-9）、勾选接受安全和权限设置等选项（见图 A-10）；以上工作完成后，如图 A-11 所示，出现产品配置概览页面，显示即将安装的产品配置信息和软件安装路径，此时可单击"安装"按钮，继续软件的安装。

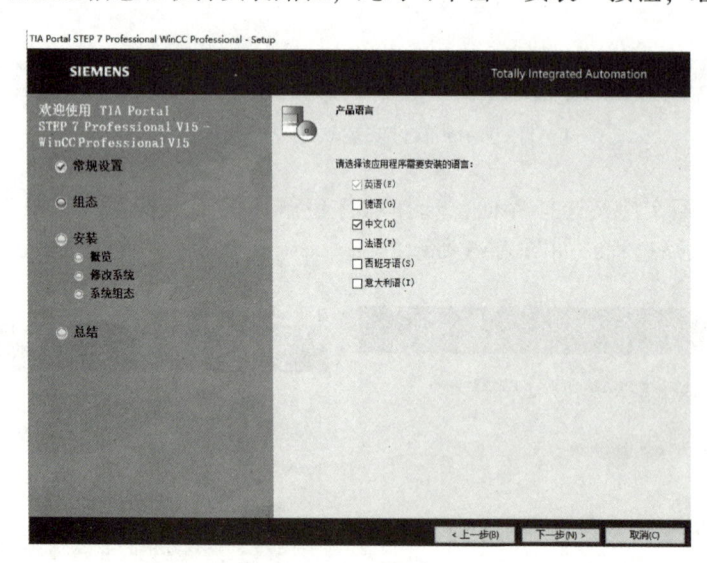

图 A-7　产品语言选择

6）正式进入软件的安装过程，软件的安装时间，因计算机性能不同，所用的时间也不同，一般需要花费 30~50 min。软件安装过程界面如图 A-12 所示。

7）安装完成后，会弹出设置已成功完成页面；此时可继续安装许可证，也可重启计算机，待安装完成后再进行注册。继续选择"是，立即重启计算机"单选按钮，页面如图 A-13 所示。

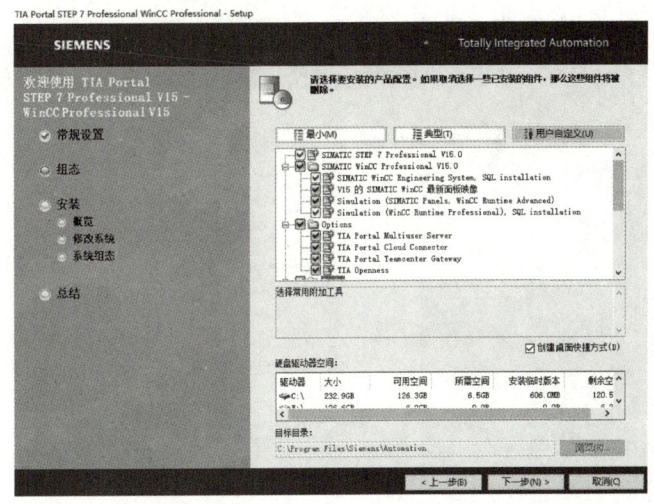

图 A-8　产品配置选择

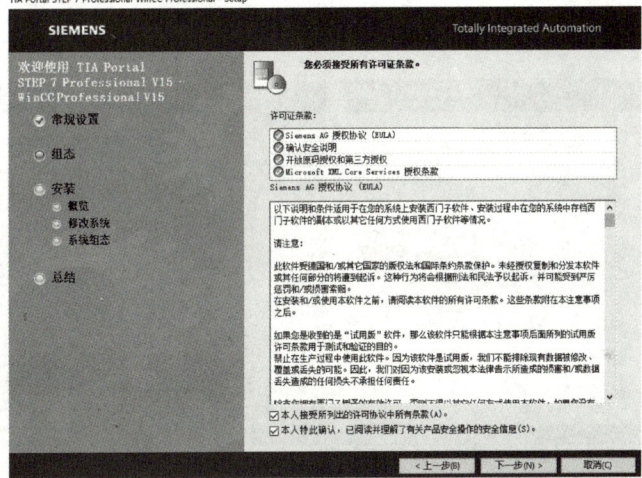

图 A-9　接受许可证条款

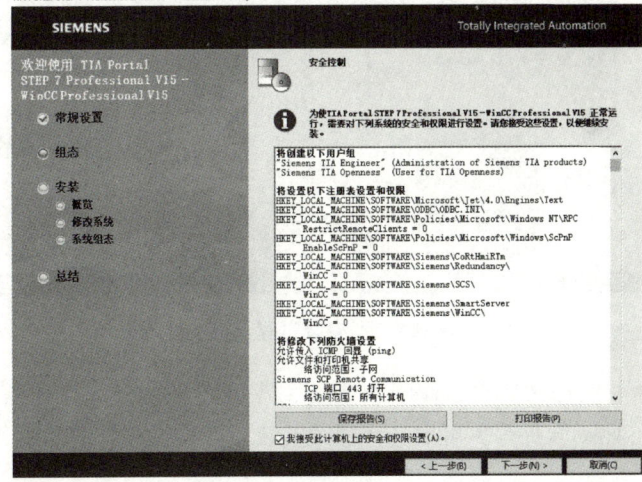

图 A-10　接受安全和权限设置界面

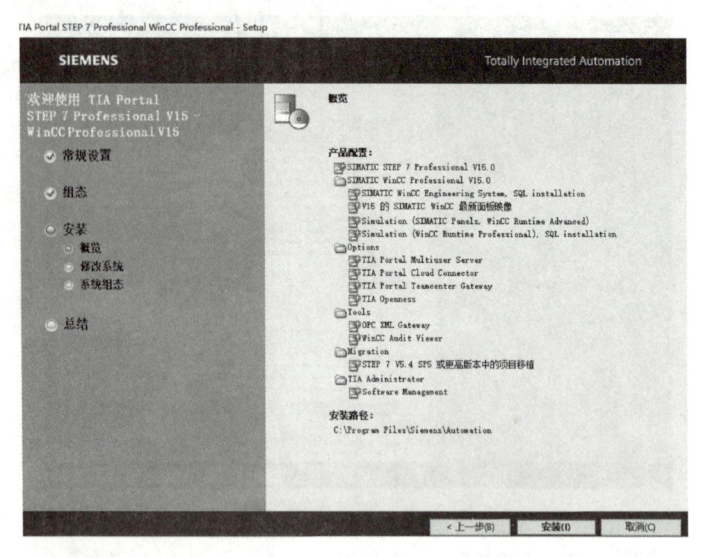

图 A-11　产品安装路径及配置概览

图 A-12　安装过程页面

本安装软件包含了 STEP7 V15 专业版和 WinCC V15 专业版，如果还需要使用 S7 PLCSIM 仿真软件或 StartDrive 驱动软件等，可以选择继续安装，安装过程与前述过程基本一致。

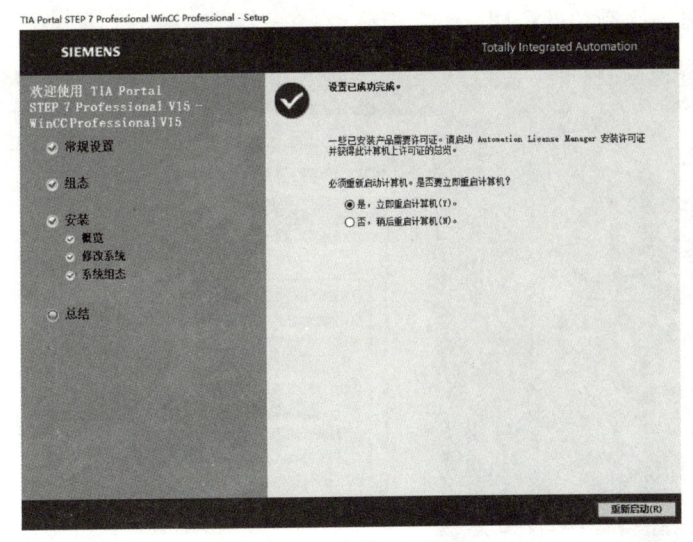

图 A-13　安装完成页面

A.3　认识编程软件界面

双击桌面的"TIA Portal V15"图标，出现如图 A-14 所示界面。根据情况可以选择"创建新项目"，或者选择"打开现有项目"。

图 A-14　TIA Portal 软件进入界面

例如选择"打开现有项目"中的"项目1"，该项目被打开后，出现如图 A-15 所示界面。

1. Portal 视图

TIA Portal 软件提供了两种视图：Portal 视图和项目视图。编程者可根据使用习惯进行选择，图 A-15 提供的是"Portal 视图"，该界面提供面向任务的工具箱视图。下面就图中各个部分的功能做一个简单的说明。

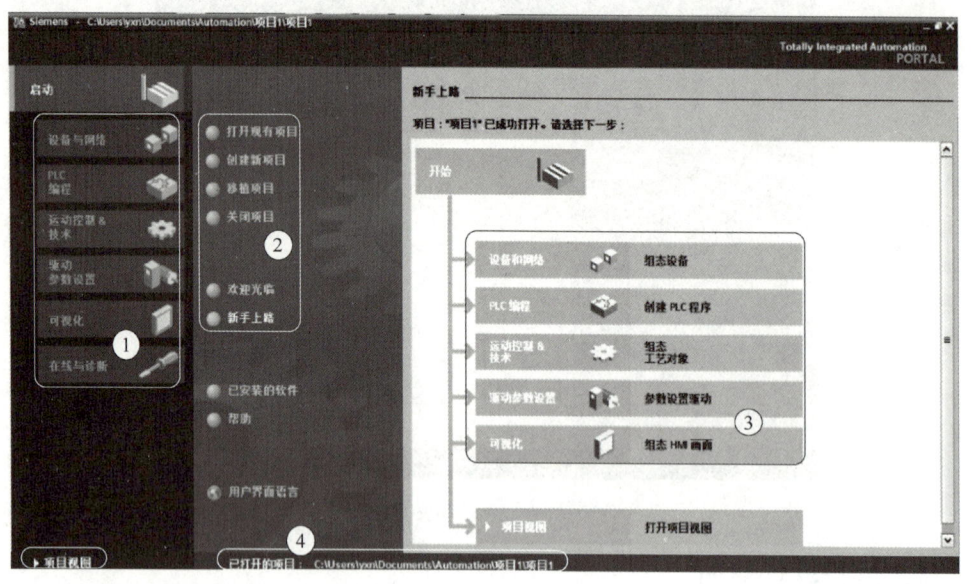

图 A-15　Portal 视图结构

1）任务选项。为各个任务区提供了基本功能。主要包括设备与网络、PLC 编程、运动控制 & 技术、可视化、在线与诊断等任务选项；在此视图中提供的任务主要取决于已经安装的软件产品。

2）任务对应的操作。主要显示 1）中各任务选项所对应的操作，其内容会根据所选的任务选项的不同而动态变化。如选择"设备与网络"任务选项，则可进行显示所有设备、添加新设备、组态网络、帮助等操作，界面如图 A-16a 所示；选择"PLC 编程"任务选项，则可进行显示所有对象、添加新块等操作，界面如图 A-16b 所示。

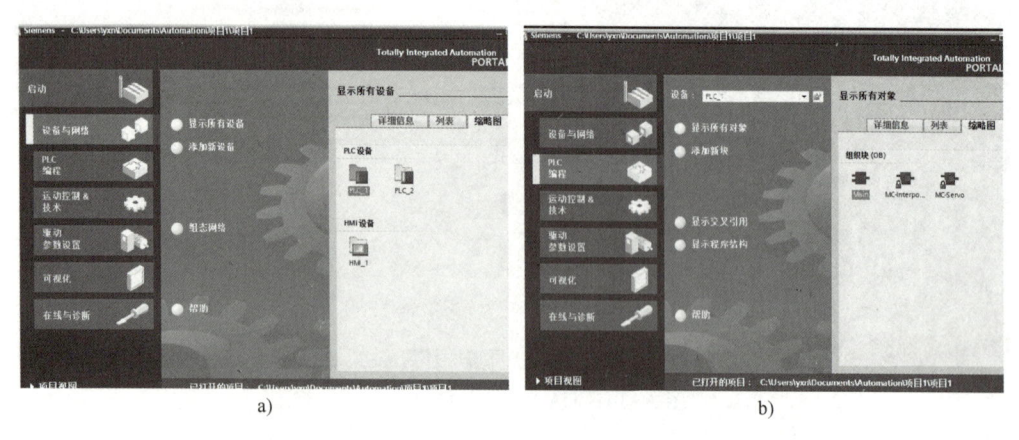

图 A-16　任务对应的操作
a)"设备与网络"任务选项对应的操作　b)"PLC 编程"任务选项所对应的操作

3）操作选择窗口：所有任务的操作都有选择窗口，该窗口取决于操作者当前的选择。可通过详细信息、列表、缩略图 3 种方式显示。

4）已打开的项目：可通过此处了解当前打开的项目名称。

2. 项目视图

如果单击图A-14界面左下角的"项目视图",则进入项目视图编辑界面,该界面是项目所有组件的结构化视图,提供了各种编辑器,可用来创建和编辑相应的项目组件,项目视图结构如图A-17所示。

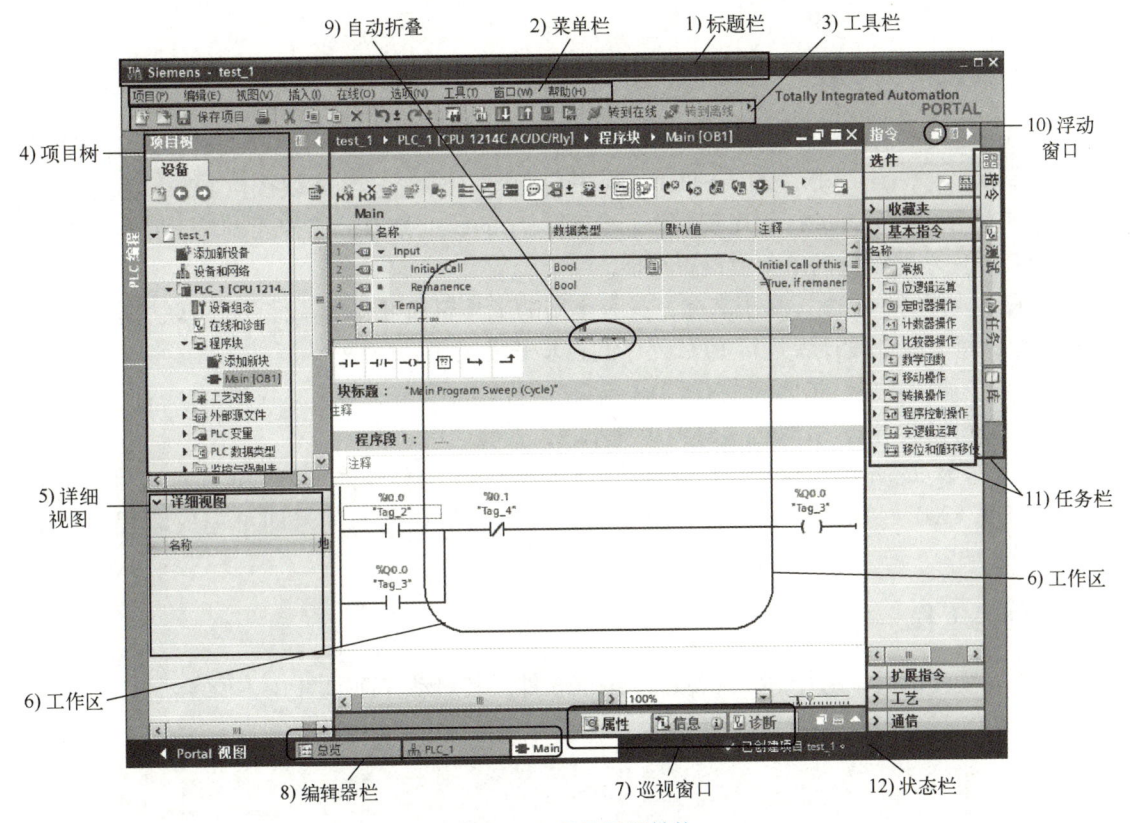

图 A-17　项目视图结构

下面就项目视图中各个部分的功能做一个简单的说明。

1) 标题栏:用于显示项目名称。
2) 菜单栏:包含工作所需的各种命令。
3) 工具栏:提供常用命令的按钮,以便快速访问这些命令。
4) 项目树:显示整个项目的各种元素,通过项目树可以访问所有组件和项目数据。
5) 详细视图:用于显示总览窗口或项目树所选择对象的特定内容。
6) 工作区:用于显示和操作为进行编辑而打开的对象。
7) 巡视窗口:显示有关所选对象或执行操作的附加信息。
8) 编辑器栏:显示打开的编辑器,可以使用编辑器在打开的对象之间进行快速切换。
9) 自动折叠:自动折叠箭头是一种快捷操作,用于显示和隐藏用户界面的相邻部分。
10) 浮动窗口:单击浮动窗口图标,窗口处于浮动位置,可以将浮动起来的窗口拖到其他地方,对于多屏显示可以将窗口拖到其他屏幕中,实现多屏编程;单击浮动窗口的右上角图标: ,浮动窗口位置还原。
11) 任务栏:可用的任务卡取决于所编辑或所选择的对象,可以随时折叠或重新打开这些任务卡。

12) 状态栏：用于显示当前正在后台运行的过程进度条和其他信息。

附录 B GX Developer 编程软件介绍

B.1 编程软件及安装

GX Developer 编程软件适用于三菱 Q、QnA、A、FX 等全系列可编程控制器。该编程软件支持梯形图（LAD）、指令表（STL）、顺序功能图（SFC）、功能块图（FBD）和结构化文本（ST）等多种语言进行程序编写，可实现程序的线上修改、监控及调试，还具有异地读写 PLC 程序功能以及网络参数设置功能。

该编程软件简单易学、易于掌握，具有丰富的工具箱和可视化界面，既可联机操作也可脱机编程，可以保证设计者进行 PLC 程序的初步开发工作。

1) 安装通用环境。进入三菱 GX Developer 编程软件安装文件夹，找到"GX Developer/EnvMEL"文件夹，进入后双击"SETUP.EXE"，安装通用环境。

2) GX Developer 编程软件安装。返回 GX Developer 编程软件安装目录，在根目录下双击"SETUP.EXE"，根据安装向导的指引，输入相关信息和序列号即可完成编程软件的安装。

B.2 创建工程

软件安装完成后，运行 GX Developer 编程软件，其启动界面如图 B-1 所示。

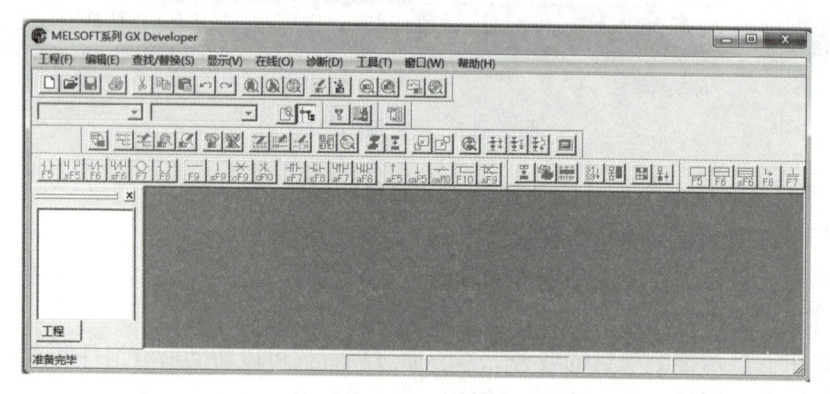

图 B-1 GX Developer 编程软件的启动界面

1. 创建新工程

1) 选择菜单栏中"工程"→"创建新工程"命令，或直接单击工具栏中的"新建"图标 ，可以创建一个新工程。

2) 随后按照以下步骤操作：选择 PLC 系列、PLC 类型、程序类型，设置文件名称和保存路径后，即可进入编程界面，如图 B-2 所示。注意选择的 PLC 系列和 PLC 类型必须与实际使用的 PLC 一致，否则程序可能无法下载；将程序类型选择为梯形图；文件名称和保存路径可自行设置。

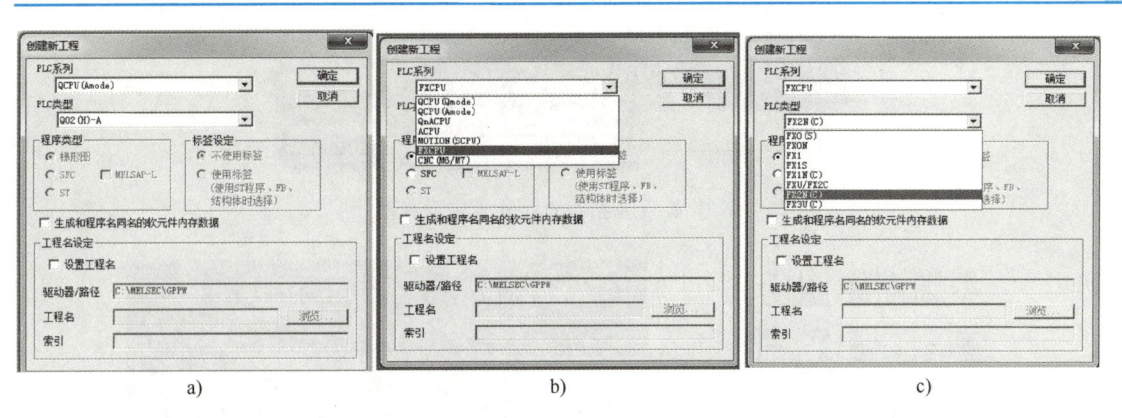

图 B-2 采用 GX Developer 编程软件创建新工程

a) 创建新工程　b) 选择 PLC 系列　c) 选择 PLC 类型

3）设置完成后，单击"确认"按钮，出现 GX Developer 编程软件梯形图编辑界面。编辑界面主要由标题栏、菜单栏、工具栏、工程数据列表、编程区等构成，如图 B-3 所示。

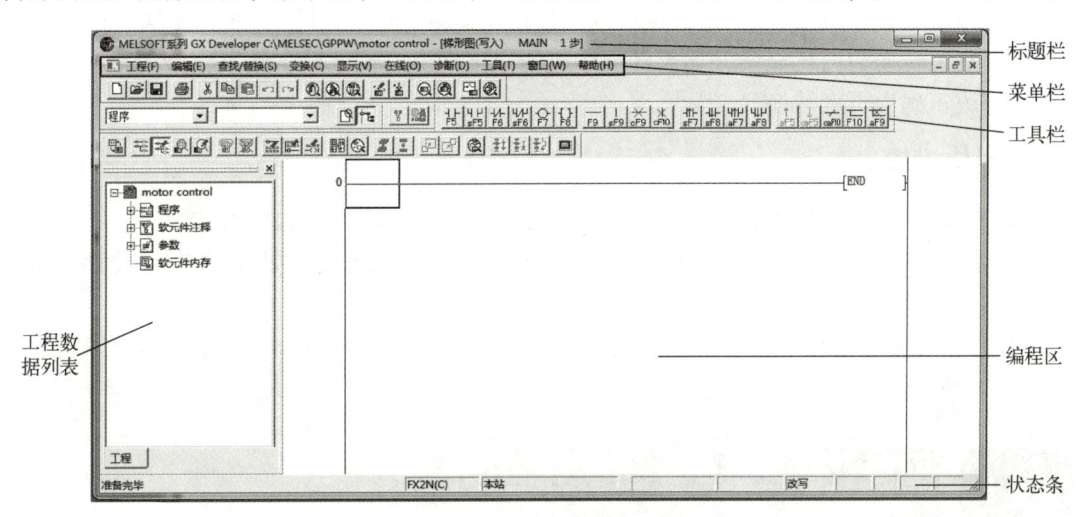

图 B-3　GX Developer 编程软件梯形图编辑界面

2. 编写梯形图程序

编写梯形图程序时，首先应将编辑模式设定为"写入模式"；当梯形图内的光标为蓝边空心框时为写入模式，可以进行梯形图的编辑，当光标为蓝边实心框时为读出模式，只能进行读取、查找等操作，可以通过选择菜单栏中"编辑"→"读出模式"命令或"写入模式"命令进行切换，或用快捷键操作。

梯形图程序可采用指令直接输入法或工具按钮（快捷键）输入法。

指令直接输入法即是将光标放置在需编辑的位置，然后直接输入指令，则会弹出"梯形图输入"窗口，按此法依次输入需编辑的程序；输入方法如图 B-4 所示。

工具按钮输入法是采用工具栏按钮或对应快捷键输入程序的方法；编辑程序时，先将光标放置在需编辑的位置，然后单击工具栏中的相应按钮或快捷键，在弹出的"梯形图输入"窗口中输入元件号等，完成程序编辑。常用工具按钮及对应快捷键如图 B-5 所示，工具按钮输入法的示意图如图 B-6 所示。

213

图 B-4　GX 指令直接输入法示意图

图 B-5　常用工具按钮
　　　　及对应快捷键

图 B-6　工具按钮输入法示意图

已创建的梯形图程序需要经过转换处理后才能进行保存和下载；单击菜单栏中的"变换"命令或工具栏中的 按钮，也可以直接按快捷键〈F4〉进行变换。变换后可看到编程内容由灰色转变为白色显示，如果转换中有错误出现，出错区域将继续保持灰色，请检查程序并修改正确后再次转换。

B.3　通信设置

1）在菜单栏中选择"在线"→"传输设置"命令，弹出界面如图 B-7 所示。

2）双击"串行 USB"按钮，在弹出的"PC I/F 串口设置"对话框中进行设置，如按图中提示①、②操作。

3）通信参数选择完毕后，单击"通信测试"按钮，如图中提示③操作，弹出如图 B-8 所示画面，则表明软件与 PLC 通信成功。

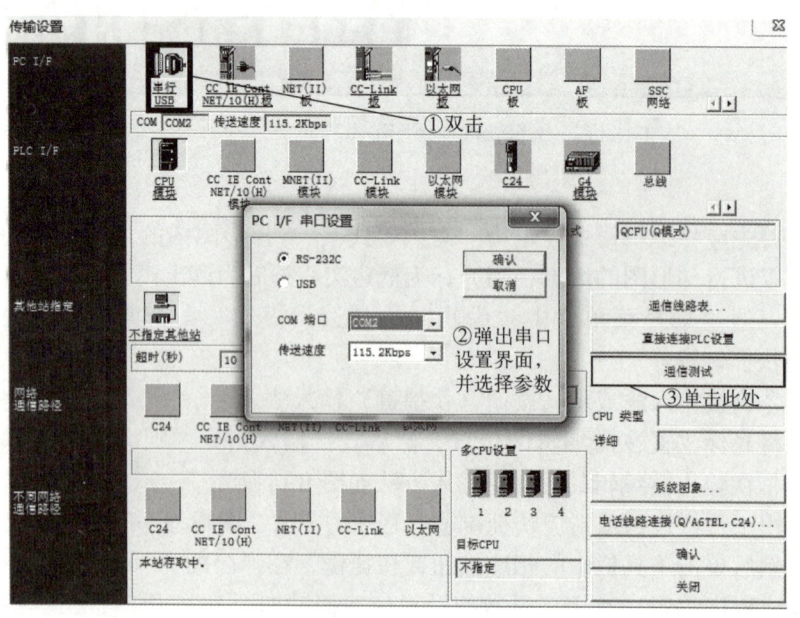

图 B-7　通信参数设置

图 B-8　通信成功

参 考 文 献

[1] 郭琼,姚晓宁. 现场总线及系统集成 [M]. 北京:机械工业出版社,2018.
[2] 辛国斌,田世宏. 国家智能制造标准体系建设指南 [M]. 北京:电子工业出版社,2016.
[3] 陈尚文. 现场总线标准的发展与工业以太网技术 [J]. 通信电源技术,2016,33(04):150-151.
[4] SIEMENS. SIMATIC PROFIBUS 使用 STEP7 V13 组态 PROFIBUS 功能手册 [Z]. 2014.
[5] 姚晓宁,郭琼. S7-200/S7-300 PLC 基础及系统集成 [M]. 北京:机械工业出版社,2015.
[6] MITSUBISHI ELECTRIC CORPORATION. FX 通讯用户手册(RS-232C,RS-485)[Z]. 2001.
[7] MITSUBISHI ELECTRIC CORPORATION. FX_{3U}-64CCL 用户手册 [Z]. 2016.
[8] MITSUBISHI ELECTRIC CORPORATION. 三菱 FX 系列特殊功能模块用户手册 [Z]. 2000.
[9] 熊红艳,陈红英,章云. 控制网络技术及其自动化系统集成 [J]. 机电工程技术,2005(04):17-18.
[10] 李前进. 工业控制网络系统集成与数据交换应用研究 [D]. 重庆:重庆大学,2008.
[11] 伾景铎. 应用 ODBC 技术访问数据源的方法与实例 [J]. 石河子科技,2005(03):20-21.
[12] 周耿烈,胡赤兵,吕红梅,等. 现场总线控制网络与数据网络的集成 [J]. 制造业自动化,2007(07):17-20.
[13] 王荣莉,雷斌. 工业以太网的现状与发展 [J]. 自动化博览,2004(04):63-65.
[14] MITSUBISHI ELECTRIC CORPORATION. FX_{3U}-ENET-L 用户手册 [Z]. 2015.
[15] 郭琼,姚晓宁. 基于 Modbus 的多站点互联通信系统应用研究 [J]. 制造技术与机床,2020(04):20-23.
[16] 国家市场监督管理总局,中国国家标准化管理委员会. 生产现场可视化管理系统技术规范:GB/T 36531—2018 [S]. 北京:中国标准出版社,2018.